"十二五"职业教育国家规划教材

经全国职业教育教材审定委员会审定

高等职业教育教学改革精品教材

模拟电子技术项目教程

第 2 版

主　　编　　贺力克　　邱丽芳

副主编　　阳若宁　　李晶辉

参　　编　　陈永革　　李　力　　林志程

主　　审　　李德尧

机械工业出版社

本书为"十二五"职业教育国家规划教材，经全国职业教育教材审定委员会审定。本书是在第1版的基础上，借鉴国家示范性高职院校的课程建设成果，按照项目引导、任务驱动和教学做一体化的原则进行修订的。

本书在内容安排上突破了传统的顺序，突出高等职业教育人才培养目标，以项目为单元，以应用为主线，将理论知识融入实践项目中。全书有四个项目，包括音频放大器的制作与调试、直流稳压电源的制作与调试、函数信号发生器的制作与调试、电子设计软件 EWB 的应用，涵盖了模拟电子技术的所有知识点和电子设计软件 EWB 的应用。通过项目任务的完成，提高学生对模拟电子技术的理解，使之能综合运用所学知识完成小型模拟电子电路的制作与调试，包括查阅资料、识读电路原理图和印制电路图、选择元器件参数、安装与调试电路，以及使用相关仪器进行指标测试和编写实训报告。

本书可作为高等职业院校、高等专科学校、成人高等学校以及本科院校举办的二级学院和民办高等学校的电气、电子、通信、计算机、自动化和机电等专业的"模拟电子技术基础"、"电子技术基础"（模拟部分）课程的教材，也可作为有关工程技术人员的参考书。

本教材配有电子课件，凡使用本书作为教材的教师可登录机械工业出版社教育服务网（http://www.cmpedu.com）下载，或发送电子邮件至 cmpgaozhi@sina.com 索取。咨询电话：010-88379375。

图书在版编目（CIP）数据

模拟电子技术项目教程/贺力克，邱丽芳主编.—2版.—北京：机械工业出版社，2015.4（2022.1重印）

"十二五"职业教育国家规划教材　高等职业教育教学改革精品教材

ISBN 978-7-111-52202-7

Ⅰ.①模…　Ⅱ.①贺…②邱…　Ⅲ.①模拟电路–电子技术–高等职业教育–教材　Ⅳ.①TN710

中国版本图书馆 CIP 数据核字（2015）第 279001 号

机械工业出版社（北京市百万庄大街22号　邮政编码100037）
策划编辑：边　萌　责任编辑：边　萌　邹云鹏
责任校对：刘志文　封面设计：鞠　杨
责任印制：邰　敏
北京富资园科技发展有限公司印刷
2022 年 1 月第 2 版第 2 次印刷
184mm×260mm·16.75 印张·410 千字
标准书号：ISBN 978-7-111-52202-7
定价：45.00 元

电话服务　　　　　　　　　　网络服务
客服电话：010-88361066　　　机　工　官　网：www.cmpbook.com
　　　　　010-88379833　　　机　工　官　博：weibo.com/cmp1952
　　　　　010-68326294　　　金　书　网：www.golden-book.com
封底无防伪标均为盗版　　机工教育服务网：www.cmpedu.com

第 2 版前言

本书是"十二五"职业教育国家规划教材，是在第 1 版的基础上，借鉴国家示范性高职院校的课程建设成果，总结近几年来教学改革的经验教训并汲取各方面的意见和建议修订而成的，适合作为高等职业院校、高等专科学校、成人高等学校以及本科院校举办的二级学院和民办高等学校的电气、电子、通信、计算机、自动化和机电等专业的"模拟电子技术基础"、"电子技术基础"（模拟部分）课程的教材，也可作为有关工程技术人员的参考书。本书修订仍遵循第 1 版的编写思想，但在内容方面做了比较大的修改，进一步精选内容，突出重点，适度引入新知识、新器件和新技术。

与第 1 版相比，本版主要做了如下变动：

1. 本书采用双色套印，重要名词、概念、知识、公式、结论、基本电路等用蓝色标志，图中需要注意或区别之处也用蓝色标志，既突出重点，增添新鲜感，又提高可读性。

2. 在内容上，以"够用、适度"为原则，对教材内容进行了整体优化和调整，突出基本理论、基本概念和基本分析方法。对典型电路进行分析时，删除了复杂的公式推导过程，回避了集成电路内部电路分析，以器件的外特性及应用为主。

3. 对各学习情境后的填空题、选择题和判断题进行了调整，以帮助读者自我检查是否已掌握了该学习情境的最基本知识。

对各学习情境后的分析题和计算题进行了重新选择，使之更切合学习情境的内容，方便读者学练结合，巩固所学知识内容。

编者将湖南职业教育的一大亮点——技能抽查电子产品开发试题作为附录，供读者参考，教师可以用此来检测学生对电子技术的掌握程度。

4. 在形式上，本书的内容安排突破了传统的顺序，每个项目创设几个学习情境，每个学习情境又分为几个任务，循序渐进地引导学生进入各个学习环节。同时，适时穿插各种小知识、新技术、小技能使其丰富多彩，活泼生动，更具有吸引力，让学生感觉到学习的乐趣，增强了学习的目标性和趣味性。

5. 在表达上，重视图形、电路描述，增强直观感。增加了大量的插图、表格、实物电路和实用电路等，如：讲电子元件时可将各种二极管、晶体管的实物图展现出来；讲电路时将"直流稳压电源"等的实物图搬上教材，具有很强的直观性，使学生一目了然，同时也避免了在书本中非常了解的元器件和电路，到实际中却不认识的问题。

6. 本书力求将理论讲授、自学、实验、实训、习题、仿真，项目的制作、调试和故障排除等内容有机结合，让学生在做中学和学中做，真正做到教、学、做合一，在课程学习活动中突出技能培养，提高教学效果。

本书由贺力克、邱丽芳任主编，阳若宁、李晶辉任副主编。贺力克负责统稿，项目一和附录由贺力克、李晶辉编写，项目二由贺力克、邱丽芳编写，项目三由阳若宁、林志程编写，项目四由陈永革编写，李力、李晶辉、彭志刚、黄立峰、李佳、陈永革协助完成习题的编写工作。本书由李德尧主审，企业专家曹斌、曹海学对本书提出了中肯的建议和意见，在这里一并表示感谢！

书中可能存在错漏和不妥之处，敬请广大读者批评指正（编者邮箱：1758526597@qq. com）。

编　者

第 1 版前言

本书是根据国家示范性高职院校的课程建设要求，以实用的模拟电子产品为载体，以工作过程为导向，以任务驱动为主要的教学方法编写的。教材内容有：项目1扩音器制作与调试，项目2直流稳压电源制作与调试，项目3函数信号发生器的制作与调试，拓展项目电子设计软件EWB的应用。书中内容完全按照项目式教学法编排，以"够用、适度"为原则，将课程知识点融入于4个项目中，每个项目创设几个学习情境，每个学习情境又分为几个任务，在每一个任务中又分别通过看一看、学一学、练一练、做一做、写一写等模块，循序渐进地引导学生进入各个学习环节，让学生感觉到学习的乐趣，增强了学习的目标性和趣味性。

本书将项目课程的特色贯穿始终，注重项目设置的实用性、可行性和科学性，让抽象微观的电子理论与形象、直观、有趣的实践相结合，充分调动学生学习的积极性和主动性，让学生在做中学和学中做，教、学、做合一。通过项目的制作、调试和故障排除等，学生自主查阅资料、识读电路原理图和印制电路图、选择元器件参数、安装与调试电路，完成小型模拟电子电路的制作与调试，并使用相关仪器进行指标测试，最后编写实训报告；利用EWB软件自带元器件库、电路编辑器、测试仪器等，能随心所欲的构造电路，虚拟仿真和演示电路的工作原理和动态工作过程。该过程加深和巩固了学生对模拟电子技术各知识点的理解，同时提高了学生综合运用所学知识，理论与实际相结合的能力。总之，编者力图使学生学完本教材后能获得作为高素质技能型专门人才所必须掌握的"模拟电子技术"的基本知识和实际技能，为后续课程的学习和应用打下坚实的基础。

本书建议教学学时为120学时。每个项目的时间安排可根据项目内容的大小而定，设计与制作时建议四节课连上或一气呵成。教学项目评价以形成性考核为主，考查学生在项目任务中表现出来的能力；重在考察运用知识解决实际问题的能力。学生考核成绩采取项目评价与总体评价相结合，理论知识考核与实践操作考核相结合的形式，注重动手实践能力。

本书由贺力克任主编，阳若宁和李佳任副主编。项目1由贺力克和李佳编写，项目2由贺力克编写，项目3由阳若宁和林志程编写，拓展项目由陈永革编写，由邱丽芳教授主审。本书在编写过程中，参阅了大量的同类教材，还有部分资料和图片来自于互联网，在这里一并表示感谢！

本书为高职高专规划教材，可作为高等职业院校、高等专科学校、成人高等学校以及本科院校举办的二级学院和民办高等学校的电气、电子、通信、计算机、自动化和机电等专业的"模拟电子技术基础"、"电子技术基础"（模拟部分）课程的教材，也可供从事电子技术方面的工程技术人员参考。

由于编者水平有限，书中难免存在错误或不妥之处，敬请广大读者批评指正。

编　者

目　　录

第 2 版前言
第 1 版前言
项目 1　音频放大器的制作与调试 ……… 1
　学习情境 1　认识基本放大电路 ……… 2
　　任务 1　认识二极管和晶体管 ……… 2
　　任务 2　认识单管放大电路 ……… 29
　　任务 3　认识多级放大电路 ……… 44
　学习情境 2　认识场效应晶体管 …… 63
　学习情境 3　认识反馈与振荡 ……… 79
　　任务 1　认识负反馈对放大电路
　　　　　　的作用 ……… 79
　　任务 2　认识 RC 振荡电路 ……… 91
　　任务 3　认识 LC 振荡电路 ……… 94
　学习情境 4　认识功率放大电路 …… 104
　　任务 1　认识乙类互补对称功率放大电路
　　　　　　（OCL 电路） ……… 104
　　任务 2　认识甲乙类互补对称功率
　　　　　　放大电路（OTL 电路） …… 109
　　任务 3　认识集成功率放大器 …… 114
　学习情境 5　制作与调试音频
　　　　　　　放大器 ……… 123
项目 2　直流稳压电源的制作与调试 … 131
　学习情境 1　认识整流与滤波
　　　　　　　电路 ……… 132
　　任务 1　认识整流电路 ……… 132
　　任务 2　认识滤波电路 ……… 139
　学习情境 2　认识稳压电路 ……… 143
　　任务 1　认识串联型稳压电路 …… 143
　　任务 2　认识开关稳压电路 ……… 151
　学习情境 3　制作与调试直流稳
　　　　　　　压电源 ……… 161
**项目 3　函数信号发生器的制作与
　　　　调试** ……… 167
　学习情境 1　认识集成运算放大
　　　　　　　电路 ……… 168

　　任务 1　认识差动放大电路 ………… 168
　　任务 2　认识基本运算放大电路 …… 177
　学习情境 2　认识信号发生器 ……… 190
　　任务 1　认识电压比较器 ……… 190
　　任务 2　认识方波产生电路 ……… 196
　　任务 3　认识三角波产生电路 …… 198
　学习情境 3　制作与调试函数信号
　　　　　　　发生器 ……… 203
**拓展项目　电子设计软件 EWB 的
　　　　　应用** ……… 206
　学习情境 1　认识电子设计软件
　　　　　　　EWB ……… 207
　　任务 1　EWB 软件的安装和界面
　　　　　　构成 ……… 207
　　任务 2　EWB 的电路创建 ……… 211
　学习情境 2　虚拟仪器及其使用 …… 214
　　任务 1　模拟仪器仪表的基本使用
　　　　　　方法 ……… 214
　　任务 2　电路的仿真分析 ……… 218
　学习情境 3　模拟电子电路的仿真实
　　　　　　　训与分析 ……… 220
　　任务 1　二极管应用电路仿真
　　　　　　实训 ……… 220
　　任务 2　晶体管放大电路仿真
　　　　　　实训 ……… 223
　　任务 3　场效应晶体管放大电路仿真
　　　　　　实训 ……… 225
　　任务 4　互补对称功率放大电路仿真
　　　　　　实训 ……… 227
　　任务 5　仪器放大器仿真实训 …… 228
　　任务 6　小信号交流放大电路仿真
　　　　　　实训 ……… 230
　　任务 7　一阶有源低通滤波电路仿真
　　　　　　实训 ……… 232
　　任务 8　LC 正弦波振荡电路仿真
　　　　　　实训 ……… 235

任务9 电路分析 ……………… 237

附录 ……………………………………… 239

附录A 技能抽查——电子产品开发
试题 …………………………… 239

试题1 串联稳压电源的设计与
制作（一）……………… 239

试题2 串联稳压电源的设计与
制作（二）……………… 240

试题3 正弦波发生器的设计与
制作 …………………… 241

试题4 音频放大器的设计与制作 … 243

试题5 三角波发生器的设计与
制作 …………………… 244

试题6 基于单片机的八路广告灯

的设计与制作 ………… 245

试题7 声光控制开关的设计与
制作 …………………… 247

试题8 简易广告彩灯电路的设
计与制作 ……………… 248

试题9 声光停电报警器的设计与
制作 …………………… 250

试题10 简易信号发生器的设计与
制作 …………………… 251

试题11 场效应晶体管功率放大电
路的设计与制作 ………… 253

附录B 半导体分立器件型号命名方
法 （GB/T 249—1989）…… 254

参考文献 ……………………………… 257

项目1　音频放大器的制作与调试

　　本项目学习载体是音频放大器的制作与调试。本项目包含 5 个学习情境：认识基本放大电路、认识场效应晶体管、认识反馈与振荡、认识功率放大电路、制作与调试音频放大器。在本项目中将学习音频放大器原理的基本知识。前 4 个学习情境在电子技术实训室进行，音频放大器的制作与调试在仿真工厂的生产环境中进行。学生完成本项目的学习后，将学会如何对音频放大器进行整机装配、整机调试及检修。

 学习目标

➢　了解二极管、晶体管的基本知识。

➢　会测量、选用二极管和晶体管。

➢　理解共发射极放大电路、共集电极放大电路、共基极放大电路和多级放大电路的组成及工作原理。

➢　了解场效应晶体管及其放大电路。

➢　理解负反馈放大电路、振荡电路和功率放大电路的组成及工作原理。

➢　会用仪器、仪表调试、测量各类放大电路。

➢　理解放大电路的分析方法、特点和应用场合。

➢　会制作和调试低频功率放大电路、音频放大电路。

➢　能排除低频功率放大电路、音频放大电路中的常见故障。

 工作任务

➢　用万用表检测二极管、晶体管。

➢　制作共发射极电路、共集电极电路、负反馈放大电路和功率放大电路。

➢　选择仪器仪表，正确测试各类放大电路的各项参数并分析。

➢　制作和调试低频功率放大电路、音频放大电路。

➢　排除低频功率放大电路、音频放大电路中的常见故障。

学习情境 1　认识基本放大电路

> ➢ 了解半导体常识；了解二极管和晶体管的基本知识。
> ➢ 会检测、选用二极管。
> ➢ 会检测晶体管的质量、极性和类型，能判别晶体管的工作状态。
> ➢ 理解共发射极放大电路的组成和放大原理。
> ➢ 能对共发射极放大电路做静态和动态分析。
> ➢ 能测量共发射极放大电路中晶体管的各极静态电压。
> ➢ 能测量共发射极放大电路的交流输入、输出电压波形。
> ➢ 理解多级放大电路的组成及工作原理。

工作任务

> ➢ 用万用表检测二极管。
> ➢ 判别晶体管的质量、极性、类型和工作状态。
> ➢ 测量共发射极放大电路中晶体管的静态电压并分析状态。
> ➢ 测量共发射极放大电路中交流输入、输出电压波形并比较。
> ➢ 测量多级放大电路中交流输入、输出电压波形并比较。

任务1　认识二极管和晶体管

◆　问题引入

当我们打开音频放大器、收音机、电视机、音响设备等电器的后盖，就会看到各种各样的电子元器件安装在电路板上，它们如同家庭里的各个成员一样，都在各司其职地工作着。这些元器件的质量直接影响着电器产品的工作状态。学会这些元器件的选择、检测及质量判别方法是电类专业工作人员及电子爱好者必备的基本技能。

💡 看一看——音频放大器

音频放大器如图 1.1.1 所示。

电子电路中主要包括以下元器件：电阻器、电容器、电感器，还有二极管、晶体管等。在电工学中我们已学了万用表的使用以及电阻器、电容器和电感器的选择，在此主要介绍二极管和晶体管的相关知识。

◆　任务描述

💡 看一看——认识二极管

1）二极管实物及图形符号分别如图 1.1.2、图 1.1.3 所示。

a) 有线音频放大器实物图　　　　　　　b) 无线音频放大器实物图

c) 某音频放大器的内部电路图

图 1.1.1　扬声器

图 1.1.2　常用二极管实物图

2）二极管正、负电极的识别如图 1.1.4 所示。

3）二极管导电性实验如图 1.1.5 所示。通过实验可观察二极管的导电特性。

图 1.1.3　二极管图形符号

对比二极管正、反两次连接时灯泡的变化情况。若灯泡亮，则说明电流由电源正极经二极管、灯泡流回电源负极，形成回路。此时与电源正极连接的就是二极管正极，与电源负极连接的就是二极管负极，二极管加上了正向电压，称为正向偏置（简称正偏）。此时二极管的正向电阻很小，相当于开关闭合，如图 1.1.6a 所示。若灯泡不亮，则说明二极管两端加了反向电压，称为反向偏置（简称反偏），此时反向电阻很大，二极管相当于开关断开，如图 1.1.6b 所示。

图 1.1.4　二极管正、负电极的识别

图 1.1.5　二极管导电性实验

结论：二极管具有单向导电性，即加正向电压导通，加反向电压截止。

半导体器件具有体积小、质量小、使用寿命长、输入功率小和转换效率高等优点，在现代电子技术中得到广泛的应用。二极管是最简单的半导体器件，它由半导体材料制成，其主要特性是单向导电性。下面介绍半导体常识。

❓ 学一学——半导体常识

自然界中的物质，其化学性质是由价电子决定的，其导电性能也与价电子有关，按其导电能力可分为三大类：导体、半导体和绝缘体。导电能力介于导体和绝缘体之间的物质称为半导体，其主要制造材料是硅（Si）、锗（Ge）或砷化镓（GaAs）等，其中硅应用最多。

半导体具有热敏性、光敏性和掺杂性的特点。半导体受光照和热激发便能增强导电能力；掺入微量的三价或五价元素（杂质）能显著增强导电能力。

1. 本征半导体

完全纯净的、结构完整的半导体材料称为本征半导体。

（1）本征半导体的原子结构及共价键　单晶是指晶格排列完全一致的晶体，而晶体则指由原子或分子按照一定的空间次序排列而形成的具有规则外形的固体。在 Si 或者 Ge 的单晶体结构中，原子在空间排成很有规律的空间点阵（称为晶格），由于原子之间的距离很近，价电子不仅受到所属原子核的作用，而且还受到相邻原子核的吸引，使得一个价电子为相邻原子核所共有，形成共价键。图 1.1.7 为硅和锗的原子结构和共价键结构。晶体中的共价键具有很强的结合力。共价键内的两个电子由相邻的原子各用一个价电子组成，称为束缚电子。

（2）本征激发和两种载流子——自由电子和空穴　在热力学零度（-273.16℃）且无光照时，价电子没有能力脱离共价键的束缚，在这种情况下，晶体中没有自由电子，半导体是不能导电的。在室温或光照下，少数价电子获得足够的能量摆脱共价键的束缚成为自由电子。束缚电子脱离共价键成为自由电子后，在原来的位置留出一个空位，称为空穴。温度升高，半导体材料中产生的自由电子便增多。本征半导体中，自由电子和空穴成对出现，数目相同。图1.1.8为本征激发所产生的电子空穴对。

图1.1.7　硅和锗的原子结构和共价键结构

图1.1.8　本征激发所产生的电子空穴对

　　如图1.1.9所示，空穴（如图中位置1）出现以后，邻近的束缚电子（如图中位置2）可能获取足够的能量来填补这个空穴，而在这个束缚电子的位置又出现一个新的空穴，另一个束缚电子（如图中位置3）又会填补这个新的空穴，这样就形成束缚电子填补空穴的运动。价电子填补空穴的运动无论在形式上还是在效果上都相当于带正电荷的空穴在价电子运动相反的方向运动，为了区别于自由电子的运动，就把这种运动叫做空穴运动，认为"空穴是一种带正电荷的载流子"。

图1.1.9　束缚电子填补空穴的运动

（3）结论

1）半导体中存在两种载流子，一种是带负电的自由电子，另一种是带正电的空穴，它们都可以运载电荷形成电流。

2）本征半导体中，自由电子和空穴相伴产生，数目相同。

3）一定温度下，本征半导体中电子空穴对的产生与复合相对平衡，电子空穴对的数目相对稳定。

4）温度升高，激发的电子空穴对数目增加，半导体的导电能力增强。

空穴的出现是半导体导电区别导体导电的一个主要特征。

2. 杂质半导体

在本征半导体中加入微量杂质，可使其导电性能显著改变。根据掺入杂质的性质不同，杂质半导体分为两类：电子型（N型）半导体和空穴型（P型）半导体。

（1）N型半导体　在硅（或锗）半导体晶体中，掺入微量的五价元素，如磷（P）、砷

（As）等，则构成 N 型半导体。

五价的元素具有 5 个价电子，它们进入由硅（或锗）组成的半导体晶体中，五价的原子取代四价的硅（或锗）原子，在与相邻的硅（或锗）原子组成共价键时，因为多出的一个价电子不受共价键的束缚，很容易成为自由电子，于是半导体中自由电子的数目大量增加。N 型半导体中，自由电子占多数，为多数载流子（简称多子），空穴为少数载流子（简称少子）。自由电子参与导电后，在原来的位置留下一个不能移动的正离子，半导体仍然呈现电中性，但与此同时没有相应的空穴产生，如图 1.1.10 所示。所以 N 型半导体可以表示为图 1.1.10。

图 1.1.10　N 型半导体的共价键结构

（2）P 型半导体　　在硅（或锗）半导体晶体中，掺入微量的三价元素，如硼（B）、铟（In）等，则构成 P 型半导体。

三价的元素只有 3 个价电子，在与相邻的硅（或锗）原子组成共价键时，由于缺少一个价电子，在晶体中便产生一个空穴于是半导体中空穴的数目大量增加。P 型半导体中，空穴为多数载流子（多子），自由电子为少数载流子（少子）。空穴邻近的束缚电子如果获取足够的能量，有可能填补这个空穴，使原子成为一个不能移动的负离子，半导体仍然呈现电中性，但与此同时没有相应的自由电子产生，如图 1.1.11 所示。所以 P 型半导体可以表示为图 1.1.11。

杂质半导体的导电性能主要取决于多子浓度，而多子浓度主要取决于掺杂浓度，其值较大且稳定，故导电性能得到显著改善。少子对杂质半导体的导电性能也有影响，由于少子由本征激发产生，对温度和光照敏感，因此半导体器件对温度和光照敏感，会导致器件性能不稳定，在应用中需加以注意。这种敏感性也可加以利用，制作热敏和光敏传感器。

3. PN 结及其单向导电性

（1）PN 结的形成　　多数载流子因浓度上的差异而形成的运动称为扩散运动，如图 1.1.12 所示。

图 1.1.11　P 型半导体的共价键结构　　　图 1.1.12　P 型和 N 型半导体交界处载流子的扩散

由于空穴和自由电子均是带电的粒子，所以扩散的结果使 P 区和 N 区原来的电中性被破坏，在交界面的两侧形成一个不能移动的带异性电荷的离子层，称为空间电荷区，即 PN 结，如图 1.1.13 所示。

在空间电荷区，多数载流子已经扩散到对方并复合掉了，或者说消耗尽了，因此又称空间电荷区为耗尽层。

空间电荷区出现后，因为正负电荷的作用，将产生一个从 N 区指向 P 区的内电场。内电场的方向，会对多数载流子的扩散运动起阻碍作用。同时，内电场可推动少数载流子（P 区的自由电子和 N 区的空穴）越过空间电荷区，进入对方。少数载流子在内电场作用下有规则的运动称为漂移运动。漂移运动和扩散运动的方向相反。无外加电场时，通过 PN 结的扩散电流等于漂移电流，PN 结中无电流流过，PN 结的宽度保持一定而处于稳定状态。

（2）PN 结的单向导电性　如果在 PN 结两端加上不同极性的电压，PN 结会呈现出不同的导电性能。

1）PN 结外加正向电压：在 PN 结的 P 端接高电位，N 端接低电位，称 PN 结外加正向电压，又称 PN 结正向偏置，简称为正偏，如图 1.1.14 所示。外加电场与 PN 结形成的内电场方向相反，P 区的多子空穴（相当于正电荷）顺着外电场方向往中间运动，与 PN 结空间电荷区的负离子复合；N 区的自由电子（多子且为负电荷），逆着外电场方向也向中间靠拢，与 PN 结中的正离子复合，形成电中和，使得内电场的正负离子数都减少，耗尽层变窄，内电场被削弱。但空穴与正离子、电子与负离子均相互排斥，复合后剩下的正负离子数达到最少数量时，PN 结停止变窄，内电场达到最弱程度，形成导通压降（很小）；多子在外电场作用下与空间电荷区的离子电中和产生的定向扩散运动，形成导通电流，导通方向就是多子空穴的运动方向。为了防止烧坏 PN 结，回路中串接了电阻 R 进行限流（称为限流电阻）。

2）PN 结外加反向电压：在 PN 结的 P 端接低电位，N 端接高电位，称 PN 结外加反向电压，又称 PN 结反向偏置，简称为反偏，如图 1.1.15 所示。外加电场与 PN 结形成的内电场方向相同，P 区的多子空穴（相当于正电荷）顺着外电场方向向 P 区运动，使负离子数量增多，靠近 PN 结空间电荷区的电中和被破坏；N 区的自由电子（多子且为负电荷），逆着外电场方向向 N 区运动，使正离子数量增多，这样

图 1.1.13　PN 结的形成

就使得内电场的正负离子数都增多，耗尽层变宽加厚，内电场被加强。但空穴与电子不能完全复合，正负离子数达到最多数量时，PN 结停止变宽，内电场达到最强程度，形成反向饱和压降（很大）。多子在外电场作用下的定向扩散运动受阻，少子的漂移运动形成极小的反向电流，几乎不能算作导通，称为截止状态。反向饱和电流方向由 N 区指向 P 区。

综上所述，PN 结正偏时导通，呈现很小的电阻，形成较大的正向电流；反偏时截止，呈现很大的电阻，反向电流近似为零，因此具有单向导电性。

PN 结可以构成二极管，下面介绍二极管。

8

图 1.1.14　PN 结外加正向电压

图 1.1.15　PN 结外加反向电压

 学一学——二极管

1. 二极管的伏安特性及主要参数

（1）二极管的伏安特性　二极管两端的电压 U 及流过二极管的电流 I 之间的关系曲线，称为二极管的伏安特性，如图 1.1.16 所示。

1）正向特性：二极管外加正向电压时，电流和电压的关系称为二极管的正向特性。由图 1.1.16 可见，当二极管所加正向电压比较小时（$0 < U < U_{th}$），二极管上流经的电流为 0，管子仍截止，此区域称为死区，U_{th} 称为死区电压（门槛电压）。硅二极管的死区电压约为 0.5V，锗二极管的死区电压约为 0.1V。

2）反向特性：二极管外加反向电压时，电流和电压的关系称为二极管的反向特性。由图 1.1.16 可见，在常温下，二极管外加反向电压时，反向电流很小（$I \approx -I_R$），而且在相当宽的反向电压范围内，反向电流几乎不变，因此，称此电流为二极管的反向饱和电流。

3）反向击穿特性：从图 1.1.16 可见，当加于二极管两端的反向电压增大到一定值（U_{BR}）时，二极管的反向电流将随反向电压的增加而急剧增大，这种现象称为反向击穿。反向击穿后，只要反向电流和反向电压的乘积不超过 PN 结容许的耗散功率，PN 结一般不会损坏，当反向电压下降到击穿电压以下后，其性能恢复到原有情况，即这种击穿是可逆的，称为电击穿。若反向击穿电流过大，则会导致 PN 结因结温过高而烧坏，这种击穿是不可逆的，称为热击穿。串接限流电阻可防止二极管因热击穿而烧坏。利用二极管的反向击穿特性，可以做成稳压二极管，但一般的二极管不允许工作在反向击穿区。

（2）二极管的温度特性　二极管是对温度非常敏感的器件。实验表明，随温度升高，二极管的正向压降会减小，正向伏安特性左移，即二极管的正向压降具有负的温度系数（约为 $-2mV/℃$）；温度升高，反向饱和电流会增大，反向伏安特性下移，温度每升高 10℃，反向电流大约增加一倍。图 1.1.17 为二极管的温度特性。

（3）二极管的主要参数

1）最大整流电流 I_F：最大整流电流 I_F 是指二极管长期正常工作时，允许通过二极管的最大正向电流的平均值。

2）反向击穿电压 U_{BR}：反向击穿电压是指二极管击穿时的电压值。

3）反向饱和电流 I_R：反向饱和电流是指管子没有击穿时的反向电流值。其值越小，说明二极管的单向导电性越好。

4）最高反向工作电压 U_{RM}：最高反向工作电压 U_{RM} 是指允许加在二极管两端的最大反向电压，通常规定为反向击穿电压的一半。

图 1.1.16　二极管的伏安特性

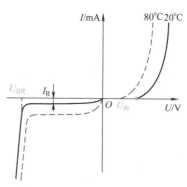

图 1.1.17　二极管的温度特性

2. 二极管基本应用和分析方法

利用二极管的伏安特性可以构成多种应用电路，例如：利用单向导电性，可以构成整流电路和门电路；利用正向恒压特性，可以构成低电压稳压电路和限幅电路。

二极管的伏安特性是非线性，工程中通常采用近似分析，主要有模型分析法、图解分析法和仿真分析法。本节只重点介绍模型分析法，其思路是在一定条件下，将非线性器件近似地用合理的线性或分段线性的电路模型等效，使电路和分析简化。二极管模型这里只介绍理想模型和恒压降模型。

（1）理想模型分析法和恒压降模型分析法

1）理想模型的建立：实际使用中，若可忽略二极管的导通电压、反向饱和电流，并且管子不会反向击穿，则可将实际二极管的伏安特性（见图 1.1.16）用图 1.1.18a 所示的伏安曲线近似，具有这种理想伏安特性的二极管称为理想二极管，也称为二极管的理想模型，图形符号如图 1.1.18b 所示。它在正偏时导通，电压降为零；反偏时截止，电流为零，反向击穿电压为无穷大。显然，理想二极管相当于一个理想的压控开关，正偏时开关合上，反偏时开关断开。

a) 伏安曲线　　b) 图形符号

图 1.1.18　二极管的理想模型

a) 伏安曲线　　b) 等效电路

图 1.1.19　二极管的恒压降模型

2）恒压模型的建立：在多数应用场合，需要考虑二极管的导通电压，但不考虑反向饱和电流和反向击穿电压，这时可将伏安特性用图 1.1.19a 实线所示的伏安曲线近似，具有这种伏安特性的二极管称为二极管的恒压降模型，等效电路如图 1.1.19b 所示，它在 $u_D \geqslant U_{D(on)}$ 时导通，导通后电压降为 $U_{D(on)}$，在 $u_D \leqslant U_{D(on)}$ 时截止，i_D 为 0。

【例 1.1.1】　图 1.1.20a 所示电路中采用硅二极管，$R = 2k\Omega$，试用二极管的理想模型分析法和恒压降模型分析法，求 $U_{DD} = 2V$ 和 $U_{DD} = 10V$ 时的回路电流 I_O 和输出电压 U_O

的值。

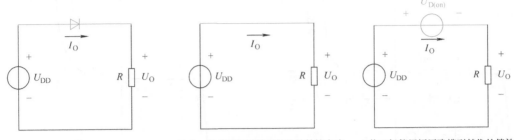

| a) 电路 | b) 将二极管用理想模型替代的等效电路 | c) 将二极管用恒压降模型替代的等效电路 |

图 1.1.20　简单二极管电路分析

解：观察图 1.1.20a 电路可知，二极管正偏导通。将导通二极管分别用理想模型和恒压降模型替代，等效电路如图 1.1.20b、c 所示的电路。

当 $U_{DD} = 2V$ 时：

由图 1.1.20b，得

$$U_O = U_{DD} = 2V, \quad I_O = U_{DD}/R = 2V/2k\Omega = 1mA$$

由图 1.1.20c，得

$$U_O = U_{DD} - U_{D(on)} = (2-0.7)V = 1.3V, \quad I_O = U_O/R = 1.3V/2k\Omega = 0.65mA$$

当 $U_{DD} = 10V$ 时：

由图 1.1.20b，得

$$U_O = U_{DD} = 10V, \quad I_O = U_{DD}/R = 10V/2k\Omega = 5mA$$

由图 1.1.20c，得

$$U_O = U_{DD} - U_{D(on)} = (10-0.7)V = 9.3V, \quad I_O = U_O/R = 9.3V/2k\Omega = 4.65mA$$

那么上例中的近似分析结果是否都合理呢？由于该电路中二极管正偏导通，且有较大的工作电流，因此用恒压降模型法所得的结果是接近实际情况的。当 $U_{DD} = 10V$ 时，理想模型法的分析结果与恒压降模型法的相近，也是合理的；当 $U_{DD} = 2V$ 时，理想模型法的分析结果与实际值之间产生了很大误差，因此是不合理的。

上例表明，用模型法分析二极管电路时，必须根据电路的具体情况选择合理的模型。当二极管回路的电源电压远大于 $U_{D(on)}$ 时，理想模型和恒压降模型均可采用，其中理想模型更简便；当电源电压较低时，采用恒压降模型较为合理。

（2）二极管的应用及分析

【**例 1.1.2**】　图 1.1.21a 为硅二极管直流电路，试求电流 I_1、I_2、I_O 和输出电压 U_O 的值。

解题分析　二极管在直流电路中起单向导电作用，应先判断二极管导通与否，然后选择合理的模型进行估算。判断二极管导通与否的方法是：断开二极管，观察或计算加在二极管正、负极间的电压，若正偏电压大于或等于导通电压，则二极管导通；若反偏或正偏电压小于导通电压，则二极管截止。

解：假设二极管断开，由图可得二极管正、负极电位分别为

$$U_P = 15V \quad U_N = \frac{3}{4} \times 12V = 9V$$

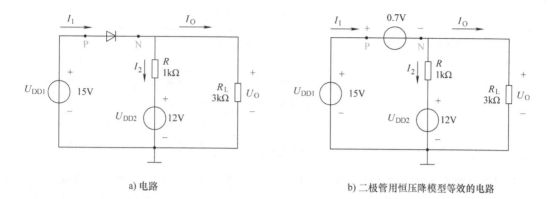

a) 电路　　　　　　　　　　　　　b) 二极管用恒压降模型等效的电路

图 1.1.21　硅二极管直流电路

故 $U_{PN} = 6V$，二极管导通。导通后的硅二极管等效为 0.7V 的恒压源，如图 1.1.21b 所示。

由图 1.1.21b 得

$$U_O = U_{DD1} - U_{D(on)} = (15 - 0.7)\ V = 14.3V$$

$$I_O = U_O/R_L = 14.3V/3k\Omega = 4.8mA$$

$$I_2 = (U_O - U_{DD2})/R = (14.3 - 12)\ V/1k\Omega = 2.3mA$$

$$I_1 = I_O + I_2 = (4.8 + 2.3)\ mA = 7.1mA$$

【例 1.1.3】　图 1.1.22a 中，设 VD_A、VD_B 均为理想二极管，当输入电压 U_A、U_B 为 0V 和 5V 的不同组合时，求输出电压 U_O 的值。

a) 电路图　　　　　　　　　　　　b) 习惯画法

图 1.1.22　二极管与门电路

解：断开两个二极管，得它们的正极电位均为 12V，负极电位分别为 U_A 和 U_B。

当 $U_A = U_B = 0V$ 时，VD_A 和 VD_B 均加上 12V 的正偏电压，两管都导通，管压降为零，$U_O = 0V$

当 $U_A = 0V$，$U_B = 5V$ 时，VD_A、VD_B 的正偏电压分别为 12V、7V，因此 VD_A 优先导通，使 $U_O = 0V$。这时 VD_B 正极电位为 0V，负极电位为 5V，因此 VD_B 反偏截止。

同理可分析 $U_A = 5V$、$U_B = 0V$ 和 $U_A = U_B = 5V$ 两种输入时的电路工作情况，见

表 1.1.1。

表 1.1.1　二极管与门电路工作分析

输入电压		二极管工作状态		输出电压
U_A/V	U_B/V	VD_A	VD_B	U_O/V
0	0	正偏导通	正偏导通	0
0	5	正偏导通	反偏截止	0
5	0	反偏截止	正偏导通	0
5	5	正偏导通	正偏导通	5

上例电路即为数字电路中的二极管与门电路，由表 1.1.1 可知其功能为：当输入电压中有低电压（0V）时，输出为低电压（0V）；只有当输入电压均为高电压（5V）时，输出才为高电压（5V）。

在电子电路中，为使电路简洁，习惯上将图 1.1.22a 所示的电路画成图 1.1.22b 所示。需指出，对有多个二极管的电路，分析时要弄清楚哪个管子优先导通，并注意优先导通的管子对其他管的工作状态所产生的影响。

3. 特殊二极管

（1）稳压管　稳压管是一种用特殊工艺制作的面接触型硅半导体二极管。

1）稳压管的伏安特性和符号：图 1.1.23 为稳压二极管的伏安特性和符号，其正向特性曲线与普通二极管相似，而反向击穿特性曲线很陡。正常情况下稳压管工作在反向击穿区，由于曲线很陡，反向电流在很大范围内变化时，端电压变化很小，因而具有稳压作用。VS 是稳压管的电路文字符号。

2）稳压管的主要参数：

① 稳定电压 U_Z。它是指当稳压管中的电流为规定值时，稳压管在其两端产生的稳定电压值。

② 稳定电流 I_Z。它是指稳压管工作在稳压状态时，稳压管中流过的电流，有最小稳定电流 I_{Zmin} 和最大稳定电流 I_{Zmax} 之分。

③ 最大耗散功率 P_{ZM} 和最大稳压电流 I_{ZM}（I_{Zmax}）。P_{ZM}（$P_{ZM} = I_{ZM} U_Z$）和 I_{ZM} 是为了保证管子不被热击穿而规定的极限参数，由管子允许的最高结温决定。

图 1.1.23　稳压二极管的伏安特性和符号

3）应用稳压管应注意的问题：

稳压管主要应用于浪涌电保护电路、电视机里的过电压保护电路、电弧抑制电路、串联型稳压电路等。

① 稳压管稳压时，一定要外加反向电压，保证管子工作在反向击穿区。当外加的反向电压值大于或等于 U_Z 时，才能起到稳压作用；若外加的电压值小于 U_Z，稳压管相当于普通的二极管。

② 在稳压管稳压电路中，一定要配合限流电阻的使用，保证稳压管中流过的电流在规

定的范围之内。

4）稳压管稳压电路的工作原理：图 1.1.24a 所示稳压管稳压电路中，R 为限流电阻（又称降压电阻），R_L 为负载电阻。当稳压管稳压工作时，有

$$U_O = U_I - I_R R = U_Z \tag{1.1.1}$$

$$I_R = I_Z + I_O \tag{1.1.2}$$

当 R_L 不变而 U_I 增大时，U_O 随之上升，加于稳压管两端的反向电压增加，使电流 I_Z 大大增加，由（1.1.1）式可知，I_R 随之显著增加，从而使限流电阻 R 上的压降 $I_R R$ 增大，结果使 U_I 的增加量绝大部分降落在限流电阻上，而输出电压 U_O 维持基本恒定。反之，当 R_L 不变而 U_I 下降时，电路将产生与上述相反的稳压过程。

当 U_I 不变而 R_L 增大（即负载电流 I_O 减小）时，U_O 随之增大，则 I_Z 大大增加，迫使 U_O 下降以维持基本恒定。反之，产生与上述相反的稳压过程。

综上所述，稳压管电路的稳压原理是：当 U_I 或 R_L 变化时，电路能自动调整 I_Z 大小，以改变降压电阻 R 上的压降 $I_R R$，从而维持 U_O 的基本恒定。

为使电路安全可靠地稳压工作，应加足够大的反偏电压，使稳压管工作于反向击穿区；且给稳压管串接适当大小的限流电阻 R，使稳压管电流 I_Z 满足

$$I_{Zmin} \leq I_Z \leq I_{ZM}$$

a)   b)   c)

图 1.1.24 稳压管稳压电路

【例 1.1.4】 图 1.1.24b 所示电路中，电源电压为 15V，稳压管的稳压值 $U_Z = 6V$，最小稳定电流 $I_{Zmin} = 5mA$，最大功耗 $P_{ZM} = 150mW$。试求电阻 R 的取值范围。

解：R 的阻值由稳压管安全地稳压工作的条件 $I_{Zmin} \leq I_Z \leq I_{ZM}$ 确定，由于

$$I_{ZM} = \frac{P_{ZM}}{U_Z} = \frac{150mW}{6V} = 25mA$$

故可得

$$R_{min} = \frac{U_I - U_Z}{I_{ZM}} = \frac{(15-6)V}{25mA} = 0.36k\Omega$$

$$R_{max} = \frac{U_I - U_Z}{I_{Zmin}} = \frac{(15-6)V}{5mA} = 1.8k\Omega$$

因此 R 的取值范围为 0.36 ~ 1.8kΩ。

【例 1.1.5】 设计一稳压管稳压电路，要求输出电压为 5V，负载电流允许范围为 0 ~ 10mA，已知输入直流电压为 9V，其变化范围不超过 ±10%，试画出电路，确定稳压管型

号、限流电阻的阻值及功率。

解：可采用图 1.1.24c 所示电路，取 $U_Z = U_O = 5V$。

由于 I_O 变化范围为 $0 \sim 10mA$，为了能实现稳压，稳压管的稳压电流变化范围应大于 I_O 的变化范围，故应有 $I_{ZM} - I_Z \geq I_{Omax}$。查手册知，2CW53 稳压管的主要参数为 $U_Z = 4 \sim 5.8V$，$I_Z = 10mA$，$I_{ZM} = 41mA$，显然能满足上述要求，故可选用 $U_Z = 5V$ 的 2CW53。

为使电路能安全地稳压工作，限流电阻 R 的取值应满足：

$$R_{min} = \frac{U_{Imax} - U_Z}{I_{ZM} + I_{Omin}} = \frac{9.9 - 5}{41 \times 10^{-3}}\Omega \approx 120\Omega$$

$$R_{max} = \frac{U_{Imin} - U_Z}{I_Z + I_{Omax}} = \frac{8.1 - 5}{(10 + 10) \times 10^{-3}}\Omega \approx 155\Omega$$

可选择 $R = 130\Omega$，该电阻工作时的最大耗散功率为

$$P_{Rmax} = \frac{(U_{Imax} - U_Z)^2}{R} = \frac{(9.9 - 5)^2}{130}W \approx 0.185W$$

为安全可靠起见，可选用 130Ω、$1/2W$ 的电阻作限流电阻。

（2）发光二极管　发光二极管（Light Emitting Diode，LED）是一种光发射器件，通常由镓（Ga）、砷（As）、磷（P）等元素的化合物制成，当正偏导通时发光，光亮度随电流增大而增强。目前发光二极管的颜色有红、黄、橙、绿、白和蓝六种，所发光的颜色主要取决于制作管子的材料，例如用砷化镓发出红光，而用磷化镓则发出绿光。其中白色发光二极管是新型产品，主要应用在手机背光、液晶显示器背光、照明等领域。

发光二极管工作时导通电压比普通二极管大，其工作电压随材料的不同而不同，一般为 $1.7 \sim 2.4V$。普通绿、黄、红、橙色发光二极管工作电压约为 2V；白色发光二极管的工作电压通常高于 2.4V；蓝色发光二极管的工作电压一般高于 3.3V。发光二极管的工作电流为几毫安到几十毫安，典型值 10mA；反向击穿电压一般大于 5V，为安全起见，一般工作在 5V 以下。

发光二极管应用非常广泛，常用作各种电子设备如仪器仪表、计算机、电视机等的电源指示灯和信号指示等，还可以做成七段数码显示器等。

普通发光二极管的符号和外形如图 1.1.25 所示。

a) 符号　　　　　　　　　　　b) 外形

图 1.1.25　普通发光二极管的符号和外形

（3）光敏二极管　它是一种光接收器件，其 PN 结工作在反偏状态，可以将光能转换为电能，实现光电转换。图 1.1.26 为光敏二极管的基本电路和符号。

（4）变容二极管　变容二极管是利用 PN 结的电容效应进行工作的，它工作在反向偏置状态，当外加的反偏电压变化时，其电容量也随着改变，用于调频。图 1.1.27 为变容二极管的符号。

图 1.1.26　光敏二极管的基本电路和符号　　　　图 1.1.27　变容二极管的符号

（5）激光二极管　激光二极管是在发光二极管的 PN 结间安置一层具有光活性的半导体，构成一个光谐振腔，工作时接正向电压，可发射出激光。

　　激光二极管的应用非常广泛，在计算机的光盘驱动器、激光打印机中的打印头、激光唱机、激光影碟机中都有激光二极管。

（6）肖特基二极管　肖特基二极管又称肖特基表面势垒二极管，内部是一个金属半导体结（是在金属和低掺杂 N 型半导体的交界处所形成的类似于 PN 结的空间电荷区），伏安特性与 PN 结相似，但与普通二极管相比又有两个重要特点：一是导通电压较低，约为 0.4V；二是只利用一种载流子（电子）导电，不存在普通二极管的少子储存现象，因此工作速度快，适用于高频高速电路。肖特基二极管的图形符号如图 1.1.28 所示。

图 1.1.28　肖特基二极管的图形符号

 练一练——二极管的选择和测试

1. 二极管的选择

　　应根据二极管在电路中的作用和技术要求，选用功能和参数满足要求，经济、通用，市场容易买到的管子。要注意元器件参数具有离散性，同型号管子的实际参数可能有较大差别；而且器件手册中的参数是在一定条件下测得的，当工作条件发生较大变化时，参数值可能会有较大改变。例如由于反向电流值随温度升高而显著增加，会导致常温下正常工作的电路在高温时性能恶化，所以选用参数时要考虑留一定的裕量。

　　具体选用时注意：

　　1）根据使用场合确定二极管类型。若用于整流电路，由于工作电流大、反向电压高，而工作频率不高，故选用整流二极管；若用于高频检波，由于要求导通电压小，工作频率高，而电流不大，故选用点接触型锗管。若用于高速开关电路，则选用开关二极管。

　　2）尽量选用反向电流小、正向压降小的管子。

　　3）最大整流电流 I_F、最高反向工作电压 U_{RM} 是保证二极管安全工作的参数，选用时要有足够裕量。

2. 二极管极性的判定

　　将指针式万用表的红、黑表笔分别接二极管的两个电极，若测得的电阻值很小（几千欧以下），则黑表笔所接电极为二极管的正极，红表笔所接电极为二极管的负极；若测得的阻值很大（几百千欧以上），则黑表笔所接电极为二极管的负极，红表笔所接电极为二极管的正极，如图 1.1.29 所示。

图 1.1.29 二极管极性的测试

3. 二极管好坏的判定

1）若测得的反向电阻很大（几百千欧以上），正向电阻很小（几千欧以下），表明二极管性能良好。

2）若测得的反向电阻和正向电阻都很小，表明二极管短路，已损坏。

3）若测得的反向电阻和正向电阻都很大，表明二极管断路，已损坏。

二极管质量的简易判断见表 1.1.2。

表 1.1.2 二极管质量的简易判断

正 向 电 阻	反 向 电 阻	二极管状况
较小（几千欧以下）	较大（几百千欧以上）	质量好
0	0	短路
∞	∞	开路
正向电阻、反向电阻比较接近		质量不佳

4. 检测

准备以下型号二极管共 5 只，将检测结果填入表 1.1.3 中。

表 1.1.3 检测结果

编 号	型 号	正向电阻		反向电阻		二极管质量	
		档位	阻值	档位	阻值	好	坏
1	2AP9						
2	2CW104						
3	2CZ11						
4	1N4148						
5	1N4007						

💡 **看一看——认识晶体管外形、分类与电路符号**

晶体管具有放大和开关作用，应用非常广泛。它有双极型和单极型两类，双极型晶体管（Bipolar Junction Transistor，BJT）有空穴和自由电子两种截流子参与导电，故称为双极型晶体管；单极型半导体晶体管通常称为场效应晶体管（Field Effect Transistor，FET），是一种利用电场效应控制输出电流的半导体器件，它依靠一种载流子（多子）参与导电，故称为单极型晶体管。

晶体管有金属封装、塑料封装等，常见的封装外形及引脚排列如图 1.1.30 所示。图中的引脚排列方式只是一般规律，对于外壳上有引脚指示标志的，可按标志识别，管壳上无引脚标志的，以器件手册或测量为准。表 1.1.4 为晶体管的分类。

图 1.1.30　几种常见晶体管外形

表 1.1.4　晶体管的分类

分类方法	种类	
按功率分类	小功率晶体管（耗散功率小于 1W）	大功率晶体管（耗散功率不低于 1W）
按用途分类	放大管	开关管
按工作频率分类	低频率（工作频率在 3MHz 以下）	高频率（工作频率不低于 3MHz）
按结构工艺分类	合金管	平面管
按内部基本结构分类	NPN 型	PNP 型
按制造材料分类	硅管	锗管

晶体管是通过一定的工艺将两个 PN 结结合构成的器件，其文字符号为 "VT"。图 1.1.31a 是 NPN 型晶体管的结构示意图，它由三个掺杂区制成，中间是一块很薄的 P 型半导体，称为基区，两边各有一块 N 型半导体，其中高掺杂的（标 N^+）称为发射区，另一块称为集电区；从各区引出的电极相应地称为基极、发射极和集电极，分别用 B、E、C 表示。当两块不同类型的半导体结合在一起时，交界处会形成 PN 结，因此晶体管有两个 PN 结：发射区和基区之间的 PN 结称为发射结，集电区与基区之间的 PN 结称为集电结。

图 1.1.31b 为硅平面管管芯结构剖面图，它以 N 型衬底作集电极，在 N 型衬底的氧化膜上光刻一个窗口，进行硼杂质扩散，获得 P 型基区，经氧化膜掩护后再在 P 型半导体上光刻一个窗口，进行高浓度的磷扩散，获得 N 型发射区，然后从各区引出电极引线，最后在表面生长一层二氧化硅，以保护芯片免受外界污染。一般的 NPN 型硅管都为这种结构。

NPN 型晶体管的图形符号如图 1.1.31c 所示，箭头指示了发射极位置及发射结正偏时的发射极电流方向。

PNP 型晶体管的结构和图形符号如图 1.1.32 所示，其结构与 NPN 型管对应，因此它们的工作原理和特性也对应，但各电极的电压极性和电流流向正好相反，在图形符号中，NPN 型晶体管的发射极电流是流出的，而 PNP 型晶体管的发射极电流则是流入的。

综上可知，晶体管的发射区掺杂浓度很高，基区很薄且掺杂浓度很低，集电区掺杂浓度较低但结面积很大。这些制造工艺和结构的特点是晶体管起放大作用所必须具备的内部条件。

a) 结构示意图　　　　　b) 硅平面管管芯结构剖面图　　　c) 图形符号

图 1.1.31　NPN 型晶体管的结构与符号

a) 结构示意图　　　　　　　　b) 图形符号

图 1.1.32　PNP 型晶体管的结构与符号

目前国产晶体管中硅管多为 NPN 型，锗管多为 PNP 型。硅管受温度影响小、工作稳定，在自动控制设备中常见硅管。在封装外形上，小、中功率晶体管多采用塑料封装，大功率晶体管多采用金属封装。

学一学——晶体管的放大作用、工作原理、特性曲线及主要参数

1. 晶体管的电流放大作用

（1）连接电路　按图 1.1.33 所示连接电路。

在电路中，要给晶体管的发射结加正向电压，集电结加反向电压，这是保证晶体管能起到放大作用的外部条件。

（2）测试　调节电位器 RP（其阻值为 R_P）可改变基极电流 I_B，用电流表可测得相应的 I_C、I_E 的数值，测得的数据见表 1.1.5。

图 1.1.33　晶体管电流放大作用演示实验

表 1.1.5　晶体管各极电流

$I_B/\mu A$	0	20	40	60	80	100
I_C/mA	0.005	0.99	2.08	3.17	4.26	5.40
I_E/mA	0.005	1.01	2.12	3.23	4.34	5.50

（3）实验数据分析　根据分析可以得出如下结果。

1）每列数据均满足关系

$$I_E = I_C + I_B$$

此结果符合基尔霍夫电流定律。

2）每一列数据都有 I_C 正比于 I_B，而且有 I_C 与 I_B 的比值近似相等，大约等于 50。于是，定义直流电流放大系数为

$$\overline{\beta} = I_C/I_B \approx 50$$

3）对表 1.1.5 中任两列数据求 I_C 和 I_B 变化量的比值，结果仍然近似相等，约等于 50。又定义交流电流放大系数为

$$\beta = \Delta I_C/\Delta I_B \approx \overline{\beta} = I_C/I_B \approx 50$$

4）从表 1.1.5 中可知，当 $I_B = 0$（基极开路）时，集电极电流的值很小，称此电流为晶体管的穿透电流 I_{CEO}。穿透电流 I_{CEO} 越小越好。

（4）结论

1）晶体管的电流放大作用，实质上是用较小的基极电流信号控制较大的集电极电流信号，是"以小控大"的作用。

2）晶体管放大作用的实现需要一定的外部条件，即必须保证发射结加正向偏置电压，集电结加反向偏置电压。

2. 晶体管的工作原理

晶体管有两个 PN 结，根据 PN 结的偏置条件不同对应有三种工作状态。当发射结正偏、集电结反偏时，晶体管工作于放大状态；当发射结正偏、集电结正偏时，晶体管工作于饱和状态；当发射结反偏、集电结反偏时，晶体管工作于截止状态。下面以 NPN 型管为例讨论这三种状态的工作原理。

（1）放大状态

1）偏置条件：图 1.1.34 电路中，基极电源 U_{BB} 通过基极电阻 R_b 和发射结形成输入回

路，使基极 B 和发射极 E 之间电压 $U_{BE} > 0$，给 NPN 管的发射结加上正偏电压；集电极电源 U_{CC} 通过集电极电阻 R_c、集电结和发射结形成输出回路，由于发射结正偏导通后的压降很小，因此 U_{CC} 主要降落在 R_c 和集电结两端，可使集电极 C 和基极 B 之间的电压 $U_{CB} > 0$，即给 NPN 管的集电结加上反偏电压，因此该电路能使发射结正偏导通、集电结反偏，晶体管工作于放大状态。图中发射极 E 为输入、输出回路的公共端，这种接法称为共发射极接法。

图 1.1.34 放大状态时的 NPN 管内部载流子运动规律和各级电流

2）晶体管内部载流子的运动规律和电流分配关系：由于发射结正偏导通，发射区的多子（电子）不断向基区扩散，形成电流 I_{EN}，基区多子（空穴）也向发射区扩散，但因数量很小可忽略，因此发射极电流 $I_E \approx I_{EN}$。发射到基区的电子继续向集电结方向扩散，由于基区很薄且掺杂浓度低，故扩散过程中只有少数电子与基区空穴复合形成电流 I_{BN}，绝大部分电子到达集电结。由于集电结反偏，这些电子能顺利飘移过集电结，被集电区收集而形成电流 I_{CN}。此外，集电结因反偏还产生反向饱和电流 I_{CBO}，它由集电区的少子（空穴）和基区少子（电子）在电压作用下作漂移运动所形成。因此可得基极和集电极电流分别为

$$I_B = I_{BN} - I_{CBO} \tag{1.1.3}$$

$$I_C = I_{CN} + I_{CBO} \tag{1.1.4}$$

I_{BN}、I_{CN} 由 I_{EN} 分配得到，当管子制成后，这个分配比例就定了，通常用参数 $\bar{\beta}$ 来表示，称为晶体管共发射极直流电流放大系数，定义为

$$\bar{\beta} = \frac{I_{CN}}{I_{BN}} = \frac{I_C - I_{CBO}}{I_B + I_{CBO}} \tag{1.1.5}$$

显然 $\bar{\beta} \gg 1$。

综上可推得各电极电流之间的关系为

$$I_E = I_B + I_C \tag{1.1.6}$$

$$I_C = \bar{\beta} I_B + (1 + \bar{\beta}) I_{CBO} = \bar{\beta} I_B + I_{CEO} \tag{1.1.7}$$

式中，I_{CEO} 称为穿透电流

$$I_{CEO} = (1 + \bar{\beta})I_{CBO} \tag{1.1.8}$$

通常 I_{CEO} 较小可忽略不计，因此可得下面这组在工程分析中十分有用的近似公式

$$I_C \approx \bar{\beta}I_B \tag{1.1.9}$$

$$I_E \approx (1 + \bar{\beta})I_B \approx I_C \tag{1.1.10}$$

3）电流放大作用：由于各极电流之间有确定的分配关系：$I_C \approx \bar{\beta}I_B \gg 1$，所以当输入电流 I_B 有微小变化时能得到输出电流 I_C 的很大变化，说明晶体管具有电流放大作用。

晶体管的电流放大作用是依靠 I_E 通过基区传输，其中极少部分在基区复合形成 I_B，绝大部分到达集电区形成 I_C 而实现。为保证这个传输过程，晶体管必须同时满足内部工艺条件和发射结正偏、集电结反偏的偏置条件，只有这样才能使晶体管具有很强的电流放大能力。

（2）饱和状态　图 1.1.34 电路中，当减小 R_b 时，I_B 增大，I_C 随之增大，U_{CE} 减小，U_{CB} 减小。当 R_b 足够小时可使 $U_{CB} < 0$，即集电结正偏，这样就使发射结正偏、集电结正偏，晶体管进入饱和状态。

集电结正偏不利于集电区收集基区电子，扩散到基区的电子将有较多的在基区复合形成 I_B，I_C 不能再像放大状态时那样按比例得到，因此在饱和状态时，晶体管失去 I_B 对 I_C 的控制能力，也即失去电流放大能力，这时的 I_C 主要受 U_{CE} 控制。当 U_{CE} 减小使集电结从零偏（即临界饱和）向正偏导通（即饱和）变化过程中，集电区收集基区电子的能力迅速减弱，导致 I_C 随着 U_{CE} 的减小而迅速减小。

（3）截止状态　当发射结反偏、集电结反偏时，晶体管处于截止状态，各极电流 I_E、I_B 和 I_C 近似为零。为使晶体管可靠截止，通常要求发射结零偏或反偏、集电结反偏。

综上可见，晶体管工作于哪种状态由发射结和集电结的偏置条件决定。放大与饱和都属于导通状态，可根据 U_{CE} 大小加以判别：当 $U_{CE} - U_{BE}$（即 $U_{CB} - 0$）时，管子工作于临界饱和状态；当 $U_{CE} > U_{BE}$（即 $U_{CB} > 0$）时，NPN 型管工作于放大状态；当 $U_{CE} < U_{BE}$（即 $U_{CB} < 0$）时，NPN 型管工作于饱和状态。放大和临界饱和时管子有电流放大作用，饱和和截止时管子无电流放大作用。

3. 晶体管在电路中的接法

一个电极作信号输入端，另一电极作信号输出端，剩下的那个电极作输入、输出回路的公共端，根据公共端的不同，有共发射极、共基极和共集电极三种接法（或称三种组态），如图 1.1.35 所示，相应的电路分别称为共发射极电路、共集电极电路和共基极电路。

a) 共发射极　　　　　　　b) 共集电极　　　　　　　c) 共基极

图 1.1.35　晶体管电路的三种组态

4. 晶体管的特性曲线

晶体管的特性曲线是指晶体管的各电极电压与电流之间的关系曲线，它反映出晶体管的特性。它可以用专用的图示仪进行显示，也可通过实验测量得到。以共发射极接法 NPN 型硅晶体管为例，其常用的特性曲线有以下两种。

（1）输入特性曲线 它是指一定集电极和发射极电压 u_{CE} 下，晶体管的基极电流 i_B 与发射结电压 u_{BE} 之间的关系曲线。

$$i_B = f(u_{BE}) \Big|_{u_{CE}=常数} \tag{1.1.11a}$$

实验测得某 NPN 型硅晶体管的输入特性曲线如图 1.1.36 所示。

图 1.1.36a 为晶体管的输入特性曲线，对应一个 u_{CE} 值可画出一根曲线，因此输入特性由一簇曲线构成。由图可见：

1）晶体管输入特性与二极管特性相似，在发射结电压 u_{BE} 大于死区电压时才导通，导通后 u_{BE} 近似为常数。

2）当 u_{CE} 从零增大为 1V 时，曲线明显右移，而当 $u_{CE} \geqslant 1V$ 后，曲线重合为同一根线。在实际使用中，多数情况下满足 $u_{CE} \geqslant 1V$，因此通常用的是这根曲线。由该曲线可见，硅管的死区电压约为 0.5V，导通电压（用 $U_{BE(ON)}$ 表示）为 0.6 ~ 0.8V，近似分析时通常取 0.7V。

对于锗管，则死区电压约为 0.1V，导通电压为 0.2 ~ 0.3V，近似分析时通常取 0.2V。

a) 晶体管的输入特性曲线　　　　　　　　b) 晶体管的输出特性曲线

图 1.1.36　某 NPN 型硅晶体管的特性曲线

（2）输出特性曲线 它是指一定基极电流 i_B 下，晶体管的集电极电流 i_C 与集电结电压 u_{CE} 之间的关系曲线。

即

$$i_C = f(u_{CE}) \Big|_{i_B=常数} \tag{1.1.11b}$$

对应一个 i_B 值可画出一根曲线，因此输出特性曲线也由一簇曲线构成，如图 1.1.36b 所示，通常划分为放大、饱和和截止三个工作区域。

1）放大区：即图中 $i_B > 0$ 且 $u_{CE} \geqslant u_{BE}$ 的区域，为一簇几乎和横轴平行的间隔均匀的直线，这是放大工作状态所对应的伏安特性。特性曲线为一簇几乎和横轴平行的直线，说明 i_C 几乎与 u_{CE} 无关，仅取决于 i_B、$i_C = \bar{\beta} i_B$，因此具有恒流输出特性。当 i_B 等量增大时，曲线间隔均匀地上移，说明 $\Delta i_C \propto \Delta i_B$，因此具有电流线性放大作用。曲线略有向上倾斜，是因为当 u_{CE} 增大时，u_{CB} 随之增大（因 $u_{CB} = u_{CE} - u_{BE}$），集电结变宽，基区宽度减小，基区载流子复合的机会减小，若要维持相同的 i_B，就要求发射区发射更多的多子到基区，因此 i_C 略增大，这种现象称为基区宽度调制效应。

2）饱和区：即图中 $i_B > 0$ 且 $u_{CE} < u_{BE}$ 的区域，为一簇紧靠纵轴的很陡的曲线，这是饱和工作状态所对应的伏安特性。这时管子不具有放大作用，$i_C \neq \bar{\beta} i_B$，i_C 基本不受 i_B 控制而随着 u_{CE} 的减小而迅速减小。饱和时 C 与 E 之间的压降称为饱和压降，记作 U_{CES}。饱和压降很小，小功率 NPN 硅管的 $U_{CES} \approx 0.3$V。当 $i_B > 0$ 且 $u_{CE} = u_{BE}$ 时，管子工作于临界饱和状态，此时管子仍具有放大作用。

3）截止区：即图中 $i_B \leqslant 0$ 的区域，这是截止工作状态所对应的伏安特性，$i_B \approx 0$，$i_C \approx 0$。

综上可见：晶体管工作于放大区时具有放大和恒流特性；工作于饱和、截止区时，具有开关特性，即饱和时 C 与 E 之间电压近似为零，等效为开关合上，截止时 C 与 E 之间电流近似为零，等效为开关断开。

【例 1.1.6】 某电路中晶体管已工作于放大状态，用万用表的直流电压档测得三个引脚对地电位分别为 3.5V、2.8V、5V。试判别此管的三个电极，说明是 NPN 型管还是 PNP 型管，是硅管还是锗管？

解：当晶体管处于放大状态时，必定满足发射结正偏、集电结反偏，因此三个电极的电位大小对 NPN 型管为 $U_C > U_B > U_E$，对 PNP 管为 $U_C < U_B < U_E$，中间电位者必为基极 B，故 3.5V 对应基极 B。由 3.5V − 2.8V = 0.7V 可知，2.8V 对应发射极 E，则 5V 对应集电极 C，为 NPN 型硅管。

5. 晶体管的主要参数

晶体管的参数可以通过查半导体手册来得到，它是正确选定晶体管的重要依据，下面介绍晶体管的几个主要参数。

（1）电流放大系数 表征晶体管电流放大能力，常用的是共发射极电流放大系数，它有直流和交流之分，共发射极直流电流放大系数 $\bar{\beta}$ 定义为

$$\bar{\beta} \approx \frac{i_C}{i_B} \tag{1.1.12}$$

共发射极交流电流放大系数用 β 表示，定义为

$$\beta = \frac{\Delta i_C}{\Delta i_B} \tag{1.1.13}$$

$\bar{\beta}$ 和 β 的含义不同，前者反映静态电流之比，后者反映静态工作点 Q 上的动态电流之比。由于目前多数管子在放大状态时，$\bar{\beta}$ 和 β 基本相等且为常数，因此工程上通常不加区分，都用 β 表示，在手册中有时用 h_{FE} 表示，其值通常在 20～200 之间。

（2）极间反向饱和电流 这是衡量晶体管质量优劣的重要指标，它是由晶体管中少数

载流子漂移形成的电流，其大小直接影响着晶体管的工作稳定性，包括以下两个电流。

1）集电极—基极反向饱和电流 I_{CBO}：它是发射极开路时流过集电结的反向饱和电流。室温下，小功率硅管的 I_{CBO} 小于 $1\mu A$，锗管的 I_{CBO} 约为几微安到几十微安。其测量电路如图 1.1.37a 所示，图中以 NPN 型晶体管为例。

2）集电极—发射极反向饱和电流 I_{CEO}：基极开路，C、E 之间加正偏电压时，从集电极直通到发射极的电流，称为穿透电流，其测量电路如图 1.1.37b 所示，图中以 NPN 型晶体管为例。

a) I_{CBO} 的测量电路   b) I_{CEO} 的测量电路

图 1.1.37　反向饱和电流的测量电路

这两个电流存在以下关系：$I_{CEO} = (1 + \beta)I_{CBO}$。

I_{CBO}，I_{CEO} 均随温度上升而增大。其值越小，受温度影响就越小，晶体管温度稳定性越好。硅管的 I_{CBO}、I_{CEO} 远小于锗管的，因此实用中多用硅管。当 β 大时，I_{CEO} 会较大，因此实用中 β 不宜选过高，一般选用 β 为 40 ~ 120 的管子。

（3）极限参数　指晶体管使用时电压、电流及功率的极限值，如超过此参数将影响晶体管的正常工作。

1）集电极最大允许电流 I_{CM}：当 I_C 过大时，晶体管的 β 值将会下降，规定 β 下降到正常值的 2/3 时的集电极电流为集电极最大允许电流。

2）反向击穿电压：超过此参数，晶体管会因电击穿而损坏。

U_{CEO}：基极开路时集电极与发射极之间所能承受的最高反向电压，一般几十伏。

U_{CBO}：发射极开路时，集电极与基极之间所能承受的最高反向电压，约几十伏。

U_{EBO}：集电极开路时，发射极与基极之间所能承受的最高反向电压，约 5V。

3）集电极最大允许耗散功率 P_{CM}：$P_{CM} = I_C U_{CE}$，超过此值，晶体管会因过热而损坏。

晶体管在使用时要注意 $i_C < I_{CM}$、$u_{CE} < U_{CEO}$、$P_C < P_{CM}$，晶体管才能长期安全工作，即应使晶体管工作在图 1.1.38 所示的安全工作区内。

图 1.1.38 中的虚线上各点坐标值 U_{CE} 与 I_C 乘积（功率）均相等，此等功率线为过损耗线，其靠左下方为晶体管安全工作区，右上方为过损耗区。

6. 温度对晶体管特性的影响

温度主要影响导通电压、β 和 I_{CBO}。当温度升高时，导通电压减小，β 和 I_{CBO} 增大，其变化规律为：温度每升高 1℃，导通电压值减小 2 ~ 2.5mV，β 增大（0.5 ~

图 1.1.38　晶体管安全工作区

1）％；温度每升高 10℃，I_{CBO} 约增加一倍。图 1.1.39 为温度对晶体管特性曲线的影响。

a) 温度对晶体管输入特性的影响　　　　　b) 温度对晶体管输出特性的影响

图 1.1.39　温度对晶体管特性曲线的影响

7. 晶体管的选择和使用注意事项

（1）为防止管子在使用中损坏，必须使它工作在安全区。

1）当需要工作在高电压下时，应选 U_{CEO} 大的高反压管，尤其要注意 B、E 间的反向电压不要超过 U_{EBO}。

2）需要大功率时，应选择 P_{CM} 值大的功率管，同时必须满足其散热要求。

3）输出电流大时应选 I_{OM} 大的管子。

（2）若工作信号频率高，必须选高频管或者超高频管，如果用于开关电路则应选开关管。

（3）由于硅管反向电流小，允许管子温度高，故对这些参数要求高时，应选硅管，而要求导通电压低时可选锗管。

（4）一般说来，同型号的管子中 I_S 越小，其性能越好，在选管子时可作为参考，而 β 值则一般选几十至 100 左右，β 太大管子性能不太稳定。

（5）当直流电源对地为正值时，多选用 NPN 管组成电路，负值时多选用 PNP 管组成电路。

 学一学——特殊晶体管

1. 光敏晶体管

光敏晶体管是一种相当于在晶体管的基极和集电极之间接入一只光敏二极管的晶体管，此晶体管工作在反偏状态，光敏二极管的电流相当于晶体管的基极电流。从结构上讲，此类管子基区面积比发射区面积大很多，光照面积大，光电灵敏度比较高，因为具有电流放大作用，在集电极可以输出很大的光电流。

光敏晶体管有塑料封装、金属封装（顶部为玻璃镜窗口）、陶瓷、树脂等多

a) 等效电路　　　b) 符号　　　c) 外形

图 1.1.40　光敏晶体管的等效电路、符号和外形

种封装结构,引脚分为两脚型和三脚型。一般两个引脚的光敏晶体管,引脚分别为集电极和发射极,而光窗口则为基极。图 1.1.40 为光敏晶体管的等效电路、符号和外形。

2. 光耦合器

光耦合器是把发光二极管和光敏晶体管组合在一起的光 – 电转换器件。图 1.1.41 为光耦合器的一般符号。

3. 复合管

互补对称功率放大电路,要求输出管为一对特性相同的异型管,往往很难实现,在实际电路中常采用复合管来实现异型管子的配对。

复合管就是由两只或两只以上的晶体管按照一定的连接方式,组成一只等效的晶体管,又称为达林顿管。复合管的类型与组合该复合管的第一只晶体管相同,而其输出电流、饱和压降等基本特性,主要由最后的输出

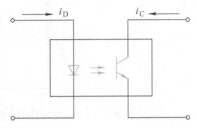

图 1.1.41 光耦合器的一般符号

晶体管决定。由两只晶体管组成复合管的四种情况如图 1.1.42 所示,图 a、b 为同型复合,图 c、d 为异型复合,可见,复合后的管型与第一只晶体管相同。

复合管的电流放大系数近似为组成该复合管各晶体管 β 值的乘积,其值很大。由图 1.1.42a 可得

$$\beta = \frac{i_c}{i_b} = \frac{i_{c1} + i_{c2}}{i_{b1}} = \frac{\beta_1 i_{b1} + \beta_2 i_{b2}}{i_{b1}} \tag{1.1.14}$$

$$= \frac{\beta_1 i_{b1} + \beta_2 (1 + \beta_1) i_{b1}}{i_{b1}} = \beta_1 + \beta_2 + \beta_1 \beta_2 \approx \beta_1 \beta_2$$

由图 1.1.42a 可得

a) NPN同型复合

b) PNP同型复合

c) NPN、PNP异型复合

d) PNP、NPN异型复合

图 1.1.42 复合管的接法

$$r_{\mathrm{be}} = \frac{u_{\mathrm{b}}}{i_{\mathrm{b}}} = \frac{i_{\mathrm{b1}}r_{\mathrm{be1}} + i_{\mathrm{b2}}r_{\mathrm{be2}}}{i_{\mathrm{b1}}} = r_{\mathrm{be1}} + (1 + \beta_1)\,r_{\mathrm{be2}} \tag{1.1.15}$$

而异型复合管的输入电阻由图 1.1.42c、d 可见，它与第一只晶体管的输入电阻相同，即

$$r_{\mathrm{be}} = r_{\mathrm{be1}}$$

复合管虽有电流放大倍数高的优点，但它的穿透电流较大，且高频特性变差。

 练一练——晶体管的检测

利用万用表可识别晶体管的引脚、管型及性能的好坏；利用晶体管特性测试仪或测试电路可测量晶体管的伏安特性。

1. 判别晶体管的引脚

用指针式万用表电阻档测量电阻的阻值时，表内电池与表外电阻形成直流回路，导通电流驱动指针偏转，且电阻越小，电流越大，指针偏转越靠右，故电阻档读数左边大，右边小。黑表笔连至表内电池正极，故导通电流从黑表笔流出万用表，从红表笔流进万用表。

（1）选档　功率在 1W 以下的中、小功率晶体管，可用万用表的 $R\times 1\mathrm{k}\Omega$ 或者 $R\times 100$ 档测量；功率在 1W 以上的大功率晶体管，可用万用表的 $R\times 1$ 或 $R\times 10$ 档测量。

（2）判定基极 B 和管型　分别用万用表的红、黑表笔测量晶体管三个电极的正、反向电阻，共有六种阻值，正常情况下，只有两小四大。两小阻值表明晶体管内两个 PN 结正偏，它们记录的公共电极必为基极；且若黑表笔接基极 B，则必为 NPN 型；若红表笔接基极 B，则为 PNP 型。

（3）判定集电极 C 和发射极 E　根据管型和基极，只要任意假定一个集电极，一手捏住基极 B 和假定 C 极，万用表仍然处在电阻档，另一手将两表笔分别触碰 C 和 E，如图 1.1.43 所示。

a) 判别示意图　　　　b) 等效电路

图 1.1.43　判别晶体管 C、E 电极的原理图

对于 NPN 型：黑表笔接假定 C，红表笔接假定 E，观察并记录万用表指针偏转读数；更换假定 C，再次捏住 B 和假定 C，继续黑 C 红 E，观察万用表指针偏转读数。对比两次假定的读数，阻值较小（偏转较大）者，假定 C 为成立。

对于 PNP 型：红表笔接假定 C，黑表笔接假定 E，观察并记录万用表指针偏转读数；更换假定 C，再次捏住 B 和假定 C，继续黑 E 红 C，观察万用表指针偏转读数。对比两次假定的读数，阻值较小（偏转较大）者，假定 C 为成立。

2. 晶体管性能的简易测量

（1）用指针式万用表电阻档测 I_{CEO} 和 β　测量 I_{CEO} 时，C、E 间电阻值越大则表明 I_{CEO} 越小。在区别晶体管的 C 与 E 时，表针偏转大，则管子的 β 大。

（2）用万用表 h_{FE} 档测 β　有的万用表有 h_{FE} 档，按其规定的极性插入晶体管即可测得电流放大系数 β。若 β 很小或为零，则表明晶体管已损坏。还可用万用表的电阻档分别测两个 PN 结确认是否击穿或断路。

（3）硅管和锗管的判别　NPN 型晶体管可利用图 1.1.44 所示电路进行测试。PNP 型晶体管与 NPN 型晶体管的测试方法相同，但电池和万用表的极性应与 NPN 型晶体管相反。

图 1.1.44　硅管、锗管的判别

（4）检测多种型号的晶体管　判别不同型号晶体管的电极及质量，并将结果填入表 1.1.6 中。

表 1.1.6　检测晶体管的电极及质量

晶体管编号		1	2	3	4	5	6	7	8	9	10
管型及电极判别	型号										
	管型										
	外形图及各脚电极										
质量判别											

3. 项目质量考核要求及评分标准

项目质量考核要求及评分标准见表 1.1.7。

表 1.1.7　项目质量考核要求及评分标准

考核项目	考核要求	配分	评分标准	扣分	得分	备注
二极管	10min 内检测二极管 20 只	20	错 1 只，扣 5 分；多测 1 只，加 2 分			
晶体管	10min 内检测晶体管 10 只，确定出管型、材料、引脚名称、穿透电流、β 值	60	超 1min 但测量结果正确，扣 1 分；超过 2min 但测量结果正确，扣 2 分；测量错误扣 5 分			
安全文明操作	严格遵守电业安全操作规程；工作台工具、器件摆放整齐	20	违反安全操作规程，扣 1～10 分；工具、器件不整齐，扣 1～5 分			
开始时间：		结束时间：		实际时间：		

任务2　认识单管放大电路

◆　问题引入

放大电路（又称放大器）的功能是把微弱的电信号（电流、电压）进行有限的放大，基本特征是对信号进行功率放大。它广泛用于各种电子设备中，如扬声器、电视机、音响设备、仪器仪表、自动控制系统等。

◆　任务描述

💡 **看一看——基本共发射极放大电路**

这里以图1.1.45所示的NPN型基本共射放大电路为例，讨论放大电路的组成、工作原理以及分析方法。

❓ **学一学——放大器的基本组成**

1. 各元器件的作用

1）晶体管——电流放大器件。

2）隔直耦合电容 C_1 和 C_2。

3）基极回路电源 U_{BB} 和基极偏置电阻 R_b。

4）集电极电源 U_{CC}——提供晶体管集电结反偏的偏置电压。

5）集电极负载电阻 R_c——不可短路，否则无输出电压信号。

电流的方向：对于NPN型晶体管，基极电流 i_B、集电极电流 i_C 流入电极为正，发射极电流 i_E 流出电极为正，这和NPN型晶体管的实际电流方向相一致。

2. 电压、电流等符号的规定

将图1.1.45两个直流电源合并为一个电源 U_{CC}，简化电路如图1.1.46所示。

图1.1.45　NPN型基本共射放大电路

图1.1.46　单电源共发射极电路

该放大电路又称固定偏置共发射极放大电路，既有直流电源 U_{CC}，又有交流电压 u_i，电路中晶体管各电极的电压和电流包含直流量和交流量两部分。

为了分析的方便，各量的符号规定如下。

1）直流分量：U_{CC}、U_{BE}、U_{CE}、I_B、I_C、I_E。

2）交流分量：u_i、u_o、u_{be}、u_{ce}、i_b、i_c、i_e。

3）瞬时值：u_I、u_O、u_{BE}、u_{CE}、i_B、i_C、i_E。

4）交流有效值：U_i、U_o、U_{be}、U_{ce}、I_b、I_c、I_e。

5）交流峰值：U_{im}、U_{om}、U_{bem}、U_{cem}、I_{bm}、I_{cm}、I_{em}。

3. 放大电路实现信号放大的实质

放大电路放大的实质是实现小能量对大能量的控制和转换。根据能量守恒定律，在这种能量的控制和转换中，电源 U_{CC} 为输出信号提供能量。

需要特别注意的是，信号的放大仅对交流量而言。

4. 放大电路的主要性能指标

（1）放大倍数 A_u、A_i 放大倍数是衡量放大电路对信号放大能力的主要技术参数。

1）电压放大倍数 A_u：它是指放大电路输出电压与输入电压的比值。

$$A_u = \frac{u_o}{u_i} \qquad (1.1.16)$$

常用分贝（dB）来表示电压放大倍数，这时称为增益，电压增益 $= 20\lg|A_u|$ dB。

2）电流放大倍数 A_i：它是指放大电路输出电流与输入电流的比值。

$$A_i = \frac{i_o}{i_i} \qquad (1.1.17)$$

（2）输入电阻 R_i 输入电阻为放大电路输出端接实际负载电阻 R_L 后，输入电压 u_i 与输入电流 i_i 之比。图 1.1.47 为放大电路输入电阻的示意图。对于一定的信号源电路，输入电阻 R_i 越大，放大电路从信号源得到的输入电压 u_i 就越大，放大电路向信号源索取电流的能力也就越小。

图 1.1.47　放大电路的输入电阻

$$R_i = \frac{u_i}{i_i} \qquad (1.1.18)$$

（3）输出电阻 R_o 从输出端向放大电路看入的等效电阻，称为输出电阻，图 1.1.48 为放大电路输出电阻。当放大电路作为一个电压放大器来使用时，其输出电阻 R_o 的大小决定了放大电路的带负载能力。R_o 越小，放大电路的带负载能力越强，即放大电路的输出电压 u_o 受负载的影响越小。图 1.1.49 为输出电阻的等效电路，u_s 短路，U_T 为探察电压，I_T 为探察电流。

$$R_o = \frac{U_T}{I_T} \qquad (1.1.19)$$

图 1.1.48　放大电路的输出电阻

图 1.1.49　输出电阻的等效电路

图解分析方法是指根据输入信号，在晶体管的特性曲线上直接作图求解的方法。

1. 静态工作点 Q

（1）静态、动态和静态工作点的概念

1）静态（$u_i = 0$），是指放大电路无交流电压输入信号。

2）动态（$u_i \neq 0$），是指放大电路有交流电压输入信号。

3）静态工作点 Q。

静态工作点是指在晶体管输入和输出伏安特性曲线上某一点 Q 所对应的坐标位置（U_{BEQ}，I_{BQ}）、（U_{CEQ}，I_{CQ}），其数值表示晶体管在没有交流输入信号时，其直流工作状态。如图 1.1.50 所示，Q 点位于晶体管的放大区，即晶体管处于直流导通状态。

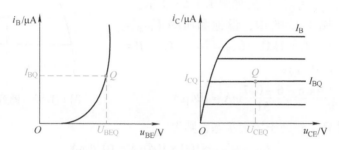

图 1.1.50　静态工作点 Q

（2）**直流通路**　直流通路是指静态（$u_i = 0$）时，电路中只有直流量流过的通路。

画直流通路有两个要点：

1）电容视为开路。

2）电感视为短路。

图 1.1.51 和图 1.1.52 分别为共发射极放大电路及其直流通路。估算电路的静态工作点 Q 时必须依据这种直流通路。

图 1.1.51　共发射极放大电路

图 1.1.52　共发射极放大电路的直流通路

（3）**Q 点的估算**　根据直流通路估算 Q 点有两种方法。

1）公式估算法确定 Q 点：在图 1.1.52 所示直流通路中，若 $U_{BEQ} \approx 0.7\mathrm{V}$，则可以忽略此数值。

有

$$I_{BQ} = \frac{U_{CC} - U_{BEQ}}{R_b} \approx \frac{U_{CC}}{R_b} \tag{1.1.20}$$

$$I_{CQ} = \beta I_{BQ} \tag{1.1.21}$$
$$U_{CEQ} = U_{CC} - I_{CQ} R_c \tag{1.1.22}$$

【例 1.1.7】 试估算图 1.1.51 所示放大电路的静态工作点。已知 $U_{CC} = 12V$，$R_c = 3k\Omega$，$R_b = 280k\Omega$，硅晶体管的 β 为 50。

解：
$$I_{BQ} = \frac{U_{CC} - U_{BEQ}}{R_b} = \frac{12 - 0.7}{280}mA = 0.04mA = 40\mu A$$
$$I_{CQ} = \beta I_{BQ} = (50 \times 0.04)mA = 2mA$$
$$U_{CEQ} = U_{CC} - I_{CQ} R_c = (12 - 2 \times 3)V = 6V$$

2）图解法确定 Q 点：在晶体管的输出伏安特性曲线上以直线方程 $U_{CE} = U_{CC} - I_C R_c$ 作直流负载线，该负载线与输出特性曲线 $I_{CQ} = \beta I_{BQ}$ 的交点即为静态工作点 Q，其坐标（U_{CEQ}，I_{CQ}）位置如图 1.1.53 所示。

【例 1.1.8】 图 1.1.45 中，设饱和压降 $U_{CES} = 0.3V$，若 $R_b = 51k\Omega$，$R_c = 1k\Omega$，$U_{BB} = U_{CC} = 6V$，$\beta = 100$，试求 I_{BQ}、I_{CQ}、U_{CEQ}。

图 1.1.53　图解法确定 Q 点

解：$I_{BQ} = \dfrac{U_{BB} - U_{BEQ}}{R_b} = \dfrac{6 - 0.7}{51}mA \approx 104\mu A$

若仍假设晶体管工作处于放大状态，则得
$$I_{CQ} = \beta I_{BQ} = 100 \times 104\mu A = 10.4mA$$
$$U_{CEQ} = U_{CC} - I_{CQ} R_c = 6V - 10.4mA \times 1k\Omega < 0$$

U_{CEQ} 值不合理，可见假设错误，晶体管实际上已处于饱和状态。由于饱和时 C、E 之间的压降 $U_{CE} = U_{CES} = 0.3V$，故由晶体管输出端外电路求得此时的集电极电流为
$$I_{CQ} = \frac{U_{CC} - U_{CES}}{R_c} = \frac{(6 - 0.3)V}{1k\Omega} = 5.7mA$$

因此正确结果应为：$I_{BQ} = 104\mu A$，$I_{CQ} = 5.7mA$，$U_{CEQ} = 0.3V$。

此例说明，晶体管饱和时的集电极电流不能由 $I_{CQ} = \beta I_{BQ}$ 求得，而应根据晶体管输出端的外电路求得，即集电极饱和电流是由外电路确定的常数。

2. 交流负载线

（1）**交流通路**　交流通路是指动态（$u_i \neq 0$）时，电路中交流分量流过的通路。

画交流通路时有两个要点：

1）耦合电容视为短路。

2）直流电压源（内阻很小，忽略不计）视为短路。

图 1.1.54 为图 1.1.51 中的共发射极放大电路的交流通路。

计算动态参数 A_u、R_i、R_o 时必须依据交流通路。

（2）**交流负载线**　在图 1.1.54 中有关系式
$$u_o = \Delta u_{CE} = -\Delta i_c (R_c // R_L) = -i_c R'_L$$

式中的 $R'_L = R_c // R_L$ 称为交流负载电阻，负号表示电流 i_c 和电压 u_o 的方向相反。

交流变化量在变化过程中一定要经过零点，此时 $u_i = 0$，与静态工作点 Q 相符合，所以 Q 点也是动态过程中的一个点。交流负载线和直流负载线在 Q 点相交，如图 1.1.55 所示。

图 1.1.54 共发射极放大电路的交流通路

图 1.1.55 交流负载线

交流负载线由交流通路获得，且过 Q 点，因此交流负载线是动态工作点移动的轨迹。

 学一学——非线性失真

所谓失真，是指输出信号的波形与输入信号的波形不一致。晶体管是一个非线性器件，有截止区、放大区、饱和区三个工作区，如果信号在放大的过程中，放大器的工作范围超出了特性曲线的线性放大区域，进入了截止区或饱和区，集电极电流 i_c 与基极电流 i_b 不再成线性比例的关系，则会导致输出信号出现非线性失真。

非线性失真分为截止失真和饱和失真两种。

1. 截止失真

当放大电路的静态工作点 Q 选取比较低时，I_{BQ} 较小，输入信号的负半周进入截止区而造成的失真称为截止失真。图 1.1.56 为放大电路的截止失真。

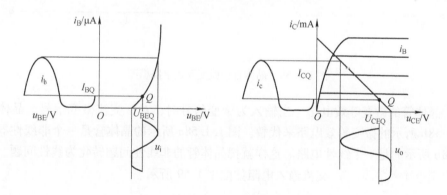

图 1.1.56 放大电路的截止失真

2. 饱和失真

当放大电路的静态工作点 Q 选取比较高时，I_{BQ} 较大，U_{CEQ} 较小，输入信号的正半周进入饱和区而造成的失真称为饱和失真。图 1.1.57 为放大电路的饱和失真。u_i 正半周进入饱和区造成 i_c 失真，从而使 u_o 失真。

 学一学——微变等效电路

1. 晶体管微变等效电路模型

微变等效电路分析法指的是在晶体管特性曲线上 Q 点附近，当输入为微变信号时，可以把晶体管的非线性特性近似看做是线性的，即把非线性器件晶体管转为线性器件进行求解的方法，如图 1.1.58 所示。

图 1.1.57　放大电路的饱和失真

a）晶体管　　　　　　　　　　　　b）晶体管的微变等效电路

图 1.1.58　晶体管的微变等效电路模型

（1）晶体管的微变等效电路　当输入为微变信号时，对于交流微变信号，晶体管可用如图 1.1.58b 所示的微变等效电路来代替。图 1.1.58a 所示的晶体管是一个非线性器件，但图 1.1.58b 所示的是一个线性电路。这样就把晶体管的非线性问题转化为线性问题。

（2）交流输入电阻 r_{be}　交流输入电阻如图 1.1.59 所示。

$$r_{be} = \frac{\Delta u_{BE}}{\Delta i_B} = r_{bb'} + \frac{26}{I_{BQ}} \qquad (1.1.23)$$

$r_{bb'}$ 表示基区体电阻，室温下 $r_{bb'} \approx 300\Omega$，26mV 是二极管正向导通的交流电压值。

$$r_{be} = 300 + (1 + \beta)\frac{26}{I_{EQ}} \qquad (1.1.24)$$

（3）有关微变等效电路的说明　微变等效电路分析法只适用于小信号放大电路的分析，主要用于对放大电路动态性能的分析。

2. 共发射极放大器微变等效电路

（1）用微变等效电路分析法分析放大电路的求解步骤

1）用公式估算法估算 Q 点坐标值，并计算 Q 点处的参数 r_{be} 值。

2）由放大电路的交流通路，画出放大电路的微变等效电路。

3）根据等效电路直接列方程求解 A_u、R_i、R_o。

注意：NPN 和 PNP 型晶体管的微变等效电路一样。

（2）用微变等效电路分析法分析共发射极放大电路

1）放大电路的微变等效电路：对于图 1.1.51 所示共发射极放大电路，从其交流通路图 1.1.54 可得电路的微变等效电路，如图 1.1.60 所示。u_s 为外接的信号源，R_s 是信号源内阻。

图 1.1.59　晶体管的交流输入电阻 r_{be}　　　　　　图 1.1.60　共发射极放大电路的微变等效电路

2）求解电压放大倍数 A_u：

$$A_u = \frac{u_o}{u_i} = -\frac{\beta i_b (R_c /\!/ R_L)}{i_b r_{be}} = -\frac{\beta (R_c /\!/ R_L)}{r_{be}} \tag{1.1.25}$$

负号表示输出电压 u_o 与输入电压 u_i 反相位。

3）求解电路的输入电阻 R_i：

$$R_i = R_b /\!/ r_{be} \tag{1.1.26}$$

一般基极偏置电阻　　　　　　　$R_b \gg r_{be}$，$R_i \approx r_{be}$

4）求解电路的输出电阻 R_o：图 1.1.61 为求解输出电阻的等效电路。

$$R_o \approx R_c \tag{1.1.27}$$

图 1.1.61　求解输出电阻的等效电路

输出电阻 R_o 越小，放大电路的带负载能力越强。输出电阻 R_o 中不应包含负载电阻 R_L。

5）求解输出电压 u_o 对信号源电压 u_s 的放大倍数 A_{us}：由图 1.1.60 可得源电压放大倍数 A_{us} 为

$$A_{us} = \frac{u_o}{u_s} = \frac{u_o}{u_i} \frac{u_i}{u_s} = A_u \frac{u_i}{u_s}$$

又由图 1. 1. 60 可得

$$\frac{u_i}{u_s} = \frac{R_i}{R_i + R_s} \approx \frac{r_{be}}{r_{be} + R_s}$$

公式 1. 1. 23 代入上式

$$A_{us} = \frac{u_o}{u_s} = -\beta \frac{(R_c /\!/ R_L)}{r_{be} + R_s} \tag{1.1.28}$$

由于信号源内阻的存在，$A_{us} < A_u$，电路的输入电阻越大，输入电压 u_i 越接近 u_s。

【例 1. 1. 9】 在图 1. 1. 51 共发射极放大电路中，已知 $U_{CC} = 12V$，$R_b = 300k\Omega$，$R_c = 3k\Omega$，$R_L = 3k\Omega$，$\beta = 50$。试求：

（1）放大电路的静态工作点。

（2）输入电阻 R_i 和输出电阻 R_o。

（3）电压放大倍数 A_u。

解：1）如图 1. 1. 52 所示，求静态工作点：

$$I_{BQ} = \frac{U_{CC} - U_{BEQ}}{R_b} \approx \frac{U_{CC}}{R_b} = \frac{12}{300}mA = 40\mu A$$

$$I_{CQ} = \beta I_{BQ} = (50 \times 0.04)mA = 2mA$$

$$U_{CEQ} = U_{CC} - I_{CQ}R_c = (12 - 2 \times 3)V = 6V$$

$$r_{be} = 300\Omega + (1+\beta)\frac{26(mV)}{I_{EQ}(mA)} = \left[300 + (1+50)\frac{26}{2}\right]\Omega = 963\Omega = 0.963k\Omega$$

2）求输入电阻 R_i：

$$R_i = R_b /\!/ r_{be} = (300 /\!/ 0.963)k\Omega \approx 0.96k\Omega$$

求输出电阻 R_o：

$$R_o \approx R_c = 3k\Omega$$

3）求电压放大倍数 A_u：

$$A_u = -\frac{\beta R_L'}{r_{be}} = -\frac{50 \times \frac{3 \times 3}{3+3}}{0.963} = -78$$

（3）两种分析方法特点比较

1）放大电路的图解分析法：其优点是形象直观，适用于 Q 点分析、非线性失真分析、最大不失真输出幅度的分析，能够用于大、小信号。其缺点是作图麻烦，只能分析简单电路，求解误差大，不易求解输入电阻、输出电阻等动态参数。

2）微变等效电路分析法：其优点是适用于任何复杂的电路，可方便求解动态参数如放大倍数、输入电阻、输出电阻等。其缺点是只能用于分析小信号，不能用来求解静态工作点 Q。

实际应用中，常把两种分析方法结合起来使用。

 学一学——静态工作点稳定措施

1. 温度变化对 Q 点的影响

影响 Q 点的因素有很多，如电源波动、偏置电阻的变化、管子的更换、元器件的老化等，不过最主要的影响则是环境温度的变化。晶体管是一个对温度非常敏感的器件，随温度的变化，晶体管参数会受到影响，具体表现在以下几个方面。

1）温度升高，晶体管的反向电流增大。

2）温度升高，晶体管的电流放大系数 β 增大。

3）温度升高，相同基极电流 I_B 下，U_{BE} 减小，晶体管的输入特性具有负的温度特性。温度每升高 $1℃$，U_{BE} 大约减小 $2.2mV$。

2. 分压式偏置放大器

（1）工作点稳定电路的组成　图 1.1.62 为分压偏置式工作点稳定电路。

（2）稳定 Q 点的原理　U_B 不随温度变化，温度升高时：

$$I_{EQ} \uparrow \to U_E \uparrow \to U_{BEQ}(U_B - U_E) \downarrow \to I_{BQ} \downarrow \to I_{CQ} \downarrow \to I_{EQ} \downarrow，Q 点得到稳定。$$

分压偏置式放大电路具有稳定 Q 点的作用，在实际电路中应用广泛。实际应用中，为保证 Q 点的稳定，要求电路 $I_1 \gg I_{BQ}$。一般对于硅材料的晶体管而言，$I_1 = (5 \sim 10)I_{BQ}$。

（3）工作点稳定电路的分析

1）静态工作点 Q 的估算：图 1.1.63 为分压式偏置工作点稳定电路的直流通路。

图 1.1.62　分压偏置式工作点稳定电路

$$U_{BQ} = \frac{R_{b2}}{R_{b1} + R_{b2}} U_{CC} \tag{1.1.29}$$

$$I_{CQ} \approx I_{EQ} = \frac{U_{BQ} - U_{BEQ}}{R_e} \tag{1.1.30}$$

$$U_{CEQ} = U_{CC} - I_{CQ}(R_c + R_e) \tag{1.1.31}$$

2）微变等效电路：图 1.1.64 为工作点稳定电路的交流通路，图 1.1.65 为其微变等效电路。因为旁路电容 C_e 的交流短路作用，电阻 R_e 被短路掉。

图 1.1.63　分压式偏置工作点稳定电路的直流通路

图 1.1.64　工作点稳定电路的交流通路

【例 1.1.10】 共发射极放大电路如图 1.1.62 所示，已知：$\beta = 50$，$U_{BE} = 0.7V$，$R_{b1} = 50k\Omega$，$R_{b2} = 10k\Omega$，$R_c = 4k\Omega$，$R_e = 1k\Omega$，$R_L = 4k\Omega$，$U_{CC} = 12V$，试求：

（1）静态工作点 Q。

（2）A_u、R_i 和 R_o 的值。

解：1）本题电路为分压式偏置方式，直流通路如图 1.1.63 所示。根据直流通路可得静态参数。

$$U_{BQ} \approx \frac{R_{b2}}{R_{b1} + R_{b2}} U_{CC} = \frac{10}{50 + 10} \times 12V = 2V$$

$$I_{CQ} \approx I_{EQ} = \frac{U_{BQ} - U_{BEQ}}{R_e} = \frac{(2 - 0.7)V}{1k\Omega} = 1.3mA$$

$$I_{BQ} = \frac{I_{CQ}}{\beta} = \frac{1.3}{50}mA = 26\mu A$$

图 1.1.65　工作点稳定电路的微变等效电路

$$U_{CEQ} \approx U_{CC} - I_{CQ}(R_c + R_e) = [12 - 1.3 \times (4 + 1)]V = 5.5V$$

$$r_{be} = 300\Omega + (1 + \beta)\frac{26(mV)}{I_{EQ}(mA)} = \left[300 + 51 \times \frac{26}{1.3}\right]\Omega = 1320\Omega \approx 1.3k\Omega$$

2) 图 1.1.62 所对应的微变等效电路如图 1.1.65 所示。根据微变等效电路图可得

$$A_u = -\beta\frac{R'_L}{r_{be}} = -50 \times \frac{4//4}{1.3} \approx -77$$

$$R_i = R_{b1} // R_{b2} // r_{be} = (50 // 10 // 1.3)k\Omega \approx 1.1k\Omega$$

$$R_o = R_c = 4k\Omega$$

由以上讨论可见，共发射极放大电路输出电压 u_o 与输入电压 u_i 反相，输入电阻和输出电阻大小适中。由于共发射极放大电路的电压、电流、功率增益都比较大，因而应用广泛，适用于一般放大或多级放大电路的中间级。

 学一学——放大器的三种组态

1. 放大器的三种组态

基本放大电路共有三种组态。

前面讨论的放大电路均是共发射极组态放大电路。另两种组态电路分别为共集电极和共基极组态电路。

2. 共集电极放大器

(1) 电路组成　共集电极放大电路应用非常广泛，其电路构成如图 1.1.66a 所示。其组成原则同共发射极电路一样，外加电源的极性要保证放大管发射结正偏，集电结反偏，同时保证放大管有一个合适的 Q 点。

a) 共集电极放大电路　　　　b) 共集电极放大电路的交流通路

图 1.1.66　共集电极放大电路及其交流通路

交流信号 u_i 从基极 B 输入，u_o 从发射极 E 输出，集电极 C 作为输入、输出的公共端，故称为共集电极组态。

（2）静态工作点 Q 的估算　图 1.1.67 为共集电极电路的直流通路及其微变等效电路。

a) 直流通路　　　　　　　　　　b) 微变等效电路

图 1.1.67　共集电极电路的直流通路及其微变等效电路

$$I_{BQ} = \frac{U_{CC} - U_{BEQ}}{R_b + (1+\beta)R_e}, \quad I_{CQ} = \beta I_{BQ} \approx I_{EQ} \tag{1.1.32}$$

$$U_{CEQ} \approx U_{CC} - I_{EQ}R_e \tag{1.1.33}$$

（3）动态参数 A_u、R_i、R_o

$$u_o = i_e R_L' = (1+\beta)i_b R_L' \tag{1.1.34}$$

$$u_i = i_b r_{be} + u_o = i_b r_{be} + (1+\beta)i_b R_L' \tag{1.1.35}$$

式中，$R_L' = R_e /\!/ R_L$。

1）电压放大倍数：

$$A_u = \frac{u_o}{u_i} = \frac{(1+\beta)R_L'}{r_{be} + (1+\beta)R_L'} \tag{1.1.36}$$

一般 $(1+\beta)R_L' \gg r_{be}$，故 $A_u \approx 1$，即输出电压有跟随输入电压的特点，故共集电极放大电路又称"射极跟随器"。

2）输入电阻：

$$R_i' = \frac{u_i}{i_b} = \frac{i_b r_{be} + (1+\beta)i_b R_L'}{i_b} = r_{be} + (1+\beta)R_L'$$

$$R_i = \frac{u_i}{i_i} = R_b /\!/ R_i' = R_b /\!/ [r_{be} + (1+\beta)R_L'] \tag{1.1.37}$$

3）输出电阻：由图 1.1.67b 中信号源 u_s 短路，负载 R_L 断开求得 R_o'。

$$R_o' = \frac{u_o}{-i_e} = \frac{-i_b(r_{be} + R_s')}{-(1+\beta)i_b} = \frac{r_{be} + R_s'}{1+\beta}$$

式中的 $R_s' = R_s /\!/ R_b$，故

$$R_o = R_e /\!/ \frac{r_{be} + R_s'}{1+\beta}$$

通常 $R_e \gg \dfrac{r_{be} + R_s'}{1+\beta}$，所以

$$R_o \approx \frac{r_{be} + R_s'}{1+\beta} = \frac{r_{be} + R_s /\!/ R_b}{1+\beta} \tag{1.1.38}$$

【例1.1.11】 在图1.1.66a共集电极放大电路中，已知晶体管 $\beta = 120$，$r_{bb'} = 200\Omega$，$U_{BEQ} = 0.7V$，$U_{cc} = 12V$，$R_b = 300k\Omega$，$R_e = R_L = R_s = 1k\Omega$，试求该放大电路的静态工作点及 A_u、R_i、R_o。

解：放大电路的静态工作点为

$$I_{BQ} = \frac{U_{CC} - U_{BEQ}}{R_b + (1 + \beta)R_e} = \frac{12 - 0.7}{300 + 121 \times 1}mA \approx 0.027mA$$

$$I_{EQ} \approx I_{CQ} = \beta I_{BQ} = 120 \times 0.027mA = 3.2mA$$

$$U_{CEQ} = U_{CC} - I_{EQ}R_e = 12V - 3.2mA \times 1k\Omega = 8.8V$$

因此可求得晶体管的输入电阻为

$$r_{be} = r_{bb'} + (1 + \beta)\frac{26}{I_{EQ}} = 200\Omega + 121 \times \frac{26}{3.2}\Omega \approx 1.18k\Omega$$

电压放大倍数为

$$A_u = \frac{(1 + \beta)R'_L}{r_{be} + (1 + \beta)R'_L} = \frac{121 \times 0.5}{1.18 + 121 \times 0.5} = 0.98$$

放大电路的输入电阻为

$$R_i = R_b // [r_{be} + (1 + \beta)R'_L] \approx 51.2k\Omega$$

放大电路输出电阻为

$$R_o = R_e // \frac{r_{be} + R'_s}{1 + \beta} = 18\Omega$$

综合上述，共集电极放大电路具有电压放大倍数小于1而接近1、输出电压与输入电压同相、输入电阻大、输出电阻小等特点。虽然共集电极电路本身没有电压放大作用，但由于其输入电阻很大，只从信号源汲取很小的功率，所以对信号源影响很小，常用作多级放大电路的输入级，如用于交流表（毫伏）、示波器等测量仪表的输入级；又由于其输出电阻很小，而具有较强的负载能力和足够的动态范围，又常用作多级放大电路的输出级，如用于集成运放的输出级；其电压放大倍数接近1不影响整个电路的增益，而起到级间阻抗变换作用，这时可作为缓冲级。

3. 共基极放大器

（1）电路组成 图1.1.68为共基极放大电路。图中 C_b 为基极旁路电容，其他元器件同共发射极放大电路。

图1.1.69是共基极放大电路的等效电路，图1.1.69b可以看出交流信号 u_i 从发射极 E 输入，u_o 从集电极 C 输出，基极 B 作为输入、输出的公共端，因此称为共基极组态。

4. 静态工作点 Q 的估算

由图1.1.69a求得

图1.1.68 共基极放大电路

$$U_{BQ} \approx \frac{R_{b2}}{R_{b1} + R_{b2}}U_{CC} \tag{1.1.39}$$

a) 直流通路   b) 交流通路   c) 微变等效电路

图 1.1.69 共基极放大电路的等效电路

$$I_{CQ} \approx I_{EQ} = \frac{U_{BQ} - U_{BEQ}}{R_e} \tag{1.1.40}$$

$$U_{CEQ} \approx U_{CC} - I_{CQ}(R_c + R_e) \tag{1.1.41}$$

5. 动态参数 A_u、R_i、R_o

在图 1.1.69c 中注意图中电流、电压的方向均为假定正方向，但受控源 βi_b 的方向必须与 i_b 的方向对应，不可任意假定。可求得

1）电压放大倍数 A_u：

$$u_i = -i_b r_{be}$$

$$u_o = -\beta i_b R_L'$$

$$A_u = \frac{u_o}{u_i} = \frac{\beta R_L'}{r_{be}} \tag{1.1.42}$$

式中的 $R_L' = R_c /\!/ R_L$。放大倍数为正值，表明共基极放大电路为同相放大。

2）输入电阻 R_i：由晶体管发射极看进去的等效电阻 R_i' 即为晶体管共基极电路的输入电阻，可用符号 r_{be} 表示。

$$R_i' = \frac{u_i}{i_i} = \frac{-i_b r_{be}}{-(1+\beta)i_b} = \frac{r_{be}}{1+\beta}$$

$$R_i = R_e /\!/ R_i' = R_e /\!/ \frac{r_{be}}{1+\beta} \tag{1.1.43}$$

3）输出电阻 R_o：令 $u_s = 0$，则 $i_b = 0$，受控电流源 $\beta i_b = 0$，可视为开路，因此，共基极放大电路的输出电阻等于

$$R_o \approx R_c \tag{1.1.44}$$

【例 1.1.12】 图 1.1.68 所示共基极放大电路中，$U_{CC} = 15V$，晶体管的 $\beta = 100$，$r_{bb'} = 200\Omega$，$R_{b1} = 62k\Omega$、$R_{b2} = 20k\Omega$、$R_e = 1.5k\Omega$、$R_c = 3k\Omega$、$R_s = 1k\Omega$、$R_L = 5.6k\Omega$，C_1、C_2、C_3 对交流信号可视为短路。试求：

（1）静态工作点。

（2）主要性能指标 A_u、R_i、R_o 和 A_{us}。

解：1）求静态工作点。由于 $(1+\beta)R_e \gg R_{b1} /\!/ R_{b2}$，计算静态工作点，得

$$U_{BQ} = \frac{R_{b2}}{R_{b1} + R_{b2}} U_{CC} = \frac{20}{62 + 20} \times 15V \approx 3.7V$$

$$I_{CQ} \approx I_{EQ} = \frac{U_{BQ} - U_{BEQ}}{R_e} = \frac{(3.7 - 0.7)V}{1.5k\Omega} \approx 2mA$$

$$I_{BQ} = \frac{I_{CQ}}{\beta} = \frac{2mA}{100} \approx 20\mu A$$

$$U_{CEQ} = U_{CC} - I_{CQ}(R_c + R_e) = 15V - 2mA(3k\Omega + 1.5k\Omega) = 6V$$

$$r_{be} = r_{bb'} + (1 + \beta)\frac{26mV}{I_{EQ}} = 200\Omega + 101 \times \frac{26mV}{2mV} \approx 1.5k\Omega$$

2）求主要性能指标。将已知数代入式（1.1.40）~式（1.1.42），则得

$$R_i = 1500 /\!/ 15\Omega \approx 15\Omega$$

$$R_o = R_c = 3k\Omega$$

$$A_u = \frac{u_o}{u_i} = \frac{\beta(R_c /\!/ R_L)}{r_{be}} = 130$$

$$A_{us} = \frac{u_o}{u_s} = \frac{A_u R_i}{R_s + R_i} = \frac{130 \times 15}{1000 + 15} = 1.9$$

共基极放大电路具有输出电压与输入电压同相、电压放大倍数高、输入电阻小、输出电阻适中等特点。由于共基极电路有较好的高频特性，故广泛用于高频或宽带放大电路中。

 练一练——共发射极单管放大器的调试

1. 实训目标

1）加深对共发射极单管放大器特性的理解。

2）观察并测定电路参数的变化对放大电路静态工作点（Q）、电压放大倍数（A_u）及输出波形的影响。

3）进一步练习万用表、示波器、信号发生器和直流稳压电源的正确使用方法。

2. 实训原理

共发射极单管放大器的实训原理如图1.1.70所示。

3. 实训设备与器件

① 12V 直流电源；

② 函数信号发生器；

③ 双踪示波器；

④ 交流表（毫伏）；

⑤ 直流电压表；

⑥ 直流表（毫安）；

⑦ 万用表；

⑧ 3DG 晶体管（$\beta = 30 \sim 50$）、电阻器、电容器若干。

图 1.1.70　共发射极单管放大器的实训原理

4. 实训内容、步骤及方法

（1）静态工作点的测量与调节

1）按图 1.1.70 接线，检查无误后接通 12V 直流电源。

2）测 U_{CE}，调节 RP，使 U_{CE} 为 4~6V。

（2）交流信号的测量

1）在输入端加入 $u_i = 5mV$、$f = 1kHz$ 的信号，用示波器观察输出端 u_o 波形，并测量记录。

2）调节 RP 使 u_o 波形幅度最大而且不失真即可。

3）用交流毫伏表测量 u_o，并记录波形。

4）断开信号 u_i，测 Q 点 U_B、U_C 和 U_E。

5）断开 R_{b1} 与 VT 基极的连线，用万用表 $R×10k$ 档测 R_b。

6）填写测量数据记录表 1.1.8。

表 1.1.8

给定条件	测 量 数 据					计算数据
	U_B/V	U_C/V	u_o/V	$R_b/k\Omega$	输出波形	A_u
$R_c = 2k\Omega$ $R_L = \infty$						

（3）观察改变电路中的参数对放大电路的静态工作点、电压放大倍数及输出波形的影响

1）改变 R_L，填写测量数据记录表 1.1.9。

表 1.1.9

给定条件	测 量 数 据					计算数据
	U_B/V	U_C/V	u_o/V	$R_b/k\Omega$	输出波形	A_u
$R_c = 2k\Omega$ R_{b2}不变						

2）改变 R_c，填写测量数据记录表 1.1.10。

3）改变 R_{b2}，填写测量数据记录表 1.1.11。

表 1.1.10

给定条件	测 量 数 据					计算数据
	U_B/V	U_C/V	u_o/V	$R_b/k\Omega$	输出波形	A_u
$R_c = 5k\Omega$ R_{b2}不变						

表 1.1.11

给定条件	测量数据					计算数据
	U_B/V	U_C/V	u_o/V	$R_b/k\Omega$	输出波形	A_u
$R_c = 2k\Omega,\ R_L = \infty$ R_{b2} 变小						
$R_c = 2k\Omega,\ R_L = \infty$ R_{b2} 变大						

5. 实训总结

1）列表整理测量结果，并把实测的静态工作点、电压放大倍数与理论计算值比较（取一组数据进行比较），分析产生误差的原因。

2）总结 R_{b2}、R_c、R_L 变化对静态工作点 Q、电压放大倍数 A_u、波形的影响。

3）讨论静态工作点变化对放大器输出波形的影响。

4）分析波形失真的原因。

5）分析讨论在调试过程中出现的问题。

6）写出实训报告。

6. 实训考核要求

实训考核采用形成性评价，学生考核成绩由学生在完成实训项目过程中的表现、实训项目完成情况及实训报告组成，其评价要点和权重见表 1.1.12。

表 1.1.12　实训考核评价要点和权重

评价要点		权重
形成性评价	学习态度	5%
	职业素养	5%
	团队合作	5%
	技能表现	15%
	应知测试	20%
	5S 现场管理	10%
	项目完成情况	20%
	实训实习报告	20%

任务3　认识多级放大电路

◆　问题引入

单级放大电路对信号的放大是有限的，当需要较大的信号电压时，必须将多个单级放大电路连接起来进行多级放大，才能得到足够的电压放大倍数。如果负载要有足够的功率来驱动，那么在多级放大电路的末级还要接功率放大电路。

◆ 任务描述

💡 看一看——多级放大电路结构框图

多级放大电路结构框图如图 1.1.71 所示。

图 1.1.71　多级放大电路结构框图

在实际应用中，放大电路的输入信号通常很微弱（毫伏或微伏数量级），为了使放大后的信号能够驱动负载，仅仅通过单级放大电路进行信号放大，很难达到实际要求，常常需要采用多级放大电路。采用多级放大电路可有效地提高放大电路的各种性能，如提高电路的电压增益、电流增益、输入电阻、带负载能力等。

多级放大电路是指两个或两个以上的单级放大电路所组成的电路。通常称多级放大电路的第一级为输入级。对于输入级，一般采用输入阻抗较高的放大电路，以便从信号源获得较大的电压输入信号并对信号进行放大。中间级主要实现电压信号的放大，一般要用几级放大电路才能完成信号的放大。通常把多级放大电路的最后一级称为输出级，主要用于功率放大，以驱动负载工作。

❓ 学一学——多级放大电路的特点及应用

1. 多级放大电路的特点

（1）多级放大电路级间耦合方式

1）耦合：多级放大电路中级与级之间的连接方式称为耦合。

2）常用的耦合方式：阻容耦合、变压器耦合、直接耦合和光耦合。

（2）阻容耦合　它是指各级放大电路之间通过隔直电容耦合连接起来的耦合方式，如图 1.1.72 所示。

图 1.1.72　阻容耦合两级放大电路

阻容耦合多级放大电路具有以下特点：

1）各级放大电路的静态工作点相互独立、互不影响，利于放大器的设计、调试和维修。

2）低频特性差，不适合放大直流及缓慢变化的信号，只能传递具有一定频率的交流信号。

3）输出温度漂移比较小。

4）阻容耦合电路具有体积小、质量小的优点，在分立元器件电路中应用较多。由于集成电路中不易制作大容量的电容器，因此阻容耦合放大电路不便于做成集成电路。

（3）变压器耦合　它是指各级放大电路之间通过变压器耦合传递信号的耦合方式。图 1.1.73 为变压器耦合放大电路。通过变压器 T_1 把前级的输出信号 u_{o1} 耦合、传送到后级，作为后一级的输入信号 u_{i2}。变压器 T_2 将第二级的输出信号耦合传递给负载 R_L。

图 1.1.73　变压器耦合放大电路

变压器具有隔直流、通交流的特性，因此变压器耦合放大电路具有以下特点：

1）各级的静态工作点相互独立，互不影响，利于放大器的设计、调试和维修。

2）同阻容耦合一样，变压器耦合低频特性差，不适合放大直流及缓慢变化的信号，只能传递具有一定频率的交流信号。

3）可以实现电压、电流和阻抗的变换，容易获得较大的输出功率。

4）输出温度漂移比较小。

5）变压器耦合电路体积和质量较大，不便于做成集成电路。

（4）直接耦合　它是指前、后级之间没有连接元器件而直接连接的耦合方式。图 1.1.74 为直接耦合两级放大电路。前级的输出信号 u_{o1}，直接作为后一级的输入信号 u_{i2}。

直接耦合电路的特点：

1）各级放大电路的静态工作点相互影响，不利于电路的设计、调试和维修。

2）频率特性好，可以放大直流、交流以及缓慢变化的信号。

3）输出存在温度漂移。

4）电路中无大的耦合电容，便于集成化。

（5）光耦合　如图 1.1.75 所示，前一级与后一级间的连接器件是光耦合器件。前级的输出信号通过发光二极管转换为光信号，该信号照射在光敏晶体管上，再还原为电信号后送至后级输入端。

图 1.1.74　直接耦合两级放大电路

图 1.1.75　光耦合两级放大电路

2. 分析多级放大器

（1）电压放大倍数　多级放大器的电压放大倍数为各级电压放大倍数的乘积，即

$$A_u = A_{u1}A_{u2}\cdots A_{un}$$

（2）多级放大电路的输入电阻 R_i　多级放大电路的输入电阻 R_i 等于从第一级放大电路的输入端所看到的等效输入电阻 R_{i1}，即

$$R_i = R_{i1} \tag{1.1.45}$$

（3）多级放大电路的输出电阻 R_o　多级放大电路的输出电阻 R_o 等于从最后一级（末级）放大电路的输出端所看到的等效电阻 $R_{o\text{末}}$，即

$$R_o = R_{o\text{末}} \tag{1.1.46}$$

注意：求解多级放大电路的动态参数 A_u、R_i、R_o 时，一定要考虑前后级之间的相互影响。

1）要把后级的输入阻抗作为前级的负载电阻。

$$R_{Ln} = R_{i(n+1)}$$

2）前级的开路电压作为后级的信号源电压，前级的输出阻抗作为后级的信号源阻抗。

 学一学——频率特性

1. 单级频率特性

（1）频率特性

一般把放大器对不同频率的正弦信号的放大效果称为频率特性，又称频率响应。放大器的频率特性可直接由放大器的电压放大倍数对频率的关系来描述，即

$$A_u = A_u(f) \angle \varphi(f)$$

其中 $A_u(f)$ 表示电压放大倍数的模与信号频率的关系，称为幅频特性；$\varphi(f)$ 表示放大电路的输出电压 u_o 与输入电压 u_i 的相位差与信号频率的关系，称为相频特性。

（2）上、下限频率和通频带　图 1.1.76 为阻容耦合放大电路的幅频特性。从图中可以看出，在某一段频率范围内，放大电路的电压增益 $A_u(f)$ 与频率 f 无关，是一

图 1.1.76　阻容耦合放大电路的幅频特性

个常数，这时对应的增益称为中频增益 A_{um}；但随着信号频率的减小或增加，电压放大倍数 $A_u(f)$ 明显减小。

1）下限频率 f_L 和上限频率 f_H：定义：当放大电路的放大倍数 A_u 下降到 $0.707A_{um}$ 时，所对应的两个频率分别叫做放大电路的下限频率 f_L 和上限频率 f_H。

2）通频带 BW：f_L 和 f_H 之间的频率范围称为放大电路的通频带，用 BW 表示，其值越大，表示放大器工作的频率范围越宽，即

$$f_{BW} = f_H - f_L \tag{1.1.47}$$

（3）影响放大电路频率特性的主要因素　放大电路中除有电容量较大的、串接在支路中的隔直耦合电容和旁路电容外，还有电容量较小的、并接在支路中的极间电容以及杂散电容。这些电容都对放大电路的频率特性产生影响。分析放大电路的频率特性时，为方便起见，常把频率范围划分为三个频区：低频区、中频区和高频区，如图 1.1.76 所示。

1）低频区：若信号的频率 $f < f_L$，则称此频率区域为低频区。

2）中频区：若信号的频率 $f_L < f < f_H$，则称此频率区域为中频区。

3）高频区：若信号的频率 $f > f_H$，则称此频率区域为高频区。

（4）单级共发射极放大电路的频率特性　图 1.1.77 为单级阻容耦合基本共发射极放大电路及其频率特性。

a) 单级阻容耦合共发射极电路　　　　b) 频率特性

图 1.1.77　单级阻容耦合基本共发射极放大电路及其频率特性

1）单级共发射极放大电路的中频特性：在中频区，电压增益最高且较为恒定，相位保持 $-180°$（反相），是交流信号放大（即音频放大）工作的有效频带宽度范围。

2）单级共发射极放大电路的低频特性：在低频区，要考虑隔直耦合电容和旁路电容的影响。图 1.1.78 为单级共射电路的低频微变等效电路。

图 1.1.78　单级共发射极放大电路的低频微变等效电路

3）单级共发射极放大电路的高频特性：在高频区，主要考虑极间电容的影响。因为极间电容的分流作用，这时晶体管的电流放大系数 β 不再是一个常数，而是信号频率的函数。因此晶体管的中频微变等效电路模型在这里不再适用，分析时要用晶体管的高频微变模型。

2. 多级放大电路的频率特性曲线

（1）多级放大电路的幅频特性为各单级幅频特性的乘积　在多级放大电路中，有电压放大倍数

$$A_\mathrm{u} = A_\mathrm{u1} A_\mathrm{u2} A_\mathrm{u3} \cdots \tag{1.1.48}$$

若用分贝表示，多级放大电路的电压总增益等于各级电压增益的和，则有

$$20\lg A_\mathrm{u} = 20\lg A_\mathrm{u1} + 20\lg A_\mathrm{u2} + 20\lg A_\mathrm{u3} + \cdots \tag{1.1.49}$$

（2）多级放大电路的相频特性为各单级相频特性的叠加

$$\varphi = \varphi_1 + \varphi_2 + \varphi_3 + \cdots \tag{1.1.50}$$

（3）多级放大电路的通频带　图 1.1.79 为两级阻容耦合放大电路的幅频特性。

多级放大电路的下限频率高于组成它的任一单级放大电路的下限频率；而上限频率则低于组成它的任一单级放大电路的上限频率；通频带窄于组成它的任一单级放大电路的通频带。

图 1.1.79　两级阻容耦合放大电路的幅频特性

【例 1.1.13】　如图 1.1.72 所示，两级共发射极阻容耦合放大电路中，已知晶体管 VT_1 的 $\beta_1 = 60$，$r_\mathrm{be1} = 1.8\mathrm{k}\Omega$，$VT_2$ 的 $\beta_2 = 100$，$r_\mathrm{be2} = 2.2\mathrm{k}\Omega$，其他参数如图 1.1.72 所示，各电容器的电容量足够大。试求放大电路的 A_u、R_i、R_o。

a）第一级微变等效电路

b）第二级微变等效电路

图 1.1.80　阻容耦合放大电路的微变等效电路

解：在小信号工作情况下，两级共发射极放大电路的微变等效电路如图 1.1.80a、b 所示，其中图 1.1.80a 中的负载电阻 R_i2 即为后级放大电路的输入电阻，即

$$R_\mathrm{i2} = R_6 /\!/ R_7 /\!/ r_\mathrm{be2} \approx 1.7\mathrm{k}\Omega$$

因此第一级的总负载为

$$R'_\mathrm{L1} = R_3 /\!/ R_\mathrm{i2} \approx 1.3\mathrm{k}\Omega$$

所以，第一级电压增益为

$$A_{u1} = \frac{u_{o1}}{u_i} = \frac{-\beta_1 R'_{L1}}{r_{be1} + (1+\beta_1)R_4} = \frac{-60 \times 1.3k\Omega}{1.8k\Omega + 61 \times 0.1k\Omega} \approx -9.9$$

$$A_{u1} = 20lg9.9dB = 19.9dB$$

第二级电压增益为

$$A_{u2} = \frac{u_o}{u_{i2}} = -\beta_2 \frac{R'_L}{r_{be2}} = -100 \times \frac{\frac{4.7 \times 5.1}{4.7 + 5.1}}{2.2} \approx -111$$

$$A_{u2} = 20lg111 \approx 41dB$$

两级放大电路的总电压增益为

$$A_u = A_{u1}A_{u2} = (-9.9) \times (-111) = 1099$$

$$A_u = A_{u1} + A_{u2} = (19.9 + 41)dB = 60.9dB$$

式中没有负号，说明两级共发射极放大电路的输出电压与输入电压同相。

两级放大电路的输入电阻等于第一级的输入电阻，即

$$R_i = R_{i1} = R_1 /\!/ R_2 /\!/ [r_{be1} + (1+\beta_1)R_4] \approx 5.6k\Omega$$

输出电阻等于第二级的输出电阻，即

$$R_o = R_8 = 4.7k\Omega$$

 练一练——射极跟随器

1. 实训目标

1）加深对射极跟随器特性的理解。

2）掌握射极跟随器的特性及测量技术。

3）掌握放大电路频率特性的测试方法。

2. 实训原理

射极跟随器如图 1.1.81 所示。

射极跟随器具有输入阻抗高、输出阻抗低以及输出电压能够在较大范围内跟随输入电压做线性变化并且同相的特点。

3. 实训设备与器件

① 12V 直流电源；

② 函数信号发生器；

③ 双踪示波器；

④ 交流表（毫伏）；

⑤ 直流电压表；

⑥ 直流表（毫安）；

⑦ 万用表；

⑧ 3DG 晶体管($\beta = 30 \sim 60$)、电阻器、电容器若干。

图 1.1.81 射极跟随器

4. 实训内容、步骤及方法

（1）测量输入电阻 R_i

1）按图接线，检查无误后接通 12V 直流电源。

2）接入 $R_s = 4.7\text{k}\Omega$，$f = 1\text{kHz}$ 的信号源 u_s，加大信号源电压使 $U_i = 100\text{mV}$，测量此时的 U_s，则

$$R_i = \frac{U_i}{U_s - U_i}R_s$$

（2）测量输出电阻 R_o

1）接入 $U_i = 100\text{mV}$，$f = 1\text{kHz}$ 的输入信号，测 $R_L = \infty$ 时 U_o 的值（U_o 为放大器输出端开路时电压）。

2）接入 $R_L = 4.7\text{k}\Omega$，测 U_o' 的值（U_o' 为放大器接 R_L 时输出电压）。

则

$$R_o = \left(\frac{U_o}{U_o'} - 1\right)R_L$$

（3）测量跟随范围　电压跟随范围是指射极跟随器输出电压随输入电压做线性变化。但输入电压超过一定范围时，输出电压便不能跟随输入电压做线性变化。

具体方法：保持信号频率不变 $f_i = 1\text{kHz}$，改变信号幅度，用示波器观察输出电压的波形，并用交流表（毫伏）测出波形不失真时的最大输出电压值。

（4）测试频率特性

1）输入信号电压 $U_i = 0.1\text{V}$，观察输出电压波形，测量 U_{om} 并记录，计算 A_{um}。

2）改变信号频率，测量 $U_{oL} = 0.707U_{om}$ 的频率，并记录 f_L、f_H 的值，并用交流表（毫伏）记录不同频率的电压值，将测量结果填入表 1.1.13。

表　1.1.13

f/Hz							
U_o/V							

5. 实训总结

1）整理记录数据，分析射极跟随器的性能和特点。

2）绘出不同 R_L 时的 $U_o = f(U_i)$，求出输出电压跟随范围，并与用作图法求得的跟随范围进行比较。

3）绘频率特性曲线，并在特性曲线图中标出值。

4）分析讨论在调试过程中出现的问题。

5）写出实训报告。

6. 实训考核要求

见共发射极单管放大器的调试实训考核要求。

 练一练——两级交流放大电路

1. 实训目标

1）学习两级交流放大电路 Q 点的调整方法。

2）掌握动态性能的测试方法。

3）掌握放大电路频率特性的测量。

2. 实训原理

两级共发射极放大电路如图 1.1.82 所示。

图 1.1.82　两级共发射极放大电路

3. 实训设备与器件

① 12V 直流电源；

② 函数信号发生器；

③ 双踪示波器；

④ 交流表（毫伏）；

⑤ 直流电压表；

⑥ 直流表（毫安）；

⑦ 万用表；

⑧ 3DG 晶体管（$\beta = 30 \sim 50$）、电阻器、电容器若干。

4. 实训内容、步骤及方法

（1）按原理图检查电路及接线　确认接线无误后方可合上电源。

（2）调静态工作点　接通 $U_{CC} = 12V$，调 R_{b1} 使 $U_{c1} = 10V$ 左右，确定第 1 级 Q_1，调 R_{b3} 使第二级 Q_2 大致在交流负载线的中点。

（3）测两级放大电路的放大倍数。

1）加入 $U_i = 5mV$，$f = 1kHz$ 的信号，用示波器观察一、二级的 u_{o1}、u_{o2} 波形有无失真。若有，则调 Q_1、Q_2 或减少 u_i，使波形不失真止。

2）在 u_o 不失真的情况下，测量并记录 U_{o1}、U_{o2}，分别计算 A_{u1}、A_{u2} 和 A_u，填写表 1.1.14。

表　1.1.14

输入、输出电压			电压放大倍数		
			第一级	第二级	两　级
U_i/mV	U_{o1}/mV	U_{o2}/mV	A_{u1}	A_{u2}	A_u

3）接入负载电阻 $R_L = 2.7k\Omega$，测量并记录 U_{o1}、U_o，分别计算 A_{u1}、A_{u2} 和 A_u，填写表 1.1.15，与上项结果相比较。

表 1. 1. 15

输入、输出电压			电压放大倍数		
			第一级	第二级	两 级
U_i/mV	U_{o1}/mV	U_{o2}/mV	A_{u1}	A_{u2}	A_u

（4）测量两级放大电路的频率特性　将测量结果填入表1.1.16。

表 1. 1. 16

f/Hz					
U_o/V					

5. 实训总结

1）总结两级放大电路 Q 对电压输出波形的影响。

2）总结两级间的相互影响。

3）列表整理实训数据，画幅频特性曲线。

4）写出实训报告。

6. 实训考核要求

见共发射极单管放大器的调试实训考核要求。

【小知识】 常用晶体管的型号和参数

这里给出在电子产品上常用的一些晶体管型号和参数，见表1.1.17。

表 1. 1. 17 常用晶体管的型号和参数

参数 型号	集电极最大允许电流 I_{CM}/mA	基极最大充许电流 $I_{BM}/\mu A$	集电极最大允许功耗 P_{CM}/mW	集电极发射极耐压值 U_{CEO}/V	电流放大系数 β	集电极发射极饱和电压 U_{CSE}/V	集电极发射极反向电流 $I_{CEO}/\mu A$	双极型晶体管类型
8050	1550	500	800	25	85~300	0.5	1	NPN
8550	1550	500	800	−25	80~300	0.5	1	NPN
9011	30	10	400	30	28~198	0.3	0.2	NPN
9012	500	100	625	−20	64~202	0.6	1	NPN
9013	500	100	625	20	64~202	0.6	1	NPN
9014	100	100	450	45	60~1000	0.3	1	NPN
9015	100	100	450	−45	60~600	0.7	1	PNP
9016	25	5	400	20	28~198	0.3	1	NPN
9018	50	1	400	15	28~198	0.5	0.1	NPN

小　　结

1）半导体中有两种载流子：自由电子和空穴。半导体分为本征半导体和杂质半导体，杂质半导体分为两种：P型半导体的多数载流子是空穴；N型半导体的多数载流子是自由电子。把 P 型半导体和 N 型半导体结合在一起时，在两者的交界面形成一个 PN 结，是制造各种半导体器件的基础。

2）二极管的主要特点是具有单向导电性。稳压管是利用二极管的反向击穿特性制成的，即流过二极管的电流变化很大，而二极管两端的电压变化却很小。

3）晶体管是由三层不同性质的半导体组合而成的，有 NPN 型和 PNP 型两种类型，其特点是具有电流放大作用。晶体管实现放大作用的条件是：发射结正偏、集电结反偏。

晶体管有三个工作区域：放大区、饱和区、截止区。在放大区，晶体管具有基极电流控制集电极电流的特性；在饱和区和截止区，具有开关特性。

当 $U_P > U_N$，则称 PN 结正偏，反之称为反偏。（以 NPN 管为例，PNP 管与此相反。）

① $U_C > U_B > U_E$，为发射结正偏、集电结反偏，晶体管工作处于放大状态；

② $U_B > U_C > U_E$，为发射结正偏、集电结正偏，晶体管工作处于饱和状态；

③ $U_C > U_E > U_B$，为发射结反偏、集电结反偏，晶体管工作处于截止状态。

选用晶体管时要注意晶体管的 β 值、极间反向饱和电流及极限参数的影响。

晶体管截止、放大、饱和工作状态特点（NPN 管）见表 1.1.18。

表 1.1.18　晶体管截止、放大、饱和工作状态特点（NPN 管）

工作状态		截　止	放　大	饱　和
工作特点	工作区域	$I_B = 0$ 曲线以下的区域	曲线之间间距接近平行等距的区域	
	条件	$I_B = 0$	$0 < I_B < (I_{CS}/\beta)$	$I_B \geqslant (I_{CS}/\beta)$
	偏置情况	发射结反偏，集电结反偏（U_{BE} 小于死区电压）	发射结正偏，集电结反偏	发射结正偏，集电结正偏
	集电极电流	$I_C = I_{CEO} \approx 0$	$I_C = \beta I_B$，有电流放大作用，也体现恒流特征	$I_C = I_{CE} \approx (U_C/R_C)$，$I_C$ 很大，但不受 I_B 控制
	管压降	$U_{CEO} \approx E_C$	$U_{CE} = E_C - I_C R_C$	饱和电压降（U_{CES}）：硅管约为 0.3V，锗管约为 0.1V
	C、E 间等效电阻	很大，相当于开关断开	可变	很小，相当于开关闭合

4）放大电路是使用最为广泛的电子电路，也是构成其他电子电路的基本单元电路。

放大电路的性能指标主要有放大倍数、输入电阻和输出电阻等。放大倍数是衡量放大能力的指标，输入电阻是衡量放大电路对信号源影响的指标，输出电阻则是反映放大电路带负载能力的指标。

5）由晶体管组成的基本单元放大电路有共发射极、共集电极和共基极三种基本组态。共发射极放大电路输出电压与输入电压反相，输入电阻和输出电阻大小适中。由于它的电压、电流、功率放大倍数都比较大，适用于一般放大或多级放大电路的中间级。共集电极电路的输出电压与输入电压同相，电压放大倍数小于 1 而近似等于 1，但它具有输入电阻高、输出电阻低的特点，多用于多级放大电路的输入级或输出级。共基极放大电路输出电压与输入电压同相，电压放大倍数较高，输入电阻很小而输出电阻比较大，它适用于高频或宽带放大。放大电路性能指标的分析主要采用微变等效电路的方法。放大电路三种组态的性能比较见表 1.1.19。

表 1.1.19　放大电路三种组态的性能比较

	共发射极组态	共集电极组态	共基极组态
电路画法			
A_u	$-\dfrac{\beta R'_L}{r_{be}}(R'_L = R_c /\!/ R_L)$ 较大	$\dfrac{(1+\beta)R'_L}{r_{be}+(1+\beta)R'_L} \approx 1$ 跟随	$\dfrac{\beta R'_L}{r_{be}}(R'_L = R_c /\!/ R_L)$ 较大
R_i	$R_b /\!/ r_{be}$ 中等	$R_b /\!/ [r_{be}+(1+\beta)R'_L]$ 较高	$R_e /\!/ \dfrac{r_{be}}{1+\beta}$ 过低
R_o	R_c 较高	$R_e /\!/ \dfrac{r_{be}+R'_s}{1+\beta}$ 较低	R_c 较高
相位	$180°$（u_o 与 u_i 反相）	$0°$（u_o 与 u_i 同相）	$0°$（u_o 与 u_i 同相）
频响	较差	较好	更好些

6）放大电路的调整与测试主要是进行静态调试和动态调试。静态调试一般采用万用表直流电压档测量放大电路的直流工作点。动态调试的目的是为了使放大电路的增益、输出电压动态范围、失真、输入和输出电阻等指标达到要求。

通过基本单元电路的调整测试技能训练，应掌握放大电路调整与测试的基本方法，提高独立分析和解决问题的能力。

7）多级放大电路级与级之间的连接方式有阻容耦合、变压器耦合和直接耦合等。阻容耦合方式由于电容隔断了级间的直流通路，所以它只能用于放大交流信号，各级静态工作点彼此独立。直接耦合可以放大直流信号，也能放大交流信号，适于集成化。但直接耦合存在各级静态工作点互相影响和零点漂移问题。

多级放大电路的放大倍数等于各级放大倍数的乘积，但在计算每一级放大倍数时要考虑前、后级之间的影响。多级放大器的特点见表 1.1.20。

表 1.1.20　多级放大器的特点

电路类型	优　　点	缺　　点	应　　用
阻容耦合	各级静态工作点互不干扰，彼此独立，分析和调整电路方便	不适宜传输缓慢变化的信号和直流信号，不利于集成	分立元器件电路中应用广泛
变压器耦合	各级静态工作点独立，可进行阻抗变换	变压器制造工艺复杂、价格高、体积大，不宜集成；高、低频率特性都比较差	分立元器件功率放大电路中应用广泛

（续）

电路类型	优　点	缺　点	应　用
直接耦合	适用于直流信号或变化极其缓慢的信号，低频特性好，易于集成	各级静态工作点相互干扰，有零点漂移现象	集成电路中广泛应用
光耦合	可传输交流信号也可传输直流信号，能实现前后级的电隔离，具有单向传输信号、易与逻辑电路连接、体积小、寿命长、无触点、抗干扰能力强、能隔离杂音、工作温度宽、便于集成等优点		广泛应用在电子技术领域及工业自动控制领域中

习　题

一、填空题

1. 用指针式万用表在使用电阻档测量有极性电容和半导体器件时，黑表笔接的是万用表内部电池_____极，而红表笔接的是电池_____极。

2. 半导体中存在两种载流子，一种是_____，另一种是_____。

3. 常见二极管按材料可分为_____管和_____管，按 PN 结面积大小又可分为_____型、_____型和_____型。

4. 二极管的主要特性是具有_____。硅二极管死区电压约为_____ V，锗二极管死区电压约为_____ V。硅二极管导通时管压降约为_____，锗二极管导通时管压降约为_____ V。

5. 温度下降时，二极管导通电压_____，反向饱和电流_____。

6. 选用稳压二极管时应着重考虑二极管的_____和_____这两个主要参数。

7. 晶体管按内部基本结构不同可分为_____型和_____型两大类。

8. 晶体管三个引脚的电流关系是 $I_e = $_____，直流电流放大系数 $\bar{\beta} = $_____，交流电流放大系数 $\beta = $_____。

9. 晶体管具有两个 PN 结分别是_____和_____，三个区分别是_____、_____和_____。晶体管主要作用是具有_____能力。

10. 当 PNP 型硅管处在放大状态时，在三个电极中_____极电位最高，_____极电位最低，$U_{BE} \approx$_____ V，如果是锗管则 $U_{BE} \approx$_____ V。

11. 放大电路的静态工作点通常是指_____、_____、和_____三个直流量。

12. 从放大器_____端看进去_____称为放大器的输入电阻。而放大器的输出电阻是去掉负载 R_L 后，从放大器的_____端看进去的。应用中希望输入电阻_____些，输出电阻_____些。

13. 晶体管组成的三种基本放大电路是_____、_____和_____。

14. 射极跟随器的特点是：_____，_____，_____。

15. 多级放大器的耦合方式有_____、_____、_____。其中_____、_____，仅能放大交流信号；_____、_____不仅能放大交流信号还能放大直流信号。

16. 放大器的级数越多，则放大器的总电压放大倍数_____，通频带_____。

二、选择题

1. 万用表使用完毕，应将转换开关置于（　　）。

　　A. 电阻档　　　　B. 直流电流档　　C. 交流电流最高档　　　D. 交流电压最高档

2. 用万用表测量电压时，将表笔（　　）接入被测电路。

　　A. 串联　　　　B. 并联

3. N 型半导体中多数载流子为（　　）。

　　A. 中子　　　　　B. 质子　　　　　C. 空穴　　　　　　　D. 电子

4. P 型半导体又称为（　　）。

　　A. 电子型半导体　　B. 空穴型半导体

5. 晶体管放大作用的实质，下列说法正确的是（　　）。

　　A. 晶体管可把小能量放大成大能量　　B. 晶体管把小电流放大成大电流

　　C. 晶体管可把小电压放大成大电压　　D. 晶体管用较小的电流控制较大的电流

6. 放大器的电压放大倍数 $A_u = -40$，其中负号代表（　　）。

　　A. 放大倍数小于 0　　　　　　　　　B. 衰减

　　C. 同相放大　　　　　　　　　　　　D. 反相放大

7. 在固定偏置电路中，测晶体管 C 极电位 $U_C \approx U_{CC}$，则放大器晶体管处于（　　）状态。

　　A. 放大　　　　B. 截止　　　　　C. 饱和　　　　　　　D. 不定

8. 晶体管的发射结、集电结均正偏，则晶体管所处的状态是（　　）。

　　A. 放大　　　　B. 截止　　　　　C. 饱和　　　　　　　D. 不定

9. 放大器的通频带指的是（　　）。

　　A. 上限频率以下的频率范围　　　　　B. 下限以上的频率范围

　　C. 下限频率以下的频率范围　　　　　D. 上、下限频率之间的频率范围

10. 放大器外接负载电阻 R_L 后，输出电阻 R_o 将（　　）。

　　A. 增大　　　　B. 减小　　　　　C. 不变　　　　　　　D. 等于 R_L

11. 在固定偏置放大电路中，若偏置电阻 R_b 断开，则晶体管（　　）。

　　A. 会饱和　　　　B. 可能烧毁

　　C. 发射结反偏　　D. 放大波形出现截止失真

12. 放大电路在未输入交流信号时，电路所处工作状态是（　　）。

　　A. 静态　　　　B. 动态　　　　　C. 放大状态　　　　　D. 截止状态

13. 表示晶体管基极直流电流的符号是（　　）。

　　A. i_B　　　　B. I_B　　　　　C. i_b　　　　　　　D. U_i

三、判断题

1. 使用万用表之前，应先进行电阻档调零。　　　　　　　　　　　　　　　（　　）

2. 用万用表测量直流时，将两表笔串入被测电路，电流从红表笔流入黑表笔流出。（　　）

3. 只要电路中晶体管的 $I_C < I_{Cm}$ 该晶体管就能安全工作。　　　　　　　（　　）

4. 二极管的反向漏电流越小，其单向性越好。　　　　　　　　　　　　　　（　　）

5. 只有给二极管加上反向电压，才能使其处于截止状态。　　　　　　　　　（　　）

6. 晶体管按用途分为开关管、整流管和检波管。 （　　）

7. 晶体管由两个 PN 结组成，所以把两个二极管反向串联可构成一只晶体管。（　　）

8. 晶体管的穿透电流 I_{CEO} 越小，其稳定性越好。 （　　）

9. 放大器的输入电阻大，有利于减小前一级的负担。 （　　）

10. 画直流通路，可将电容和电源视为开路，其他不变。 （　　）

11. 测得基本放大电路中的 3DG6 晶体管的 $U_{BQ}=2V$、$U_{CQ}=9V$、$U_{EQ}=1.7V$，则该晶体管处于正常的放大状态。 （　　）

12. 多级放大器的通频带比组成它的每级放大器的通频带都窄。 （　　）

四、分析题

1. 设二极管为理想的，试判断图 1.1.83a、b 所示电路中各二极管是导通还是截止，并求出 A、O 两端的电压 U_{AO}。

图　1.1.83

2. 图 1.1.84 所示电路中，设二极管是理想的，试根据图中所示的输入电压 u_i 波形，画出输出电压 u_o 的波形。

图　1.1.84

3. 图 1.1.85 中各管为硅管，试判断其工作状态。

4. 图 1.1.86 中各管为硅管，$\beta=100$，试求出各电路的 I_B、I_C、U_{CE}，判断各晶体管工作在什么状态。

图 1.1.85

图 1.1.86

五、计算题

1. 二极管电路如图 1.1.87 所示，二极管的导通电压 $U_{D(on)} = 0.7V$，试分别求出 $R = 1k\Omega$、$R = 4k\Omega$ 时，电路中的电流 I_1、I_2、I_o 和输出电压 U_o。

2. 电路如图 1.1.88 所示，已知发光二极管的导通电压为 1.6V，正向电流大于 5mA 即可发光，最大正向电流为 20mA。为使发光二极管发光且安全工作，试求电路中 R 的取值范围。

图 1.1.87

图 1.1.88 发光二极管驱动电路

3. 已知 $U_{CC}=15V$，$R_c=3k\Omega$，$R_b=280k\Omega$，硅晶体管的 β 为60。试估算图1.1.89所示共射极放大电路的静态工作点。

4. 共射放大电路如图1.1.90所示，已知：$\beta=65$，$U_{BE}=0.7V$，$R_{b1}=60k\Omega$，$R_{b2}=10k\Omega$，$R_c=5k\Omega$，$R_e=1k\Omega$，$R_L=5k\Omega$，$U_{CC}=14V$，试求：

（1）静态工作点 Q。

（2）A_u、R_i 和 R_o 的值，并画出微变等效电路。

5. 在图1.1.91共集电极放大电路中，已知晶体管 $\beta=120$，$r_{bb'}=200\Omega$，$U_{BEQ}=0.7V$，$U_{CC}=12V$，$R_b=300k\Omega$，$R_e=R_L=R_s=1k\Omega$，试求该放大电路的静态工作点及 A_u、R_i、R_o，并画出微变等效电路。

图 1.1.89

图 1.1.90

6. 图1.1.92所示共基极放大电路中，$U_{CC}=15V$，晶体管的 $\beta=100$，$r_{bb'}=100\Omega$，$R_{b1}=62k\Omega$、$R_{b2}=20k\Omega$、$R_e=1.5k\Omega$、$R_c=3k\Omega$、$R_s=1k\Omega$、$R_L=5.6k\Omega$，C_1、C_2、C_3 对交流信号可视为短路。试求：

（1）静态工作点。

（2）主要性能指标 A_u、R_i、R_o 和 A_{us}，并画出微变等效电路。

图 1.1.91

图 1.1.92

7. 两级阻容耦合放大电路如图1.1.93所示，设晶体管 VT_1、VT_2 的 $\beta=100$，$r_{be1}=r_{be2}=1k\Omega$。

（1）画出交流通路和小信号等效电路。

（2）试求 $A_u=u_o/u_i$、R_i、R_o。

（3）若信号源输入正弦波电压有效值 $U_s=10mV$，求输出电压有效值 U_o。

图 1.1.93

8. 图 1.1.94 所示电路中，晶体管均为硅管，$\beta = 100$，试判断各晶体管的工作状态，并求各管的 I_B、I_C、U_{CE}。

图 1.1.94

9. 放大电路如图 1.1.95 所示，已知 $\beta = 70$，$r_{bb'} = 200\Omega$，$I_{CQ} = 1mA$，试画出该电路的交流通路及微变等效电路，并求出 A_u、R_i 和 R_o 的大小。

10. 放大电路如图 1.1.96 所示，电流电压均为正弦波，已知 $R_s = 600\Omega$、$U_s = 30mV$、$U_i = 20mV$、$R_L = 1k\Omega$、$U_o = 1.2V$。求该电路的电压、电流、功率放大倍数及其分贝数和输入电阻 R_i；当 R_L 开路时，测得 $U_o = 1.8V$，求输出电阻 R_o。

11. 放大电路如图 1.1.97 所示，已知晶体管 $\beta = 100$、$r_{bb'} = 200\Omega$、$U_{BEQ} = 0.7V$。

（1）计算静态工作点 I_{CQ}、U_{CEQ}、I_{BQ}。

（2）画出微变等效电路，求 A_u、R_i、R_0。

（3）求源电压增益 A_{us}。

12. 根据图 1.1.98 放大电路回答问题：

（1）电路由几级放大电路构成？说明各级之间采用何种耦合方式。

（2）各级放大电路分别采用哪种偏置电路？

图　1.1.95

图　1.1.96

图　1.1.97

图　1.1.98

学习情境 2　认识场效应晶体管

◆　问题引入

　　晶体管是利用输入电流控制输出电流的半导体器件，因而称为电流控制型器件。场效应晶体管是一种利用电场效应来控制其电流大小的半导体器件，称为电压控制型器件。场效应晶体管具有体积小、质量小、耗电省、寿命长等特点，而且还有输入阻抗高、噪声低、热稳定小、抗辐射能力强和制造工艺简单等优点，因而大大扩展了它的应用范围，特别是在大规模和超大规模集成电路中得到了广泛的应用。

　　根据结构的不同，目前常用的场效应晶体管主要分两大类：结型场效应晶体管（Junction type Field Effect Transistor，JFET）和金属－氧化物－半导体场效应晶体管（Metal－Oxide－Semiconductor type Field Effect Transistor，MOSFET）。两类管子都有 N 沟道和 P 沟道之分，MOS 场效应晶体管还有增强型和耗尽型之分，所以场效应晶体管共有六种类型的管子。

💡 看一看——常用场效应晶体管

　　图 1.2.1 为常用场效应晶体管。

图 1.2.1　常用场效应晶体管

◆ **任务描述**

 学一学——MOS 场效应晶体管

1. MOS 场效应晶体管的结构、工作原理及伏安特性

（1）**结构与符号**　N 沟道增强型 MOS 场效应晶体管简称增强型 NMOS 管，或 NEMOS 管（Enhancement MOS，EMOS），其结构示意图如图 1.2.2a 所示，它以一块掺杂浓度较低的 P 型硅片做衬底，在衬底上面的左、右两侧利用扩散的方法形成两个高掺杂 N⁺ 区，并用金属铝引出两个电极，称为源极 S 和漏极 D；然后在硅片表面生长一层很薄的二氧化硅（SiO₂）绝缘层，在漏源极之间的绝缘层上喷一层金属铝引出电极，称为栅极 G；另外在衬底引出衬底引线 B（它通常已在管内与源极相连）。可见这种场效应晶体管由金属、氧化物和半导体组成，故称 MOS 管；由于栅极与源极、漏极之间均无电接触，栅极电流为零，故又称绝缘栅场效应晶体管。场效应晶体管也有三个电极：漏极（D）、源极（S）和栅极（G），它们对应于晶体管的集电极（C）、发射极（E）和基极（B）。不同的是场效应晶体管的 D 和 S 两极可以交换，而晶体管的 C 和 E 则不能交换。

a) 结构示意图　　　　　　　　b) 图形符号

图 1.2.2　增强型 NMOS 管的结构示意图与图形符号

增强型 NMOS 管的图形符号如图 1.2.2b 所示，图中衬底极的箭头方向是区别沟道类型的标志，若将图 1.2.2b 的箭头反向，就成为增强型 PMOS 管的符号。

（2）**工作原理**　由图 1.2.2a 可见，漏区（N⁺ 型）、衬底（P 型）和源区（N⁺ 型）之间形成两个背靠背的 PN 结，当 G 与 S 之间无外加电压时（即 $u_{GS} = 0$ 时），无论在 D、S 之间加何种极性的电压，总有一个 PN 结反偏，D 与 S 之间无电流流过。

若给 G 与 S 之间加上较小的正电压 u_{GS}，且源极 S 与衬底 B 相连，则在正电压 u_{GS} 作用下，栅极下的 SiO₂ 绝缘层中将产生一个垂直于半导体表面的电场，方向由栅极指向 P 型衬底，如图 1.2.3a 所示。该电场是排斥空穴而吸引电子的，由于 P 型衬底中空穴为多子，电子为少子，所以被排斥的空穴很多而吸收到的电子较少，使栅极附近的 P 型衬底表面层中主要为不能移动的杂质离子，因而形成耗尽层。当 u_{GS} 足够大时，该电场可吸引足够多的电子，使栅极附近的 P 型衬底表面形成一个 N 型薄层，因它在 P 型衬底上形成，故称为反型层。这个 N 型反型层将两个 N⁺ 区连通，这时只要在 D 与 S 之间加上正向电压，电子就会沿着反型层由源极向漏极运动，形成漏极电流 i_D，如图 1.2.3b 所示，所以导电沟道是 N 型的。

将开始形成反型层所需要的栅源电压称为开启电压，通常 $U_{GS(th)}$ 表示，其值由管子的

a) $u_{GS} > U_{GS(th)}$ 时产生导电沟道   b) 工作原理

图 1.2.3 增强型 NMOS 的工作原理

工艺参数确定。由于这种场效应晶体管无原始导电沟道，只有当栅源电压大于开启电压 $U_{GS(th)}$ 时，才能产生导电沟道，故称为增强型 MOS 管。产生导电沟道以后，若继续增大 u_{GS} 值，则导电沟道加宽，沟道电阻减少，漏极电流 i_D 增大。

场效应晶体管的工作主要依据这种压控电流原理，通过控制 u_{GS} 来控制输出电流 i_D 的有无和大小，此外 u_{DS} 对 i_D 的大小也有一定影响。

（3）伏安特性

1）转移特性：转移特性是指 u_{DS} 为某一常数时，i_D 与 u_{GS} 之间的函数关系，即

$$i_D = f(u_{GS})|_{u_{DS}=\text{常数}} \tag{1.2.1}$$

它反映了输入电压 u_{GS} 对输出电流 i_D 的控制作用。

实践表明，当场效应晶体管工作于放大状态时，u_{DS} 对 i_D 的影响极小，对于不同的 u_{DS}，转移特性曲线基本上重合，如图 1.2.4a 所示。在 $u_{GS} < U_{GS(th)}$ 时，因为无导电沟道，因此 $i_D = 0$；当 $u_{GS} > U_{GS(th)}$ 时，产生反型层导电沟道，因此 $i_D \neq 0$；增大 u_{GS}，则导电沟道变宽，i_D 增大。

场效应晶体管工作于放大状态时的转移特性曲线近似地具有二次方律特性，对增强型 NMOS 管可表示为

$$i_D = I_{DO}\left(\frac{u_{GS}}{U_{GS(th)}} - 1\right)^2 \tag{1.2.2}$$

式中，I_{DO} 是 $u_{GS} = 2U_{GS(th)}$ 时的 i_D 值。

2）输出特性：输出特性是指 u_{GS} 为某一常数时，i_D 与 u_{DS} 之间的函数关系，即

$$i_D = f(u_{DS})|_{u_{GS}=\text{常数}} \tag{1.2.3}$$

取不同的 u_{GS} 值，可得不同的函数关系，因此所画出的输出特性曲线为一簇曲线，如图 1.2.4b 所示。根据工作特点不同，输出特性可分为三个工作区域，即可变电阻区、放大区和截止区。

① 可变电阻区(也称非饱和区)：指管子导通，但 u_{DS} 较小，满足 $u_{DS} < u_{GS} - U_{GS(th)}$ 的区域，伏安曲线为一簇直线，说明当 u_{GS} 一定时，i_D 与 u_{DS} 成线性关系，漏源之间等效为电阻；改变 u_{GS} 可改变直线的斜率，也就控制了电阻值，因此漏源之间可等效为一个受电压 u_{GS} 控制的可变电阻，称为可变电阻区。

② 截止区：指 $u_{GS} < U_{GS(th)}$ 的区域。这时因为无导电沟道，所以 $i_D = 0$，管子截止。

图 1.2.4 增强型 EMOS 管的特性曲线

③ 放大区：指管子导通，且 u_{DS} 较大，满足 $u_{DS} \geqslant u_{GS} - U_{GS(th)}$ 的区域。曲线为一簇基本平行于 u_{DS} 轴的略上翘的直线，说明 i_D 基本上仅受 u_{GS} 控制而与 u_{DS} 无关。i_D 不随 u_{DS} 而变化的现象在场效应晶体管中称为饱和，所以这一区域又称为饱和区。在这一区域内，场效应晶体管的漏源之间相当于一个受电压 u_{GS} 控制的电流源，故又称为恒流区。场效应晶体管用于放大电路时，一般就工作在该区域，所以称为放大区。

图 1.2.4b 中的虚线是根据 $u_{DS} = u_{GS} - U_{GS(th)}$ 画出的，称为预夹断轨迹，它是放大区和可变电阻区的分界线，当 $u_{DS} > u_{GS} - U_{GS(th)}$ 时，NEMOS 管工作于放大区；$u_{DS} < u_{GS} - U_{GS(th)}$ 时，NEMOS 管工作于可变电阻区。

2. N 沟道耗尽型 MOS 管

N 沟道耗尽型 MOS 管简称为耗尽型 NMOS 管，或 NDMOS 管（Depletion MOS，DMOS），其结构与增强型 NMOS 管的基本相同，但它在制造时，通常在二氧化碳硅（SiO_2）绝缘层中掺入大量的正离子，因正离子的作用使漏、源间的 P 型衬底表面在 $u_{GS} = 0$ 时已感应出 N 反型层，形成原始导电沟道，如图 1.2.5a 所示。耗尽型 NMOS 管的图形符号如图 1.2.5b 所示。

图 1.2.5 耗尽型 NMOS 管的结构示意图与图形符号

耗尽型 NMOS 管的工作原理也与增强型相似，具有压控电流作用，但由于存在原始导电沟道，因此在 $u_{GS}=0$ 时就有电流 i_D 流通；当 u_{GS} 由零值向正值增大时，反型层增厚，i_D 增大；而当 u_{GS} 由零值向负值增大时，反型层变薄，i_D 减小。当 u_{GS} 负向增大到某一数值时，反型层会消失，称为沟道全夹断，这时 $i_D=0$，管子截止。使反型层消失所需要的栅源电压称为夹断电压，用 $U_{GS(off)}$ 表示。

耗尽型 NMOS 管的特性曲线如图 1.2.6 所示，其中图 1.2.6b 为工作于放大区时的转移特性，参数 I_{DSS} 称为饱和漏极电流，它是 $u_{GS}=0$ 且管子工作于放大区时的漏极电流。由于耗尽型 MOS 管在 u_{GS} 为正、负、零时，均可导通工作，因此应用起来比增强型 MOS 管灵活方便。

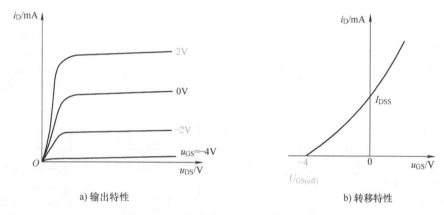

a) 输出特性   b) 转移特性

图 1.2.6 耗尽型 NMOS 管的特性曲线

当工作于放大区时，耗尽型 NMOS 管的转移特性曲线可近似地用下式表示：

$$i_D = I_{DSS} \left(1 - \frac{u_{GS}}{U_{GS(off)}} \right)^2 \tag{1.2.4}$$

3. P 沟道 MOS 管

P 沟道 MOS 管简称为 PMOS 管，其结构、工作原理与 NMOS 管相似。PMOS 管以 N 型半导体硅为衬底，两个 P⁺ 区分别作为源极和漏极，导电沟道为 P 型反型层。使用时，u_{GS}、u_{DS} 的极性与 NMOS 管的相反，漏极电流 i_D 的方向也相反，即由源极流向漏极。PMOS 管也有增强型和耗尽型两种，图形符号和相应的特性曲线见表 1.2.1。

表 1.2.1 各种场效应晶体管的符号、电压极性、放大区的偏置条件和特性曲线

类 型		符 号	工作电压极性要求	转移特性举例	输出特性举例
NMOS 管	增强型		$u_{GS}>0$ $u_{DS}>0$		

（续）

类　型		符　号	工作电压极性要求	转移特性举例	输出特性举例
NMOS 管	耗尽型	D i_D G○—○B S	$u_{DS}>0$	i_D/mA, I_{DSS}, -4, 0, u_{GS}/V, $U_{GS(off)}$	i_D/mA, 2V, 0V, −2V, $u_{GS}=-4$V, u_{DS}/V
PMOS 管	增强型	D i_D G○—○B S	$u_{GS}<0$ $u_{DS}<0$	i_D/mA, -2, 0, u_{GS}/V, $U_{GS(th)}$	i_D/mA, −8V, −6V, −4V, $u_{GS}=-2$V, $-u_{DS}/\text{V}$
	耗尽型	D i_D G○—○B S	$u_{DS}<0$	i_D/mA, I_{DSS}, 0, 4, u_{GS}/V, $U_{GS(off)}$	i_D/mA, −2V, 0V, +2V, $u_{GS}=4$V, $-u_{DS}/\text{V}$
结型	N 沟道	D i_D G○— S	$u_{GS}\leqslant0$ $u_{DS}>0$	i_D/mA, I_{DSS}, -3, 0, u_{GS}/V, $U_{GS(off)}$	i_D/mA, 0V, −1V, −2V, $u_{GS}=-3$V, u_{DS}/V
	P 沟道	D i_D G○— S	$u_{GS}\geqslant0$ $u_{DS}<0$	i_D/mA, I_{DSS}, 0, 3, u_{GS}/V, $U_{GS(off)}$	i_D/mA, 0V, 1V, 2V, $u_{GS}=3$V, $-u_{DS}/\text{V}$

　　为便于比较，把各种场效应晶体管的符号、电压极性要求、放大区的偏置条件和特性曲线对应地画在表 1.2.1 中，表中结型场效应晶体管将在随后介绍。

🅰 **学一学——结型场效应晶体管**

　　结型场效应晶体管（JFET）的结构、工作原理与 MOS 管有所不同，但也利用 u_{GS} 来控制输出电流 i_D，特性与 MOS 管的相似。

图 1.2.7 为 N 沟道结型场效应晶体管（NJFET）的结构示意图和图形符号，它是在一块 N 型单晶硅片的两侧形成两个高掺杂浓度的 P^+ 区，这两个 P^+ 区和中间夹着的 N 区之间形成两个 P^+N 结。两个 P^+ 区连在一起所引出的电极为栅极（G），两个从 N 区引出的电极分别为源极（S）和漏极（D）。当 D 与 S 间加电压时，将有电流 i_D 通过中间的 N 型区在 D 与 S 间疏通，所以导电沟道是 N 型的，称为 N 沟道结型场效应晶体管。由于存在原始导电沟道，故它也属于耗尽型。

结型场效应晶体管的栅极不是绝缘的，为使场效应晶体管呈现高输入电阻、栅极电流近似为零，应使栅极和沟道间的 PN 结截止。

a) 结构示意图　　　　b) 图形符号

图 1.2.7　N 沟道结型场效应晶体管的结构示意图与图形符号

因此，对于 NJFET，栅极电位不能高于源极和漏极电位，故偏置电压的极性要满足 $u_{GS} \leq 0$ 且 $u_{DS} > 0$。

当栅、源间加上负电压 u_{GS} 时，沟道两侧的 PN 结变宽，使导电沟道变窄，沟道电阻增大，漏极电流 i_D 减小。u_{GS} 负值越大，则导电沟道越窄，i_D 越小。因此，通过改变 u_{GS} 的大小可控制 i_D 的大小，实现压控电流作用。

当 u_{GS} 负值足够大时，沟道将全夹断，使 $i_D = 0$。沟道全夹断所需的栅源电压即为夹断电压，用 $u_{GS(off)}$ 表示。

N 沟道结型场效应晶体管的特性曲线见表 1.2.1。由于是耗尽型场效应晶体管，因此当工作于放大区时，转移特性可近似用式（1.2.4）表示。

P 沟道结型场效应晶体管的结构与 N 沟道的相似，但导电沟道为 P 区，栅极由两个 N^+ 区引出。P 沟道结型场效应晶体管（PJFET）的图形符号、电压极性、特性曲线等见表 1.2.1。

【例 1.2.1】　有四种场效应晶体管，其输出特性或饱和区转移特性分别如图 1.2.8 所示，试判断它们各为何种类型的管子？对增强型管，求开启电压 $U_{GS(th)}$；对耗尽型管，求夹断电压 $U_{GS(off)}$ 和饱和漏极电流 I_{DSS}。

解：图 1.2.8a、b 为输出特性曲线，图 1.2.8a 中，u_{GS} 为正、负、零都可以，而 u_{DS} 为正，故为耗尽型 NMOS 管。由于 $u_{GS} = -4V$ 时，$i_D \approx 0$，故 $U_{GS(off)} = -4V$。由于 $u_{GS} = 0$ 时，i_D 的饱和值为 2mA，故 $I_{DSS} = 2mA$。

图 1.2.8b 中，u_{GS} 和 u_{DS} 均为负值，故为增强型 PMOS 管。由于 $u_{GS} = -2V$ 时，$i_D \approx 0$，故 $U_{GS(th)} = -2V$。

图 1.2.8c、d 为转移特性曲线，图 1.2.8c 中，u_{GS} 为零或负值，故为 N 沟道结型场效应晶体管。由于 $u_{GS} = -4V$ 时，$i_D = 0$，故 $U_{GS(off)} = -4V$。由于 $u_{GS} = 0$ 时，$i_D = 4mA$，故 $I_{DSS} = 4mA$。

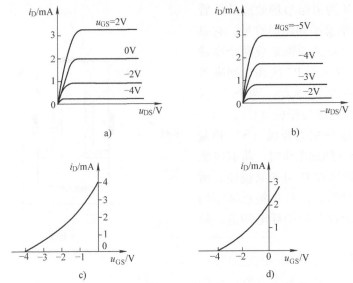

图 1.2.8　四种场效应晶体管的输出特性或饱和区转移特性

图 1.2.8d 中，u_{GS} 为正、负、零都可以，但 $U_{GS(off)} = -4V$ 为负值，故为耗尽型 NMOS 管，$I_{DSS} = 2mA$。

学一学——场效应晶体管的主要参数

1. 开启电压 $U_{GS(th)}$ 和夹断电压 $U_{GS(off)}$

开启电压 $U_{GS(th)}$ 是增强型场效应晶体管产生导电沟道所需的栅源电压，而夹断电压 $U_{GS(off)}$ 是耗尽型场效应晶体管夹断导电沟道所需的栅源电压，两者的概念虽不同，却都是决定沟道有否的"门槛电压"，所以从对沟道影响的角度看，它们是同一种参数。通常，令 u_{DS} 等于某一固定值（一般绝对值为 10V），调节 u_{GS} 使 i_D 等于某一微小电流，这时的 u_{GS} 对于增强型管称为开启电压，对于耗尽型管则称为夹断电压。

2. 饱和漏极电流 I_{DSS}

I_{DSS} 指工作于饱和区的耗尽型场效应晶体管在 $u_{GS} = 0$ 时的漏极电流，它只是耗尽型场效应晶体管的参数。

3. 直流输入电阻 R_{GS}

R_{GS} 指在漏源间短路的条件下，栅源间加一定电压时的栅源直流电阻，一般大于 $10^8 \Omega$。

4. 低频跨导 g_m（又称低频互导）

g_m 指静态工作点处漏极电流的微变量和引起这个变化的栅源电压微变量之比，即

$$g_m = \frac{\Delta i_D}{\Delta u_{GS}}\bigg|_Q \approx \frac{\partial i_D}{\partial u_{GS}}\bigg|_Q \tag{1.2.5}$$

g_m 反映了 u_{GS} 对 i_D 的控制能力，是表征场效应晶体管放大能力的重要参数，单位为西 [门子]，单位符号为 S，其值范围一般为十分之几至几毫西。

g_m 与工作点有关，其值等于转移特性曲线上工作点处切线的斜率。通过对式（1.2.4）求导，可得增强型场效应晶体管工作于放大区时的 g_m 计算公式为

$$g_m = 2 \frac{I_{DO}}{U_{GSQ}} \left(\frac{U_{GSQ}}{U_{GS(th)}} - 1 \right) = \frac{2}{U_{GS(th)}} \sqrt{I_{DO}I_{DQ}} \qquad (1.2.6)$$

对式（1.2.4）求导，则得耗尽型场效应晶体管工作于放大区时的 g_m 计算公式为

$$g_m = \frac{-2I_{DSS}}{U_{GS(off)}} \left(1 - \frac{U_{GSQ}}{U_{GS(off)}} \right) = \frac{-2}{U_{GS(off)}} \sqrt{I_{DSS}I_{DQ}} \qquad (1.2.7)$$

式（1.2.6）、式（1.2.7）中的 U_{GSQ}、I_{DQ} 分别是静态栅源电压和静态漏极电流。

5. 漏源动态电阻 r_{ds}

漏源动态电阻指静态工作点处的漏源电压微变量与相应的漏极电流微变量之比，即

$$r_{ds} \approx \left. \frac{\partial u_{DS}}{\partial i_D} \right|_Q \qquad (1.2.8)$$

r_{ds} 反映了 u_{DS} 对 i_D 的影响，是输出特性曲线上工作点处切线斜率的倒数。在放大区，由于输出特性基本上是水平直线，i_D 基本上不随 u_{DS} 变化，因此 r_{ds} 值很大，一般在几十千欧到几百千欧之间，在应用中往往忽略不计。

6. 栅源击穿电压 $U_{(BR)GS}$

栅源击穿电压指栅源间所能承受的最大反向电压，u_{GS} 值超过此值时，栅源间发生击穿。

7. 漏源击穿电压 $U_{(BR)DS}$

漏源击穿电压指漏源间能承受的最大电压，当 u_{DS} 值超过 $U_{(BR)DS}$ 值时，i_D 开始急剧增加。

8. 最大耗散功率 P_{DM}

最大耗散功率指允许耗散在管子上的最大功率，其大小受管子最高工作温度的限制。

 练一练——场效应晶体管基本应用电路及其分析方法

利用场效应晶体管的特性可构成放大电路、开关电路、电流源、压控电阻等，下面将介绍场效应晶体管放大电路及其分析方法。

1. 基本放大电路

（1）**电路组成及工作原理**　场效应晶体管放大电路的组成原则与晶体管的类似，首先要有合适的静态工作点，使场效应晶体管工作在放大状态，其次要有合理的交流通路，使信号能被顺利传输并放大。按输入、输出回路的公共端不同，有共源、共栅、共漏三种基本组态。

（2）**分析方法**　分析方法也与晶体管的类似，先静态分析，后动态分析。

由 NEMOS 管构成的基本放大电路如图 1.2.9a 所示，图中 u_i 为待放大的输入电压，u_o 为放大电路输出电压，源极为输入、输出回路的公共端，构成共源极放大电路。U_{GG} 为栅极直流电源，U_{DD} 为漏极直流电源，它们分别为场效应晶体管提供栅源偏压和漏源偏压，以设置合适的静态工作点，保证管子工作于饱和区；R_D 为漏极负载电阻，起到将输出电流转换为输出电压的作用；R_G 为栅极电阻，起到提高放大电路输入电阻和提供栅源间直流通路的作用；C_1、C_2 为隔直耦合电容，对交流信号的容抗近似为零。

静态时，断开电容 C_1、C_2 的直流通路如图 1.2.9b 所示。由于 MOS 管栅极电流为零，所以由图 1.2.9b 及给定的电路参数，得静态工作点为

$$\begin{cases} U_{GSQ} = U_{GG} \\ I_{DQ} = I_{DO} \left(\dfrac{U_{GSQ}}{U_{GS(th)}} - 1 \right)^2 \\ U_{DSQ} = U_{DD} - I_{DQ}R_D \end{cases}$$

a) 电路   b) 直流通路

c) 交流分析

图 1.2.9　由 NEMOS 管构成的基本放大电路

设输入电压为小信号正弦波，表达式为 $u_i = U_{im}\sin\omega t$。由于耦合电容 C_1 对交流信号可视为短路，因此 u_i 直接加至 G 与 S 之间，与静态时的电压 U_{GSQ} 相叠加，得栅源电压的瞬时值为

$$u_{GS} = U_{GSQ} + u_i = U_{GSQ} + U_{im}\sin\omega t \qquad (1.2.9)$$

波形如图 1.2.9c 中①所示。

设静态工作点取值合适，能保证管子工作于饱和区，则可由饱和区的转移特性曲线，根据 u_{GS} 变化规律画出对应的 i_D 波形，如图 1.2.9c 中②所示，可见 i_D 也由直流量和交流量叠加而成。由于 u_i 幅值很小，所以可将动态工作范围内的这一段曲线 Q_1Q_2 近似看成工作点 Q 处的切线，因此 i_d 与 u_i 成正比，由低频跨导的定义可知其比例关系为 $i_d = g_m u_{gs} = g_m u_i$，所以由正弦信号 u_i 产生的漏极交流电流 i_d 也为正弦波。这样 i_D 可表示为

$$i_D = I_{DQ} + i_d = I_{DQ} + I_{dm}\sin\omega t \qquad (1.2.10)$$

由图 1.2.9a 可得，场效应晶体管 D 与 S 之间的瞬时电压 u_{DS} 为

$$u_{DS} = U_{DD} - i_D R_D = U_{DD} - (I_{DQ} + i_d) R_D = U_{DSQ} + u_{ds} \qquad (1.2.11)$$

式中，$U_{DSQ} = U_{DD} - I_{DQ}R_D$，$u_{ds} = -i_d R_D = -I_{dm}R_D\sin\omega t$。可见，$u_{DS}$ 也由直流量和交流量叠加而成，其交流量 u_{ds} 也为正弦波，但与 u_i 和 i_d 反相。

u_{DS} 经 C_2 隔直后得输出电压：

$$u_o = u_{ds} = -I_{dm}R_D\sin\omega t \qquad (1.2.12)$$

只要电路参数选择得当，交流输出电压 u_o 可比交流输入电压 u_i 大，从而能实现电压放大。

2. 场效应晶体管的微变模型及其应用

与晶体管一样，场效应晶体管工作在小信号放大状态时，也可用一个线性电路等效，其

微变模型如图 1.2.10a 所示。由于栅极电流近似为零，故输入电路近似开路；由放大区输出特性可知，i_D 同时受 u_{CS} 和 u_{DS} 控制，u_{CS} 的变化量 u_{gs} 所引起的 i_D 变化量为 $i_d = g_m u_{gs}$。u_{DS} 的变化量 u_{ds} 所引起的 i_D 变化量为 $i_d = u_{ds}/r_{ds}$，因此 $i_d = g_m u_{gs} + u_{ds}/r_{ds}$，输出电路等效为压控电流源 $g_m u_{gs}$ 和输出电阻 r_{ds} 相并联。r_{ds} 很大，对电路的影响通常可略，故得简化微变模型如图 1.2.10b 所示。此模型对六种场效应晶体管均适用，用于对场效应晶体管低频微变放大电路进行交流分析，分析方法与晶体管放大电路的相似。

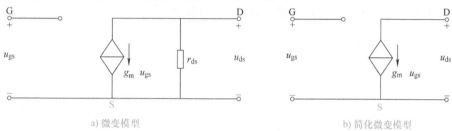

a) 微变模型   b) 简化微变模型

图 1.2.10　场效应晶体管的微变模型

【例 1.2.2】　由 N 沟道 DMOS 管构成的电路如图 1.2.11 所示。图中，$R_G = 1\text{M}\Omega$，$R_S = 2\text{k}\Omega$，$R_D = 12\text{k}\Omega$，$U_{DD} = 20\text{V}$。场效应晶体管的 $I_{DSS} = 4\text{mA}$，$U_{GS(off)} = -4\text{V}$，求 U_{GSQ}、I_{DQ}、U_{DSQ}。

解：由于场效应晶体管栅极电流为零，故可由图 1.2.11 得

$$U_{GSQ} = -I_{DQ}R_S$$

假设场效应晶体管工作在放大区，则由场效应晶体管的伏安方程式可得

$$I_{DQ} = I_{DSS}\left(1 - \frac{U_{GSQ}}{U_{GS(off)}}\right)^2 = I_{DSS}\left(1 - \frac{-I_{DQ}R_S}{U_{GS(off)}}\right)^2$$

将已知数据代入上式，则得

$$I_{DQ} = 4\left(1 - \frac{-2I_{DQ}}{-4}\right)^2$$

图 1.2.11　例 1.2.2 图

解该方程，可得两个解分别为 $I_{DQ} = 4\text{mA}$ 和 $I_{DQ} = 1\text{mA}$。根据 $I_{DQ} = 4\text{mA}$，得 $U_{GSQ} = -4\text{mA} \times 2\text{k}\Omega = -8\text{V}$，其值已小于 $U_{GS(off)}$ 不合理，应舍去，故方程的解为 $I_{DQ} = 1\text{mA}$。

由此可求得　　$U_{GSQ} = -\ (1 \times 2)\ \text{V} = -2\text{V}$，

　　　　　　　$U_{DSQ} = [20 - 1 \times\ (12 + 2)]\ \text{V} = 6\text{V}$

由于 $U_{GSQ} > U_{GS(off)} = -4\text{V}$，$U_{DSQ} > U_{GSQ} - U_{GS(off)} = -2\text{V} + 4\text{V} = 2\text{V}$，因此 N 沟道 DMOS 管确实工作在放大区，符合原先假设，上述计算结果是有效的，故该电路的 $U_{GSQ} = -2\text{V}$，$I_{DQ} = 1\text{mA}$，$U_{DSQ} = 6\text{V}$。

【例 1.2.3】　图 1.2.12a 所示的场效应晶体管放大电路中，$u_i = 20\sin\omega t$（单位为 mV），场效应晶体管的 $I_{DSS} = 4\text{mA}$，$U_{GS(off)} = -4\text{V}$，电容 C_S 很大，对交流信号可视为短路，试求：

（1）静态工作点参数 U_{GSQ}、I_{DQ} 和 U_{DSQ}。

（2）画出其交流通路。

（3）画出放大电路的微变等效电路。

（4）求 u_o。

解：1）首先进行静态分析，求出 I_{DQ}，然后利用公式求出 g_m。由图 1.2.12a 可画出其直流通路，如图 1.2.12b 所示，该电路及其电路参数与例 1.2.2 电路完全一样，由例 1.2.2 的分析结果可知，$I_{DQ} = 1\text{mA}$。由于图中场效应晶体管为耗尽型管，故由式（1.2.7）可得

$$g_m = \frac{-2}{U_{GS(off)}}\sqrt{I_{DSS}I_{DQ}} = \frac{-2}{-4\text{V}}\sqrt{4\text{mA} \times 1\text{mA}} = 1\text{mA/V} = 1\text{mS}$$

2）由图 1.2.12a 画出其交流通路，如图 1.2.12c 所示。

a) 电路   b) 直流通路

c) 交流通路   d) 微变等效电路

图 1.2.12 微变等效电路

3）画出放大电路的微变等效电路。将图 1.2.12c 所示交流通路中的场效应晶体管用其微变模型替代，可得该场效应晶体管放大电路的微变等效电路，如图 1.2.12d 所示。

4）求 u_o。由图 1.2.12d 可得

$$u_{gs} = u_i \tag{1.2.13}$$

$$u_o = -i_d R_D = -g_m u_{gs} R_D \tag{1.2.14}$$

$$u_o = -g_m u_i R_D = -1 \times 12 \times 20\sin\omega t = -240\sin\omega t$$

3. 开关电路

利用场效应晶体管的导通与截止，可构成开关电路，在数字电路中应用很广。下面以图 1.2.13a 所示 CMOS 反相器电路为例介绍场效应晶体管的开关作用。

CMOS 反相器有增强型 NMOS 管 VF_N 和增强型 PMOS 管 VF_P 构成，两管栅极连接在一起作输入端，加输入电压 u_i，其值为低电平 0V 或高电平 U_{DD}；漏极连接在一起作为输出端，输出电压为 u_o；VF_P 的源极接电源 U_{DD}，VF_N 的源极接地。为使 CMOS 反相器能正常工作，要求 $U_{DD} > U_{GS(th)N} + |U_{GS(th)p}|$，且 $U_{GS(th)N} = -U_{GS(th)P}$。$U_{GS(th)N}$ 和 $U_{GS(th)P}$ 分别为 VF_N 和 VF_p 管的开启电压，$U_{GS(th)N}$ 为正值，$U_{GS(th)P}$ 为负值。

当输入时 $u_i = 0\text{V}$，VF_N 的栅源电压 $u_{GSN} = 0\text{V} < U_{GS(th)N}$，$\text{VF}_N$ 截止，D 与 S 间等效为开

a) CMOS 反相器电路　　　b) $u_i = 0$ 时的等效电路　　　c) $u_i = U_{DD}$ 时的等效电路

图 1.2.13　场效应晶体管的开关作用

关断开；VF_P 的栅源电压 $u_{GSP} = 0V - U_{DD} < U_{GS(th)P}$，$VF_P$ 导通，D 与 S 间等效为电阻 R_{ON}，因此原电路等效为图 1.2.13b 所示，$u_o = U_{DD}$。

当输入 $u_i = U_{DD}$ 时，VF_N 的栅源电压 $u_{GSN} = U_{DD} > U_{GS(th)N}$，$VF_N$ 导通，D 与 S 间等效为电阻 R_{ON}；VF_P 的栅源电压 $u_{GSP} = U_{DD} - U_{DD} = 0V > U_{GS(th)P}$，$VF_P$ 截止，D 与 S 间等效为开关断开，因此原电路等效为图 1.2.13c 所示，$u_o = 0$。

可见，该电路在输入低电平时输出高电平，输入高电平时输出低电平，输出与输入反相，所以构成了 CMOS 反相器，它是构成数字电路中 CMOS 集成门电路的基本单元。

学一学——场效应晶体管使用注意事项

1）焊接场效应晶体管时，电烙铁必须有外接地线或切断电源后利用电烙铁余热焊接，以防电烙铁漏电损坏管子，且焊接时应先焊源极，最后焊栅极。

2）存放绝缘栅场效应晶体管时，要将三个电极短路，以防感应电动势将栅极击穿，取用时应注意人体静电对栅极的影响，可在手腕上套一接地的金属环。

3）不允许用万用表来检测绝缘栅场效应晶体管电极和质量，因为这样易感应电荷形成高压，致使管子击穿，但结型场效应晶体管可以用判定晶体管基极的类似方法来判定栅极，而且源极和漏极不用区分。

【小知识】　国产场效应晶体管和进口功率晶体管的型号和主要参数

在电子产品中有很多场效应晶体管是国外生产的，这里给出一些常用国产和进口的场效应晶体管的资料，见表 1.2.2 和表 1.2.3。

表 1.2.2　国产场效应晶体管和进口功率晶体管的型号和主要参数

型号＼参数	P_{DM}/mW	U_{DSM}/V	U_{GSM}/V	I_{DSM}/mA	I_{DSS}/mA	U_P/V	R_{GS}/Ω	$g_m/\mu s$
3DG6F	100	20	20	15	1 ~ 3.5	< 9	$>10^7$	> 1000
3DG6G	100	20	20	15	3 ~ 10	< 9	$>10^7$	> 1000
3DG7F	100	20	20	15	1 ~ 3.5	< 9	$>10^7$	> 3000
2SK30	100	15	30	10	0.3 ~ 6.5	< 5	$>10^{10}$	> 1200
2SK301	250	55	55	10	0.5 ~ 20	< 5	$>10^9$	> 2500
2SK304	150	30	30	10	0.6 ~ 12	< 4	$>10^{10}$	> 2500

表 1.2.3　进口场效应功率晶体管（MOSFET）型号和参数

参数 型号	漏源击穿电压 U_{DSM}/V	通态电阻 R_{ON}/Ω	最大漏极电流		最大耗散功率 P_d/W
			I_{DM}/A （$T=25℃$）	I_{DM}/A （$T=100℃$）	
IRF540	100	0.077	28	20	150
IRF640	200	0.18	18	11	125
IRF840	500	0.85	8	5.1	125
IRFP250	200	0.085	30	19	190
IRFP450	500	0.40	14	8.7	190
IRFP460	500	0.27	20	13	280
IRFPE50	800	1.2	7.8	4.9	190
IRFPF50	900	1.6	6.7	4.2	190

小　结

1）场效应晶体管是利用栅源电压改变导电沟道的宽窄来实现对漏极电流控制的，故称为电压控制型器件，而晶体管则称为电流控制型器件。与晶体管相比，场效应晶体管具有输入阻抗非常高、噪声低、热稳定性好、抗辐射能力强等优点，而且特别适宜大规模集成。

2）场效应晶体管分为结型和绝缘栅型两大类，后者又称为 MOS 场效应晶体管。场效应晶体管有耗尽型和增强型之分，耗尽型存在原始导电沟道，而增强型只有在栅源电压值大于开启电压值后，才会形成导电沟道。各类场效应晶体管均有 N 沟道和 P 沟道之分，故共有六种类型的场效应晶体管。请注意比较它们的符号、伏安特性和工作电压极性要求。

3）当场效应晶体管工作于饱和区时，对于耗尽型管有

$$i_D = I_{DSS}\left(1 - \frac{u_{GS}}{U_{GS(off)}}\right)^2$$

$$g_m = \frac{-2I_{DSS}}{U_{GS(Off)}}\left(1 - \frac{U_{GSQ}}{U_{GS(off)}}\right) = \frac{-2}{U_{GS(off)}}\sqrt{I_{DSS}I_{DQ}}$$

对于增强型管有

$$i_D = I_{DO}\left(\frac{u_{GS}}{U_{GS(th)}} - 1\right)^2$$

$$g_m = 2\frac{I_{DO}}{U_{GS(th)}}\left(\frac{U_{GSQ}}{U_{GS(th)}} - 1\right) = \frac{2}{U_{GS}}\sqrt{I_{DO}I_{DQ}}$$

4）场效应晶体管放大电路的微变等效电路，如图 1.2.10 所示。

习　题

一、填空题

1. 场效应晶体管是＿＿＿＿＿控制型器件，晶体管是＿＿＿＿＿控制型器件。

2. 场效应晶体管从结构上可分为两大类：＿＿＿＿、＿＿＿＿；根据导电沟道的不同又可分为＿＿＿＿、＿＿＿＿两类；对于 MOSFET，根据栅源电压为零时是否存在导电沟

道，又可分为两种：_____、_____。

3. 场效应晶体管主要依靠半导体中的_____导电，所以称为单极型晶体管。

4. 场效应晶体管用于放大电路时，工作在_____区。

5. $U_{\text{GS(off)}}$ 表示_____电压，I_{DSS} 表示_____电流，它们是_____型场效应晶体管的参数。

二、选择题

1. 下列场效应晶体管中，无原始导电沟道的为（　　）。

    A. N 沟道 JFET
                    B. 增强型 PMOS 管

    C. 耗尽型 NMOS 管
                    D. 耗尽型 PMOS 管

2. （　　）具有不同的低频微变电路模型。

    A. NPN 管和 PNP 管

    B. 增强型场效应晶体管和耗尽型场效应晶体管

    C. N 沟道场效应晶体管和 P 沟道场效应晶体管

    D. 晶体管和场效应晶体管

3. 当 $U_{\text{GS}} = 0$ 时，（　　）管不可能在恒流区。

    A. JFET
        B. EMOS
        C. DMOS
        D. NMOS

4. 下列参数中，不属于耗尽型场效应晶体管的是（　　）。

    A. $U_{\text{GS(off)}}$
        B. $U_{\text{GS(th)}}$
        C. I_{DSS}
        D. g_{m}

三、判断题

1. EMOS 管存在导电沟道时，栅源之间的电压必定大于零。　　　　　　（　　）

2. 结型场效应晶体管外加的栅源电压应使栅源间的 PN 结反偏，以使场效应晶体管输入电阻很大。　　　　　　　　　　　　　　　　　　　　　　　　　（　　）

3. MOSFET 具有输入阻抗非常高、噪声低、热稳定性好等优点。　　　（　　）

4. 场效应晶体管用于放大电路时，应工作在饱和区。　　　　　　　　（　　）

四、解答题

1. 场效应晶体管的转移特性曲线如图 1.2.14 所示。试指出各场效应晶体管的类型并画出电路符号；对于耗尽型管求出 $U_{\text{GS(off)}}$、I_{DSS}；对于增强型管求出 $U_{\text{GS(th)}}$。

图　1.2.14

2. 场效应晶体管的输出特性曲线如图 1.2.15 所示，试指出各场效应晶体管的类型并画出电路符号；对于耗尽型管求出 $U_{\text{GS(off)}}$、I_{DSS}；对于增强型管求出 $U_{\text{GS(th)}}$。

3. 图 1.2.16 所示场效应晶体管电路中，$u_{\text{i}} = 50\sin\omega t$（单位为 mV），场效应晶体管参数为 $I_{\text{DSS}} = 7\text{mA}$，$U_{\text{GS(off)}} = -8\text{V}$，试分析：

（1）静态工作点参数 U_{GSQ}、I_{DQ}、U_{DSQ}。

78

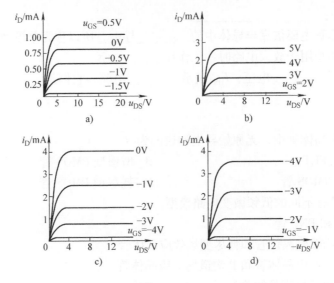

图 1.2.15

（2）画出交流通路和微变等效电路。

（3）求电压放大倍数 $A_u = u_o / u_i$。

4. 场效应晶体管电路及场效应晶体管转移特性曲线如图 1.2.17 所示，已知 $u_s = 0.1\sin\omega t$（单位为 V），试求 u_{GS}、i_D、u_{DS}。

图 1.2.16   图 1.2.17

学习情境 3   认识反馈与振荡

学习目标

➢ 掌握正、负反馈的判别，负反馈类型的判定。
➢ 能分析负反馈放大电路的性能。
➢ 掌握深度负反馈放大电路的分析方法。
➢ 了解 RC 振荡电路、LC 振荡电路的工作原理。

工作任务

➢ 进行负反馈放大器的调试。
➢ 进行 RC 正弦波振荡器的调试。
➢ 熟悉 LC 振荡电路。

任务 1   认识负反馈对放大电路的作用

◆   问题引入

在基本放大电路的实际应用中，对放大电路的要求是多种多样的。在放大电路中引入负反馈，可以使放大电路的性能得到显著改善，满足实际性能要求，所以负反馈放大电路被广泛地应用。利用负反馈技术，用集成运放可构成各种运算电路，根据外接线性反馈元件的不同，可构成比例、加法、减法、微分、积分等运算电路。

本学习情境从反馈的概念入手，分析负反馈对放大电路性能的改善，讨论深度负反馈放大电路的分析方法。本学习情境所分析的反馈是指人为地通过外部元件的正确连接所产生的反馈，不讨论在放大电路中诸如晶体管的内反馈所形成的寄生反馈。

💡 看一看——反馈放大电路具体应用

在前面已提及分压偏置式共射放大电路实现负反馈作用（见图 1.1.62）。

◆   任务描述

❓ 学一学——反馈的概念

1. 反馈的定义

在电子电路中，把放大电路输出量（电压或电流）的部分或全部，经过一定的电路或元器件反送回放大电路的输入端，从而牵制输出量，这种措施称为反馈。有反馈的放大电路称为反馈放大电路。

2. 反馈的框图与表达式

（1）反馈电路的一般框图　任意一个反馈放大电路都可以表示为一个基本放大电路和反馈网络组成的闭环系统，其框图如图 1.3.1。

图 1.3.1　反馈放大电路框图

图 1.3.1 中 $\dot{X}_i$、$\dot{X}_{id}$、$\dot{X}_f$、$\dot{X}_o$ 分别表示放大电路的输入信号、净输入信号、反馈信号和输出信号，它们可以是电压量，也可以是电流量。

没有引入反馈时的基本放大电路叫做开环电路，其中 $\dot{A}$ 表示基本放大电路的放大倍数，也称为开环放大倍数。

（2）反馈元件　判断一个电路是否存在反馈，要看该电路的输出回路与输入回路之间有无起联系作用的反馈网络。构成反馈网络的元件称为反馈元件。反馈元件通常为线性元器件。

（3）反馈放大电路的一般表达式

1）闭环放大倍数（闭环增益）$\dot{A}_f$：$\dot{A}$ 为开环增益，$\dot{F}$ 为反馈系数。且

$$\dot{x}_i = \dot{x}_{id} + \dot{x}_f、\dot{A} = \frac{\dot{x}_o}{\dot{x}_{id}}、\dot{F} = \frac{\dot{x}_f}{\dot{x}_o} \tag{1.3.1}$$

$$\dot{A}_f = \frac{\dot{x}_o}{\dot{x}_i} = \frac{\dot{A}\dot{x}_{id}}{\dot{x}_{id} + \dot{F}\dot{A}\dot{x}_{id}} = \frac{\dot{A}}{1 + \dot{A}\dot{F}} \tag{1.3.2}$$

2）反馈深度 $(1 + \dot{A}\dot{F})$：$|1 + \dot{A}\dot{F}|$ 的大小反映了反馈的强弱。

① 如果 $|1 + \dot{A}\dot{F}| > 1$，那么 $|\dot{A}_f| < |\dot{A}|$，即加入反馈后，其闭环增益比开环增益小，这类反馈属于负反馈。

② 如果 $|1 + \dot{A}\dot{F}| < 1$，那么 $|\dot{A}_f| > |\dot{A}|$，即加入反馈后，其闭环增益比开环增益大，这类反馈属于正反馈。它使放大电路变得不稳定，所以在放大电路中一般很少使用。

③ 如果 $|1 + \dot{A}\dot{F}| = 0$，那么 $|\dot{A}_f| \to \infty$，即使没有信号输入，也将产生较大输出信号，这种现象称为自激振荡。

3. 反馈的分类与判定

（1）正反馈和负反馈　按照反馈信号极性的不同进行分类，反馈可以分为正反馈和负反馈。

正反馈：引入的反馈信号 $\dot{X}_f$ 增强了外加输入信号的作用，使放大电路的净输入信号增加，导致放大电路的放大倍数提高的反馈。

正反馈主要用于振荡电路、信号产生电路，其他电路中则很少用正反馈。

负反馈：引入的反馈信号$\dot{X}_f$削弱了外加输入信号的作用，使放大电路的净输入信号减小，导致放大电路的放大倍数减小的反馈。

放大电路中经常引入负反馈，以改善放大电路的性能指标。

（2）判定方法　常用电压瞬时极性法判定电路中引入反馈的极性，具体方法如下：

1）先假定放大电路的输入信号电压处于某一瞬时极性。如用"＋"号表示该点电压的变化是增大；用"－"号表示电压的变化是减小。

2）按照信号单向传输的方向（见图1.3.2），同时根据各级放大电路输出电压与输入电压的相位关系，确定电路中相关各点电压的瞬时极性。

图1.3.2　反馈极性的判定方法

3）根据反送到输入端的反馈电压信号的瞬时极性，确定是增强还是削弱了原来输入信号的作用。如果是增强，则引入的为正反馈；反之，则为负反馈。

判定反馈的极性时，一般有这样的结论：在放大电路的输入回路，输入信号电压$\dot{u}_i$和反馈信号电压$\dot{u}_f$相比较。当输入信号$\dot{u}_i$和反馈信号$\dot{u}_f$在相同端点时，如果引入的反馈信号$\dot{u}_f$和输入信号$\dot{u}_i$同极性，则为正反馈；若二者的极性相反，则为负反馈。当输入信号$\dot{u}_i$和反馈信号$\dot{u}_f$不在相同端点时，若引入的反馈信号$\dot{u}_f$和输入信号$\dot{u}_i$同极性，则为负反馈；若二者的极性相反，则为正反馈。图1.3.2为反馈极性的判定方法。

如果反馈放大电路是由单级运算放大器构成，则有反馈信号送回到反相输入端时，为负反馈；反馈信号送回到同相输入端时，为正反馈。

4. 交流反馈和直流反馈

根据反馈信号的性质进行分类，反馈可以分为交流反馈和直流反馈。

（1）定义

直流反馈：反馈信号中只包含直流成分。

交流反馈：反馈信号中只包含交流成分。

（2）判定方法　交流反馈和直流反馈的判定，可以通过画反馈放大电路的交、直流通路来完成。如果反馈电路仅存在于直流通路中，则为直流反馈；如果反馈电路仅存在于交流通路中，则为交流反馈；如果反馈电路既存在于直流通路，又存在于交流通路中，则既有直流反馈又有交流反馈。

【例 1.3.1】　图 1.3.3 所示电路是否存在反馈？反馈元件是什么？是正反馈还是负反馈？是交流反馈还是直流反馈？

解：

（1）判别电路中有无反馈　图 1.3.3 所示电路中，电阻 R_e 既包含于输出回路又包含于输入电路，通过 R_e 把输出电压信号 u_o 全部反馈到输入回路中，因此存在反馈，反馈元件为 R_e。

（2）判别反馈极性　判别反馈的正、负，通常采用瞬时极性法，在图 1.3.3 电路中，假定输入电压 u_i 的瞬时极性为正，

图 1.3.3　例 1.3.1 电路

根据共集电极放大电路输出电压与输入电压同相的原则，可知输出电压 u_o 的瞬时极性也为正。由图可知，$u_f = u_o$，放大电路的净输入信号 $u_{id} = u_i - u_f$，因此 u_f 削弱了净输入信号 u_{id}，所引入的是负反馈。

（3）判别直流反馈和交流反馈　图 1.3.3 电路中，R_e 既通直流也通交流，反馈信号中既有直流又有交流，所以该电路同时存在直流反馈和交流反馈。

5. 电压反馈和电流反馈

（1）定义

电压反馈：反馈信号从输出电压 $\dot{u}_o$ 采样。

电流反馈：反馈信号从输出电流 $\dot{i}_o$ 采样。

（2）判定方法　根据定义判定，方法是：令 $\dot{u}_o = 0$，检查反馈信号是否存在。若不存在，则为电压反馈；否则为电流反馈。

一般电压反馈的采样点与输出电压在相同端点；电流反馈的采样点与输出电压在不同端点。

6. 串联反馈和并联反馈

（1）定义

串联反馈：反馈信号 $\dot{X}_f$ 与输入信号 $\dot{X}_i$ 在输入回路中以电压的形式相加减，即在输入回路中彼此串联。

并联反馈：反馈信号 $\dot{X}_f$ 与输入信号 $\dot{X}_i$ 在输入回路中以电流的形式相加减，即在输入回路中彼此并联。

（2）判定方法　如果输入信号 $\dot{X}_i$ 与反馈信号 $\dot{X}_f$ 在输入回路的不同端点，则为串联反

馈；若输入信号$\dot{X}_i$与反馈信号$\dot{X}_f$在输入回路的相同端点，则为并联反馈。

7. 交流负反馈放大电路的四种组态

（1）电压串联负反馈 图1.3.4a所示的负反馈放大电路，采样点和输出电压同端点，为电压反馈；反馈信号与输入信号在不同端点，为串联反馈。因此电路引入的反馈为电压串联负反馈。

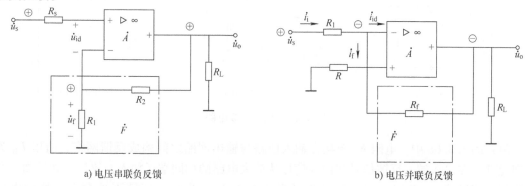

a) 电压串联负反馈   b) 电压并联负反馈

图1.3.4 电压负反馈

放大电路引入电压串联负反馈后，通过自身闭环系统的调节，可使输出电压趋于稳定。

电压串联负反馈的特点：输出电压稳定，输出电阻减小，输入电阻增大，具有很强的带负载能力。

（2）电压并联负反馈 图1.3.4b为由运算放大器所构成的电路，采样点和输出电压在同端点，为电压反馈；反馈信号与输入信号在同端点，为并联反馈。因此电路引入的反馈为电压并联负反馈。

电压并联负反馈的特点：输出电压稳定，输出电阻减小，输入电阻减小。

（3）电流串联负反馈 如图1.3.5a所示电路，反馈量取自输出电流，且转换为反馈电压，并与输入电压求差后放大，因此电路引入的反馈为电流串联负反馈。

a) 电流串联负反馈   b) 电流并联负反馈

图1.3.5 电流负反馈

电流串联负反馈的特点：输出电流稳定，输出电阻增大，输入电阻增大。

（4）电流并联负反馈 图1.3.5b为由运算放大器所构成的电路，反馈信号与输入信号在同端点，为并联反馈；输出电压$\dot{u}_o$=0时，反馈信号仍然存在，为电流反馈。因此电路引入的反馈为电流并联负反馈。

电流并联负反馈的特点为：输出电流稳定，输出电阻增大，输入电阻减小。

【例 1.3.2】 图 1.3.6a 为某放大电路的交流通路，试指出反馈元件，在图中标出反馈信号，并判断反馈组态和反馈极性。

a) 电路　　　　　　　　　　b) 电路分析　　　　　　c) 输出短路时的电路

图 1.3.6　例 1.3.2 电路

解：图 1.3.6a 中，电阻 R_b 跨接在输入回路与输出回路之间构成反馈网络，所以 R_b 为反馈元件。在输入端，反馈信号和输入信号从放大电路的相同端子加入，故为并联反馈。在输出端，假设将 u_o 两端短路，则电路可画成图 1.3.6c 所示，反馈不再存在，故为电压反馈。

由于并联反馈是以电流形式实现输入信号与反馈信号比较的，既实现 $i_{id} = i_i - i_f$，故此时输入信号、反馈信号和净输入信号均为电流信号，分别如图 1.3.6b 中所标。假定输入电压源 u_s 的瞬时极性为正，则基极对地电压的瞬时极性和输入电流 i_i 的瞬时极性也为正；根据共发射极放大电路输出与输入电压反相，可确定集电极对地电压的瞬时极性为负，故 i_f 的瞬时极性为正。由于 $i_{id} = i_i - i_f$，故反馈削弱了净输入电流 i_{id}，为负反馈。

综上所述，图 1.3.6a 中的电路为电压并联负反馈放大电路。

学一学——负反馈的作用

从反馈放大电路的一般表达式可知，电路中引入负反馈后其增益下降，但放大电路的其他性能会得到改善，如提高放大倍数的稳定性、减小非线性失真、抑制噪声干扰、扩展通频带等。

1. 降低开环增益

因为 $|1 + \dot{A}\dot{F}| > 1$，且 $\dot{A}_f = \dfrac{\dot{A}}{1 + \dot{A}\dot{F}}$，所以有

$$\dot{A}_f = \frac{\dot{A}}{1 + \dot{A}\dot{F}} < \dot{A} \tag{1.3.3}$$

闭环放大倍数（闭环增益）$\dot{A}_f$ 是开环增益 $\dot{A}$ 的 $\dfrac{1}{1 + \dot{A}\dot{F}}$，降低了开环增益。

2. 提高增益稳定性

由于负载和环境温度的变化、电源电压的波动和器件老化等因素，放大电路的放大倍数会发生变化。通常用放大倍数相对变化量的大小来表示放大倍数稳定性的优劣，相对变化量越小，则稳定性越好。

设信号频率为中频，则上式中各量均可为实数。对上式求微分，可得

$$\frac{\mathrm{d}A_f}{\mathrm{d}\dot{A}} = \frac{(1 + \dot{A}\dot{F}) - \dot{A}\dot{F}}{(1 + \dot{A}\dot{F})^2} = \frac{1}{(1 + \dot{A}\dot{F})^2}$$

$$\mathrm{d}\dot{A}_f = \frac{\mathrm{d}\dot{A}}{(1 + \dot{A}\dot{F})^2}$$

$$\frac{\mathrm{d}\dot{A}_f}{\dot{A}_f} = \frac{1}{1 + \dot{A}\dot{F}} \frac{\mathrm{d}\dot{A}}{\dot{A}} \qquad (1.3.4)$$

可见，引入负反馈后放大倍数的相对变化量$\dfrac{\mathrm{d}\dot{A}_f}{\dot{A}_f}$为未引入负反馈时的相对变化量$\dfrac{\mathrm{d}\dot{A}}{\dot{A}}$的

$\dfrac{1}{1 + \dot{A}\dot{F}}$，即放大倍数的稳定性提高到未加负反馈时的$(1 + \dot{A}\dot{F})$倍。

当反馈深度$(1 + \dot{A}\dot{F}) \gg 1$时称为深度负反馈，这时$\dot{A}_f = \dfrac{1}{\dot{F}}$，说明深度负反馈时，放大

倍数基本上由反馈网络决定，而反馈网络一般由电阻等性能稳定的无源线性元件组成，基本不受外界因素变化的影响。因此放大倍数比较稳定。

闭环放大电路增益的相对变化量是开环放大电路增益相对变化量的$\dfrac{1}{1 + \dot{A}\dot{F}}$。即负反馈电

路的反馈越深，放大电路的增益也就越稳定。

前面的分析表明，电压负反馈使输出电压稳定，电流负反馈使输出电流稳定，即在输入一定的情况下，可以维持放大器增益的稳定。

3. 减弱内部失真

（1）减小非线性失真　晶体管是一个非线性器件，放大器在对信号进行放大时不可避免地会产生非线性失真。假设放大器的输入信号为正弦信号，没有引入负反馈时，开环放大器产生如图 1.3.7 所示的非线性失真，即输出信号的正半周幅度变大，而负半周幅度变小。

图 1.3.7　引入负反馈减小失真

现在引入负反馈，假设反馈网络为不会引起失真的线性网络，则反馈回的信号同输出信号的波形一样。反馈信号在输入端与输入信号相比较，使净输入信号$\dot{x}_{id} = \dot{x}_i - \dot{x}_f$的波形正半周幅度变小，而负半周幅度变大，如图 1.3.7b 所示。经基本放大电路放大后，输出信号趋于正、负半周对称的正弦波，从而减小了非线性失真。

注意，引入负反馈减小的是环路内的失真。如果输入信号本身有失真，此时引入负反馈

的作用不大。

（2）抑制环路内的噪声和干扰　在反馈环内，放大电路本身产生的噪声和干扰信号，可以通过负反馈进行抑制，其原理与减小非线性失真的原理相同。但对反馈环外的噪声和干扰信号，引入负反馈也无能为力。

4. 展宽通频带

频率响应是放大电路的重要特性之一。在多级放大电路中，级数越多，增益越大，频带越窄。引入负反馈后，可有效扩展放大电路的通频带。

放大器引入负反馈后通频带的变化如图1.3.8所示。根据上、下限频率的定义，从图中可见，放大器引入负反馈以后，其下限频率降低，上限频率升高，通频带变宽。

图1.3.8　负反馈扩展频带

5. 输入电阻的改变

负反馈对输入电阻的影响仅取决于反馈网络与输入端的连接方式，与输出端无关。

（1）串联负反馈　图1.3.9a是串联负反馈的框图，R_i 为无负反馈时放大电路的输入电阻，且 $R_i = \dot{u}_{id} / \dot{i}_i$，$R_{if}$ 为有负反馈时放大电路的输入电阻，可以得出：

$$R_{if} = \frac{\dot{u}_i}{\dot{i}_i} = \frac{\dot{u}_{id} + \dot{u}_f}{\dot{i}_i} = \frac{\dot{u}_{id} + \dot{A}\dot{F}\dot{u}_{id}}{\dot{i}_i} = (1 + \dot{A}\dot{F})R_i \qquad (1.3.5)$$

式（1.3.5）表明，引入串联负反馈后，输入电阻是未引入负反馈时输入电阻的 $(1 + \dot{A}\dot{F})$ 倍。这是由于引入负反馈后，输入信号与反馈信号串联连接。从图1.3.9中可看出，等效的输入电阻相当于原开环放大电路的输入电阻与反馈网络串联，其结果必然使输入电阻增大。所以，串联负反馈使输入电阻增大。

a) 串联负反馈方框图

b) 并联负反馈方框图

图1.3.9　负反馈对输入电阻的影响

（2）并联负反馈　图1.3.9b是并联负反馈的框图，R_i 为无负反馈时放大电路的输入电阻，且 $R_i = \dot{u}_{id} / \dot{i}_{id}$，$R_{if}$ 为有负反馈时放大电路的输入电阻，可以得出：

$$R_{if} = \frac{\dot{u}_i}{\dot{i}_i} = \frac{\dot{u}_{id}}{\dot{i}_{id} + \dot{i}_f} = \frac{\dot{u}_{id}}{\dot{i}_{id} + \dot{A}\dot{F}\dot{i}_{id}} = \frac{R_i}{1 + \dot{A}\dot{F}} \tag{1.3.6}$$

式（1.3.6）表明，引入并联负反馈后，输入电阻是未引入负反馈时输入电阻的 $\dfrac{1}{1 + \dot{A}\dot{F}}$。

这是由于引入负反馈后，输入信号与反馈信号并联连接。从图 1.3.9b 中可看出，等效的输入电阻相当于原开环放大电路的输入电阻与反馈网络并联，其结果必然使输入电阻减小。所以，并联负反馈使输入电阻减小。

6. 输出电阻的改变

（1）电压负反馈　图 1.3.10a 是电压负反馈框图。R_o 为无负反馈时放大电路的输出电阻，R_{of} 为有负反馈时放大电路的输出电阻。按照求输出电阻的方法，令输入信号为零（$\dot{u}_i = 0$ 或 $\dot{i}_i = 0$）时，在输出端（去掉负载电阻 R_L）外加电压源 $\dot{u}_o$，无论是串联反馈还是并联反馈，反馈信号和净输入信号的关系（$\dot{x}_{id} = -\dot{x}_f$）均成立，即 $\dot{A}\dot{x}_{id} = -\dot{A}\dot{x}_f = -\dot{u}_o\dot{F}\dot{A}$，所以，有

$$\dot{i}_o = \frac{\dot{u}_o - \dot{A}\dot{x}_{id}}{R_o} = \frac{\dot{u}_o + \dot{u}_o\dot{A}\dot{F}}{R_o} \tag{1.3.7}$$

可以得出：

$$R_{of} = \frac{\dot{u}_o}{\dot{i}_o} = \frac{R_o}{1 + \dot{A}\dot{F}} \tag{1.3.8}$$

式（1.3.8）表明，引入电压负反馈后，输出电阻是未引入负反馈时输出电阻的 $\dfrac{1}{1 + \dot{A}\dot{F}}$。这是由于引入负反馈后，对于负载 R_L 来说，从输出端看进去，等效的输出电阻相当于原开环放大电路输出电阻与反馈网络并联，其结果必然使输出电阻减小。所以，电压负反馈使输出电阻减小。

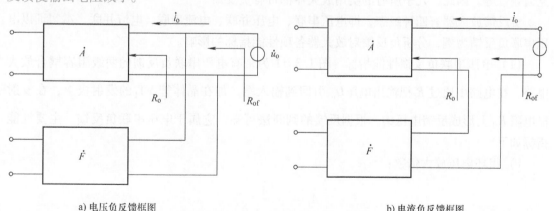

a) 电压负反馈框图　　　　　　　　　　b) 电流负反馈框图

图 1.3.10　负反馈对输出电阻的影响

（2）电流负反馈　图 1.3.10b 是电流负反馈的框图。对于负载 R_L 来说，从输出端看进去，等效的输出电阻相当于原开环放大电路输出电阻与反馈网络串联，其结果必然使输出电阻增大。经分析，两者的关系为

$$R_{\text{of}} = (1 + \dot{A}\dot{F})R_{\text{o}} \tag{1.3.9}$$

即引入电流负反馈后的输出电阻是开环输出电阻的$(1 + \dot{A}\dot{F})$倍。所以，电流负反馈使输出电阻增大。

需要注意的是，在讨论负反馈放大电路的输入电阻和输出电阻时，还要考虑反馈环节以外的电阻。

7. 放大电路引入负反馈的一般原则

1）要稳定放大电路的静态工作点 Q，应该引入直流负反馈。

2）要改善放大电路的动态性能（如增益的稳定性、稳定输出量、减小失真、扩展频带等），应该引入交流负反馈。

3）要稳定输出电压，减小输出电阻，提高电路的带负载能力，应引入电压负反馈。

4）要稳定输出电流，增大输出电阻，应该引入电流负反馈。

5）要提高电路的输入电阻，减小电路向信号源索取的电流，应该引入串联负反馈。

6）要减小电路的输入电阻，应该引入并联负反馈。

注意，在多级放大电路中，为了达到改善放大电路性能的目的，所引入的负反馈一般为级间反馈。

 练一练——负反馈放大器

1. 实训目标

1）加深理解放大电路中引入负反馈的方法。

2）掌握负反馈对放大器各项性能指标的影响。

2. 实训原理（见图 1.3.11）

负反馈在电子电路中有着非常广泛的应用，虽然它使放大器的放大倍数降低，但能在多方面改善放大器的动态指标，如稳定放大倍数，改变输入、输出电阻，减小非线性失真和展宽通频带等。因此，几乎所有的实用放大器都带有负反馈。

负反馈放大器有四种组态，即电压串联、电压并联、电流串联、电流并联。本实训以电压串联负反馈为例，分析负反馈对放大器各项性能指标的影响。

（1）电压串联负反馈性能指标　图 1.3.11 为带有电压串联负反馈的两级阻容耦合放大电路，在电路中通过 R_{f} 把输出电压 $\dot{U}_{\text{o}}$ 引回到输入端，加在晶体管 VT_1 的发射极上，在发射极电阻 R_{f1} 上形成反馈电压 $\dot{U}_{\text{f}}$。根据反馈的判断法可知，它属于电压串联负反馈。主要性能指标如下。

1）闭环电压放大倍数：

$$\dot{A}_{\text{f}} = \frac{\dot{A}}{1 + \dot{A}\dot{F}}$$

式中　$\dot{A}$——基本放大器（无反馈）的电压放大倍数，即开环电压放大倍数，$\dot{A} = \dfrac{\dot{U}_{\text{o}}}{\dot{U}_{\text{i}}}$。

2）反馈系数：

图 1.3.11 带有电压串联负反馈的两级阻容耦合放大电路

$$\dot{F} = \frac{R_{\mathrm{fl}}}{R_{\mathrm{f}} + R_{\mathrm{fl}}}$$

3）输入电阻：

$$R_{\mathrm{if}} = (1 + \dot{A}\dot{F})R_{\mathrm{i}}$$

式中　R_{i}——基本放大器的输入电阻。

4）输出电阻：

$$R_{\mathrm{of}} = \frac{R_{\mathrm{o}}}{1 + \dot{A}_{\mathrm{o}}\dot{F}}$$

式中　R_{o}——基本放大器的输出电阻；

　　$\dot{A}_{\mathrm{o}}$——基本放大器 $R_{\mathrm{L}} - \infty$ 时的电压放大倍数。

（2）基本放大器的动态参数　本实训还需要测量基本放大器的动态参数，怎样实现无反馈而得到基本放大器呢？不能简单地断开反馈支路，而是要去掉反馈作用，但又要把反馈网络的影响（负载效应）考虑到基本放大器中去。为此：

1）在画基本放大器的输入回路时，因为是电压负反馈，所以可将负反馈放大器的输出端交流短路，即令 $\dot{U}_{\mathrm{o}} = 0$，此时 R_{f} 相当于并联在 R_{fl} 上。

2）在画基本放大器的输出回路时，由于输入端是串联负反馈，因此需将反馈放大器的输入端（VT_1 的射极）开路，此时（$R_{\mathrm{f}} + R_{\mathrm{fl}}$）相当于并接在输出端，可近似认为 R_{f} 并接在输出端。

根据上述规律，就可得到所要求的如图 1.3.12 所示的基本放大器。

3. 实训设备与器件

① 12V 直流电源；

② 函数信号发生器；

③ 双踪示波器；

④ 频率计；

⑤ 交流表（毫伏）；

⑥ 直流电压表；

⑦ 3DG6 晶体管 ×2（$\beta = 50 \sim 100$）或 9011×2，电阻器、电容器若干。

4. 实训内容、步骤及方法

（1）测量静态工作点　按图 1.3.11 连接实训电路，取 $U_{CC} = 12V$，$U_i = 0$，用直流电压表分别测量第一级、第二级的静态工作点，记入表 1.3.1。

图 1.3.12　基本放大器

表 1.3.1

	U_B/V	U_E/V	U_C/V	I_C/mA
第一级				
第二级				

（2）测试基本放大器的各项性能指标　将实训电路按图 1.3.12 改接，即把 R_f 断开后分别并在 R_{F1} 和 R_L 上，其他连线不动。

1）测量中频电压放大倍数 A，输入电阻 R_i 和输出电阻 R_o。

以 $f = 1kHz$，U_s 约 5mV 正弦信号输入放大器，用示波器监视输出波形 u_o，在 u_o 不失真的情况下，用交流毫伏表测量 U_s、U_i、U_L，记入表 1.3.2。

表 1.3.2

基本放大器	U_s /mV	U_i /mV	U_L /V	U_o /V	A	R_i /kΩ	R_o /kΩ
负反馈放大器	U_s /mV	U_i /mV	U_L /V	U_o /V	A_f	R_{if} /kΩ	R_{of} /kΩ

保持 U_s 不变，断开负载电阻 R_L（注意，R_f 不要断开），测量空载时的输出电压 U_o，记入表 1.3.2。

2）测量通频带。接上 R_L，保持 1）中的 U_s 不变，然后增加和减小输入信号的频率，找出上、下限频率 f_H 和 f_L，记入表 1.3.3。

（3）测试负反馈放大器的各项性能指标　将实训电路恢复为图 1.3.11 的负反馈放大电路。适当加大 U_s（约 10mV），在输出波形不失真的条件下，测量负反馈放大器的 A_f、R_{if} 和

R_{of}，记入表 1.3.2；测量 f_{Hf} 和 f_{Lf}，记入表 1.3.3。

表　1.3.3

基本放大器	f_L/kHz	f_H/kHz	$\Delta f/kHz$
负反馈放大器	f_{Lf}/kHz	f_{Hf}/kHz	$\Delta f_f/kHz$

（4）观察负反馈对非线性失真的改善

1）实训电路改接成基本放大器形式，在输入端加入 $f=1kHz$ 的正弦信号，输出端接示波器，逐渐增大输入信号的幅度，使输出波形开始出现失真，记下此时的波形和输出电压的幅度。

2）再将实训电路改接成负反馈放大器形式，增大输入信号幅度，使输出电压幅度的大小与 1）相同，比较有负反馈时，输出波形的变化。

5. 实训总结

1）将基本放大器和负反馈放大器动态参数的实测值和理论估算值列表进行比较。

2）根据实训结果，总结电压串联负反馈对放大器性能的影响。

3）写出实训报告。

6. 实训考核要求

见共射极单管放大器的调试实训考核要求。

任务 2　认识 *RC* 振荡电路

◆　问题引入

放大电路在某些条件下会形成正反馈，产生自激振荡，干扰电路正常工作，需加以防范；但是利用正反馈放大形成正弦波振荡又可以产生稳定的正弦波信号，提供标准的信号源；如果再通过运算放大器的积分和微分变换，又可以将正弦波变为矩形波或三角波，调节电容充、放电时间，还可将三角波变为锯齿形扫描信号波形，从而实现多种非正弦信号的获取。

◆　任务描述

💡 看一看——正弦波信号振荡电路

图 1.3.13 为正弦波信号振荡电路框图。

a)　　　　　　　　　　　　　　　b)

图 1.3.13　正弦波信号振荡电路框图

❓ 学一学——RC 振荡电路

1. 正弦波振荡的概念

（1）振荡电路的正弦波信号产生条件　正弦波振荡电路是一个没有输入信号的带选频环节的正反馈。

1）正弦波振荡的平衡条件：作为一个稳态振荡电路，相位平衡条件和振幅平衡条件必须同时得到满足。振荡相位平衡条件为 $\varphi_A + \varphi_F = \pm 2n\pi$（$n = 0,\ 1,\ 2,\ 3,\ \cdots$），振荡振幅平衡条件为 $|\dot{A}\dot{F}| = 1$。

2）正弦波振荡的起振条件：$|\dot{A}\dot{F}| > 1$。

（2）正弦波信号振荡电路的组成　一个正弦波振荡器主要由以下几个部分组成。

1）放大电路；

2）正反馈网络；

3）选频网络；

4）稳幅环节。

（3）正弦波信号振荡电路的分类　根据选频网络构成元件的不同，可把正弦信号振荡电路分为如下几类：选频网络若由 RC 元件组成，则称 RC 振荡电路；选频网络若由 LC 元件组成，则称 LC 振荡电路；选频网络若由石英晶体构成，则称为石英晶体振荡器。

2. RC 串并联选频特性

采用 RC 选频网络构成的 RC 振荡电路，一般用于产生 $1\text{Hz} \sim 1\text{MHz}$ 的低频信号。

由相同的 RC 元件组成的串并联选频网络如图 1.3.14 所示，设 R_1、C_1 的串联阻抗为 Z_1，R_2 和 C_2 的并联阻抗为 Z_2，那么有

$$Z_1 = R_1 + \frac{1}{j\omega C_1} \quad Z_2 = \frac{R_2}{1 + j\omega C_2 R_2} \quad (1.3.10)$$

输出电压 $\dot{U}_2$ 与输入电压 $\dot{U}_1$ 之比为 RC 串并联网络传输系数，用 $\dot{F}$ 表示，则

图 1.3.14　RC 串并联选频网络

$$\dot{F} = \frac{\dot{U}_2}{\dot{U}_1} = \frac{Z_2}{Z_1 + Z_2} = \frac{\dfrac{R_2}{1 + j\omega C_2 R_2}}{R_1 + \dfrac{1}{j\omega C_1} + \dfrac{R_2}{1 + j\omega C_2 R_2}} = \frac{1}{\left(1 + \dfrac{R_1}{R_2} + \dfrac{C_2}{C_1}\right) + j\left(\omega R_1 C_2 - \dfrac{1}{\omega R_2 C_1}\right)}$$

$$(1.3.11)$$

在实际电路中取 $C_1 = C_2 = C$，$R_1 = R_2 = R$，则上式可化为

$$\dot{F} = \frac{1}{3 + j\left(\omega RC - \dfrac{1}{\omega RC}\right)} \tag{1.3.12}$$

其模值为

$$|\dot{F}| = \frac{1}{\sqrt{3^2 + \left(\omega RC - \dfrac{1}{\omega RC}\right)^2}} \tag{1.3.13}$$

相角 $\varphi = -\arctan\dfrac{\omega RC - \dfrac{1}{\omega RC}}{3}$，据此可做出 RC 串并联网络频率特性如图 1.3.15 所示。

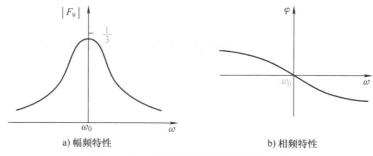

a) 幅频特性

b) 相频特性

图 1.3.15 RC 串并联选频网络频率特性

令 $\omega_0 = 2\pi f_0 = \dfrac{1}{RC}$，即 $f_0 = \dfrac{1}{2\pi RC}$，则 $|\dot{F}| = \dfrac{1}{\sqrt{3^2 + \left(\dfrac{\omega}{\omega_0} - \dfrac{\omega_0}{\omega}\right)^2}}$

$$\varphi = -\arctan\dfrac{\dfrac{\omega}{\omega_0} - \dfrac{\omega_0}{\omega}}{3} \tag{1.3.14}$$

当 $\omega \neq \omega_0$ 时，$|\dot{F}| < \dfrac{1}{3}$，且 $\varphi \neq 0$ 此时输出电压相位滞后或超前输入电压，当 $\omega = \omega_0$ 时，$\dot{F}$ 的幅值为最大，$|\dot{F}| = \dfrac{1}{3}$，且 $\dot{F}$ 的相角为零，即 $\varphi = 0$。

3. RC 桥式振荡及稳幅措施

（1）RC 桥式振荡电路的组成　将 RC 串并联选频网络和放大器结合起来即可构成 RC 振荡电路，放大器件可采用集成运算放大器，也可采用分离元件构成。图 1.3.16 为由集成运算放大器构成的 RC 桥式振荡电路，图中 RC 串并联选频网络接在运算放大器的输出端和同相输入端之间，构成正反馈。

R_f 和 R_1 接在运算放大器的输出端和反相输入端之间，构成负反馈。正反馈电路与负反馈电路构成一文氏电桥电路，运算放大器的输入端和输出端分别跨接在电桥的对角线上，形成四臂电桥。所以，把这种振荡电路称为 RC 桥式振荡电路。

图 1.3.16　RC 桥式振荡电路

（2）RC 桥式振荡电路的振荡特性

1）振荡的建立过程：图 1.3.16 为 RC 桥式正弦波振荡电路，图中集成运算放大器组成一个同相放大器，故 $\varphi_A = 0$。

2）相位平衡条件：RC 串并联网络构成选频和反馈网络。同相放大器的输出电压 u_o 作为 RC 串并联网络的输入电压，而将 RC 串并联网络的输出电压作为放大器的输入电压。由 RC 串并联网络的选频特性可知，当 $\omega = \omega_0$ 时，其相位移 $\varphi_A = 0$，所以，此时电路的总相移为 $\varphi_{AF} = \varphi_A + \varphi_F = \pm 2n\pi$ 满足振荡电路相位平衡条件，而对于其他频率的信号，RC 串并联网络的相位移不为零，不满足相位平衡条件。

3）振荡频率：*RC* 桥式正弦波振荡电路的振荡频率为

$$f_0 = \frac{1}{2\pi RC} \tag{1.3.15}$$

4）振幅平衡条件：为了使电路能够振荡，还应满足起振条件 $|\dot{A}\dot{F}| > 1$。由于 *RC* 串并联网络在 $f = f_0$ 时的传输系数 $F = 1/3$。因此要求放大电路的电压放大倍数 $A_u > 3$，由于放大电路是由集成运放构成的同相比例运算器，其电压放大倍数为

$$A_u = 1 + \frac{R_f}{R_1} \tag{1.3.16}$$

故 $A_u = (1 + R_f/R_1) > 3$，即 $R_f > 2R_1$，这就是该电路起振条件的具体表示式。

5）稳幅过程：为了得到稳定的不失真输出波形，可以用两只二极管和电阻构成限幅电路，串接在负反馈支路中，实现自动稳幅的作用。

6）*RC* 桥式正弦波振荡电路中振荡频率的调节：负反馈支路中采用热敏电阻后不但使 *RC* 桥式振荡电路的起振容易，振幅波形改善，同时还具有很好的稳幅特性，所以，实用 *RC* 桥式振荡电路中热敏电阻的选择是很重要的。*RC* 桥式正弦波振荡电路输出电压稳定，波形失真小，频率调节方便。因此，在低频标准信号发生器中都由它构成的振荡电路。

任务 3　认识 *LC* 振荡电路

◆　**问题引入**

当正弦振荡电路选频网络由 *LC* 谐振元件组成，则称之为 *LC* 正弦波振荡电路。*LC* 振荡电路产生频率高于 1MHz 的高频正弦信号。根据反馈形式的不同，*LC* 正弦波振荡电路可分为互感耦合式（变压器反馈式）、电感三点式、电容三点式等几种电路形式。

◆　**任务描述**

💡 **看一看——*LC* 并联谐振回路及其谐振曲线**

图 1.3.17 为 *LC* 并联谐振回路及其谐振曲线。

图 1.3.17　*LC* 并联谐振回路及其谐振曲线

❓ **学一学——*LC* 并联谐振回路**

在选频放大器中，经常用到图 1.3.17 所示的 *LC* 并联谐振回路。谐振阻抗 $Z_0 = L/rC$，谐振频率 $f_0 = \dfrac{1}{2\pi\sqrt{LC}}$。

1. 变压器反馈式（互感耦合式）LC 振荡电路

变压器反馈式 LC 振荡电路如图 1.3.18 所示。

谐振频率 $f_0 \approx \dfrac{1}{2\pi\sqrt{LC}}$

2. 三点式振荡电路

三点式振荡电路的连接规律如下：对于振荡器的交流通路，与晶体管的发射极或者运算放大器的同相输入端相连的 LC 回路元件，其电抗性质相同（同是电感或同为电容）；与晶体管的基极和集电极或者运算放大器的反相输入端和输出端相连的元件，其电抗性质必相反（一个为电感，另一个为电容）。可以证明，这样连接的三点式振荡电路一定满足振荡器的相位平衡条件。

图 1.3.18　变压器反馈式
LC 振荡电路

（1）电感三点式 LC 振荡电路　电感三点式振荡电路又称为哈特莱（Hartley）电路，如图 1.3.19 所示。

$$f_0 = \frac{1}{2\pi\sqrt{LC}} = \frac{1}{2\pi\sqrt{(L_1 + L_2 + 2M)\,C}}$$

式中　M——互感系数。

由于 L_1 和 L_2 耦合紧密，正反馈较强，故容易起振；改变电容，可方便地调节振荡频率。缺点是不能抑制高次谐波的反馈，信号波形较差。

（2）电容三点式 LC 振荡电路　电容三点式 LC 振荡电路又称为考毕兹（Colpitts）电路，原理如图 1.3.20 所示，由图可见，其电路构成与电感三点式振荡电路基本相同，不过正反馈选频网络由电容 C_1、C_2 和电感 L 构成，反馈信号 U_f 取自电容 C_2 两端，故称为电容三点式振荡电路，也称为电容反馈式振荡电路。

图 1.3.19　电感三点式电路

图 1.3.20　电容三点式电路

$$f_0 = \frac{1}{2\pi\sqrt{LC}} = \frac{1}{2\pi\sqrt{L\left(\dfrac{C_1 C_2}{C_1 + C_2}\right)}},$$

图 1.3.21 为改进型电容三点式振荡电路，又称克拉泼（Clapp）电路，它与图 1.3.20

相比，仅在电感支路串入了一个电容量很小的微调电容 C_3，当 $C_3 \ll C_1$，且 $C_3 \ll C_2$ 时，谐振电容 $C \approx C_3$，$f_0 \approx$ $\dfrac{1}{2\pi\sqrt{LC_3}}$。

分析三种 LC 正弦波振荡电路能否正常工作的步骤为：

1）检查电路是否具备正弦波振荡器的基本组成部分，即基本放大器和反馈网络，并且有选频环节。

2）检查放大器的偏置电路，看静态工作点是否能确保放大器正常工作。

图 1.3.21　改进型电容三点式电路

3）分析振荡器是否满足振幅平衡条件和相位平衡条件（主要看是否满足相位平衡条件，即用瞬时极性法判别是否存在正反馈）。

3. 石英晶体振荡电路

（1）石英晶体的基本特性和等效电路　天然的石英是六菱形晶体，其化学成分是二氧化硅（SiO_2）。石英晶体具有非常稳定的物理和化学性能。从一块石英晶体上按一定的方位角切割，得到的薄片称为晶片。晶片通常是矩形，也有正方形。在晶片两个对应的表面用真空喷涂或用其他方法涂敷上一层银膜，在两层银膜上分别引出两个电极，再用金属壳或玻璃壳封装起来，就构成了一个石英晶体谐振器。它是晶体振荡器的核心元件。

晶体谐振器的图形符号如图 1.3.22a 所示，它可用一个 LC 串并联电路来等效，如图 1.3.22b 所示。其中 C_0 是晶片两表面涂敷银膜形成的电容，L 和 C 分别模拟晶片的质量（代表惯性）和弹性，晶片振动时因摩擦而造成的损耗用电阻 R 来表示。

从图 1.3.22b 所示的等效电路可得到它的电抗与频率之间的关系曲线，称晶体谐振器的电抗频率特性曲线，如图 1.3.22c 所示。

a) 图形符号　　　　　b) 等效电路　　　　　c) 电抗频率特性曲线

图 1.3.22　晶体谐振器的图形符号、等效电路及电抗频率特性曲线

（2）石英晶体振荡电路　用石英晶体构成的正弦波振荡电路基本电路有两类：一类是石英晶体作为一个高 Q 值电感元件，和回路中的其他元件形成并联谐振，称为并联型晶体振荡电路；另一类是石英晶体作为一个正反馈电路元件，工作在串联谐振状态，称为串联型晶体振荡电路。

图 1.3.23 为并联型晶体振荡器的电路原理，由图可见，石英晶体工作在 f_p 和 f_s 之间并接近于并联谐振状态，在电路中起电感作用，从而构成改进型电容三点式 LC 振荡电路，由

于 $C_3 \ll C_1$、$C_3 \ll C_2$，所以振荡频率由石英晶体与 C_3 决定。图 1.3.24a 为串联型晶体振荡器的电路原理，图 1.3.24b 是它的交流通路，由图可见，若将石英晶体短接，就构成了电容三点式振荡电路。由于石英晶体串接在正反馈电路内，只有石英晶体呈纯阻性（即发生串联谐振时），电路才满足振荡的相位平衡条件。因此，该振荡电路的振荡频率取决于石英晶体，但要求 L 和 C_1、C_2 组成的并联回路调谐在石英晶体的串联谐振频率 f_s 上，这样可减少回路对振荡频率的影响。

图 1.3.23 并联型晶体振荡器的电路原理

a) 原理电路　　　　　　　　b) 交流通路

图 1.3.24 串联型晶体振荡器的电路原理

【小知识】 Protel99 的元器件库名中英文对照表

表 1.3.4 提供了 28 个可用于电路仿真的元器件库的中文名称，以方便绘图者查找。

表 1.3.4 元器件库名称中英文对照表

序　号	元器件库英文名	元器件库中文名	元器件举例
1	Tsegdisp. lib	各种颜色七段译码器	TEDCC
2	74xx. lib	TTL 系列门电路	74LS00
3	Bjt	双极型晶体管	2N1893
4	Buffer. lib	缓冲器	LM6121
5	Camp. lib	电流放大器	EL2020
6	Cmos. lib	CMOS 系列门电路	4511
7	Comparator. lib	比较器、比较电路	LM339
8	Crystal. lib	石英晶体振荡器	
9	Diode. lib	二极管、组件	1N4007
10	Igbt. lib	绝缘栅型场效应晶体管	
11	Jeft. lib	结型场效应晶体管	
12	Math. lib	传递函数器件、全加速	
13	Mosfet. lib	金属氧化物场效应晶体管	

（续）

序　号	元器件库英文名	元器件库中文名	元器件举例
14	Misc. lib	常用集成块	
15	Mesfet. lib	大功率场效应晶体管	
16	Opamp. lib	集成运算放大器、功率放大器	LM324
17	Opto. lib	光耦合器	4N25
18	Regulator. lib	稳压电源	78L05
19	Telay. lib	继电器、传送器	
20	Scr. lib	晶闸管	
21	Simulation Symbols. lib	模拟电路常用器件	R、C、BX
22	Switch. lib	电压/电流控制开关、按钮	
23	Timer. lib	时基电路	555、556
24	Transformer. lib	变压器	
25	Transmission. lib	传输线	
26	Triac. lib	特殊晶体管	
27	Tube. lib	显像管电子管	
28	Ujt. lib	单结晶体管	2N6077

小　结

本任务 1 主要讨论了正、负反馈的判别，负反馈类型的判定，负反馈放大电路的性能以及深度负反馈放大电路的分析方法。

1）反馈使净输入量减弱的为负反馈，使净输入量增强的为正反馈。常采用"瞬时电压极性法"来判断反馈的极性。

2）反馈的类型按输出端的取样方式分为电压反馈和电流反馈，常用负载短路法判定；按输入端的连接方式分为串联反馈和并联反馈，可根据电流与电压的形式判定。

3）负反馈的重要特性是能稳定输出端的取样对象，从而使放大器的性能得到改善，包括静态和动态性能。改善动态性能是以牺牲放大倍数为代价的，反馈越深，越有益于动态性能的改善。负反馈放大电路性能的改善与反馈深度 $(1 + \dot{A}\dot{F})$ 的大小有关，其值越大，性能改善越显著。但也不能够无限制地加深反馈，否则易引起自激振荡，使放大电路不稳定。

4）当反馈深度 $(1 + \dot{A}\dot{F}) \gg 1$ 时，称为深度负反馈。深度串联负反馈的输入电阻很大，深度并联负反馈的输入电阻很小，深度电压负反馈的输出电阻很小，深度电流负反馈的输出电阻很大。

5）利用负反馈技术，根据外接线性反馈元件的不同，可用集成运算放大器构成各种运算电路。基本运算电路有同相输入和反相输入两种连接方式，反相输入运算电路的特点是：运算放大器共模输入信号为零，但输入电阻较低，其值决定于反相输入端所接元件。同相输入运算电路的特点是：运算放大器两个输入端对地电压等于输入电压，故有较大的共模输入信号，但它输入电阻可趋于无穷大。基本运算电路中反馈电路都必须接到反相输入端以构成负反馈，使运算放大器工作在线性状态。

6）放大电路在某些条件下会形成正反馈，产生自激振荡，干扰电路正常工作，这是实际应用中应加以注意的问题。在负反馈放大电路中，为了防止产生自激振荡，提高电路工作的稳定性，通常在电路中接入相位补偿网络。

7）波形产生电路可分为正弦波振荡电路和非正弦波振荡电路。

8）正弦波产生电路的电路结构、振荡条件。

① 正弦波振荡电路由放大电路、选频网络、正反馈网络、稳幅环节组成。

② 正弦波振荡电路的工作原理是通过有意引入正反馈，并使之产生稳定可靠的振荡平衡条件。要产生自激振荡必须同时满足：相位平衡条件 $\varphi_A + \varphi_F = \pm 2n\pi$（$n = 0, 1, 2, 3, \cdots$）和振幅平衡条件 $|\dot{A}\dot{F}| \geq 1$。采用瞬时极性法判断电路是否能够起振。

9）正弦波振荡电路根据选频网络的不同可分 RC、LC 振荡和石英晶体振荡器。

① RC 串并联振荡电路（用于低频信号发生器）

振荡频率：$\omega_0 = 2\pi f_0 = \dfrac{1}{RC}$，即 $f_0 = \dfrac{1}{2\pi RC}$

振荡条件：$A_u = 1 + \dfrac{R_f}{R_1} > 3$，即 $R_f > 2R_1$

自动稳幅措施：R_f 串接二极管。

② LC 并联谐振回路（电路工作频率较高）

变压器反馈式：$f_0 = \dfrac{1}{2\pi \sqrt{LC}}$

电感三点式：$f_0 = \dfrac{1}{2\pi \sqrt{LC}} = \dfrac{1}{2\pi \sqrt{(L_1 + L_2 + 2M)C}}$

电容三点式：$f_0 = \dfrac{1}{2\pi \sqrt{LC}} = \dfrac{1}{2\pi \sqrt{L\left(\dfrac{C_1 C_2}{C_1 + C_2}\right)}}$

习　题

一、填空题

1. 直流负反馈是指_____通路中有负反馈；交流负反馈是指_____通路中有负反馈。

2. 直流负反馈的作用是_____。

3. 若要稳定放大倍数、改善非线性失真等性能，应引入_____负反馈。

4. 希望减小放大电路从信号源索取的电流，可采用_____负反馈；希望取得较强的反馈作用，而信号源内阻很大，则宜采用_____负反馈；要求负载变化时，输出电压稳定，应引入_____负反馈；要求负载变化时，输出电流稳定，应引入_____负反馈。

5. 某仪表放大电路，要求输入电阻大，输出电流稳定，应选_____负反馈。

6. 某传感器产生的是电压信号（几乎不能提供电流），经放大后，希望输出电压与信号成正比，这个放大电路应选_____负反馈。

7. 要得到一个由电流控制的电流源，应选_____负反馈。

8. 要得到一个由电流控制的电压源，应选_____负反馈。

9. 需要一个阻抗变换电路，输入电阻小，输出电阻大，应选_____负反馈。

二、选择题

1. 负反馈使放大倍数_____，正反馈使放大倍数_____。

  A. 增加   B. 减小

2. 电压负反馈稳定_____，使输出电阻_____；电流负反馈稳定_____，使输出电阻_____。

  A. 输出电压   B. 输出电流   C. 增大   D. 减小

3. 负反馈所能抑制的是_____的干扰和噪声。

  A. 反馈环内   B. 输入信号所包含 C. 反馈环外

4. 串联负反馈使输入电阻_____，并联负反馈使输入电阻_____。

  A. 增大   B. 减小

三、判断题

1. 在深度负反馈的条件下，闭环增益 $\dot{A}_f \approx \dfrac{1}{F}$，它与反馈系数有关，而与放大电路开环

增益 $\dot{A}$ 无关，因此可以省去放大电路，仅留下反馈网络，就可以获得稳定的闭环增益。

                            （ ）

2. 在电路中若接入反馈后与未接入反馈时相比有以下情况者为负反馈，反之为正反馈：

①净输入量增大（ ）；②净输入量减小（   ）；③输出量变大（ ）；④输出量变小（ ）。

3. ①对于负反馈电路，由于负反馈作用使输出量变小，则输入量变小，又使输出量更小，最后就使输出为零，无法放大。   （ ）

②对于正负反馈电路则恰恰相反，信号越来越大，最后必然使输出量接近无穷大。

                            （ ）

4. 直流负反馈是存在于直流通路中的负反馈，交流负反馈是存在于交流通路中的负反馈。   （ ）

5. 交流负反馈不能稳定静态工作点。   （ ）

6. 交流负反馈能改善放大电路的各项动态性能，且改善的程度与反馈深度有关，故负反馈越深越好。   （ ）

四、分析题

1. 反馈放大电路如图 1.3.25 所示，试指出各电路的反馈元件，并说明是正还是负反馈？交流反馈还是直流反馈？（设图中所有电容对交流信号均可视为短路）

2. 试分析图 1.3.26 所示各电路中级间反馈是正反馈还是负反馈？若是负反馈，指出反馈类型。（设图中所有电容对交流信号均可视为短路）

3. 图 1.3.27 所示电路中，希望降低输入电阻，稳定输出电流，试在图中接入相应的反馈网络。

图　1.3.25

图　1.3.26

图　1.3.27

五、计算题

1. 反馈放大电路如图 1.3.28 所示，已知开环电压增益 $A_u = 1000$，电压反馈系数 $F_u = 0.02$，输出电压为 $u_o = 5\sin\omega t$，试求输入电压 u_i、反馈电压 u_f 和净输入电压 u_{id}。

2. 分析图 1.3.29 所示反馈电路：（1）标出反馈信号和有关点的瞬时极性，判断反馈性质与类型；（2）设其中的负反馈放大电路为深度负反馈，估算电压放大倍数、输入电阻和输出电阻。

图 1.3.28   图 1.3.29

3. 分析图 1.3.30a、b 所示深度负反馈放大电路：（1）判断反馈组态；（2）写出电压增益 $A_{uf} = u_o/u_i$ 的表达式。

图 1.3.30

4. 试用振荡相位平衡条件判断图 1.3.31a、b、c、d 所示各电路能否产生正弦波振荡，为什么？

5. RC 桥式振荡电路如图 1.3.32 所示，已知 $R_1 = 10\text{k}\Omega$，试分析 R_f 的阻值分别为下列三种情况时，输出电压波形的形状？（1）$R_f = 10\text{k}\Omega$；（2）$R_f = 100\text{k}\Omega$；（3）R_f 为负温度系数的热敏电阻，冷态电阻值大于 $20\text{k}\Omega$。

6. 设计一个频率为 500Hz 的 RC 桥式振荡电路，已知 $C = 0.047\mu\text{F}$，并用一个负温度系数、20kΩ 的热敏电阻作为稳幅元件，试画出电路并标出各电阻值。

图 1.3.31

图 1.3.32

学习情境 4 认识功率放大电路

学习目标

➢ 掌握功率放大电路的基本概念、一般要求和基本类型。

➢ 能运用 OCL、OTL 功率放大电路与集成功率放大电路。

➢ 能设计功率放大电路。

工作任务

➢ 分析乙类互补对称功率放大电路（OCL 电路）。

➢ 分析甲乙类互补对称功率放大电路（OTL 电路）。

➢ 功率放大电路的设计与制作。

任务 1 认识乙类互补对称功率放大电路（OCL 电路）

◆ 问题引入

在实用电路中，往往要求放大电路的末级（即输出级）输出一定的功率，以驱动负载（如扬声器、仪表的线圈、电动机和显示器等）。能够向负载提供足够信号功率的放大电路称为功率放大电路，简称功放。从能量控制和转换的角度看，功率放大电路与其他放大电路在本质上没有根本的区别；只是功率放大既不是单纯追求输出高电压，也不是单纯追求输出高电流，而是追求在电源电压确定的情况下，输出尽可能大的功率。因此，从功率放大电路的组成和分析方法，到其元器件的选择，都与小信号放大电路有着明显的区别。

◆ 任务描述

💡 看一看——功率放大电路的一般问题（见图 1.4.1）

图 1.4.1 功率放大电路实物

1. 功率放大电路的特点及主要研究对象

（1）功率放大电路的主要特点　功率放大电路是一种以输出较大功率为目的的放大电路。因此，要求同时输出较大的电压和电流。管子工作在接近极限状态，一般直接驱动负载，带负载能力要强（和输出电阻有关）。

（2）要解决的问题　减小失真与管子的保护。

2. 功率放大电路提高效率的主要途径

降低静态功耗，即减小静态电流。

3. 功率放大电路的分类（见图1.4.2）

功率放大电路根据正弦信号整个周期内晶体管的导通情况划分：甲类、乙类和甲乙类等。

图1.4.2　功率放大电路的分类

甲类放大电路的特点是在信号全周期内均导通，故非线性失真小、波形好，但静态功耗大，输出功率和效率都低；乙类放大电路由于只工作半个周期，静态功耗小、效率高，但输出波形因为功率管的死区电压的存在而出现失真；甲乙类功率放大电路则较好地解决了甲类功率放大静态功耗大和乙类功率放大波形失真的问题，而实际应用广泛。

学一学——双电源乙类互补对称功率放大电路

1. 电路组成

射极输出器具有输入电阻高、输出电阻低、带负载能力强等特点，所以射极输出器很适宜作功率放大电路。乙类放大电路只能放大半个周期的信号，为了解决这个问题，常用两个对称的乙类放大电路分别放大输入信号的正、负半周，然后合成为完整的波形输出，即利用两个乙类放大电路的互补特性完成整个周期信号的放大。

图 1.4.3 是双电源乙类互补对称功率放大电路，VT_1 为 NPN 型管，VT_2 为 PNP 型管，两管的基极和发射极分别连在一起，信号从基极输入，从发射极输出，R_L 为负载，要求两管的特性相同，且 $U_{CC} = U_{EE}$。

2. 工作原理（见图 1.4.4）

静态时，$u_i = 0$，VT_1 和 VT_2 均处于零偏置，故两管的 I_{BQ}、I_{CQ}、I_{EQ} 均为零，因此输出电压 $u_o = 0$，此时电路不消耗功率。

图 1.4.3 双电源乙类互补对称功率放大电路

a) OCL电路　　　　　b) u_i 正半周 VT_1 导通 VT_2 截止　　　　c) u_i 负半周 VT_1 截止 VT_2 导通

图 1.4.4 乙类互补对称功率放大电路

动态时，设输入信号为正弦电压 u_i，如图 1.4.4a 所示。

在 u_i 的正半周时，$u_i > 0$，等效电路如图 1.4.4b 所示。VT_1 的发射结正偏导通，VT_2 发射结反偏截止。信号从 VT_1 的发射极输出，在负载 R_L 上获得正半周信号电压，$u_o \approx u_i$。

在 u_i 的负半周时，$u_i < 0$，等效电路如图 1.4.4c 所示。VT_1 的发射结反偏截止。VT_2 发射结正偏导通，信号从 VT_2 的发射极输出，在负载 R_L 上获得负半周信号电压，$u_o \approx u_i$。

由于 VT_1，VT_2 管轮流导通，相互补足对方缺少的半个周期，R_L 上仍得到与输入信号波形相接近的电流和电压，如图 1.4.4a 所示，故称这种电路为乙类互补对称放大电路。又因为静态时公共发射极电位为零，不必采用电容耦合，故又简称为 OCL（Output Capacitor Less）电路。由图 1.4.4b、c 可见，互补对称放大电路是由两个工作在乙类的射极输出器所组成，所以输出电压 u_o 的大小基本上与输出电压 u_i 的大小相等（见图 1.4.5）。又因为射极输出器输出电阻很低，所以，互补对称放大电路具有较强的负载能力，即它能向负载提供较大的功率，实现功率放大作用，所以又把这种电路称为乙类互补对称功率放大电路。

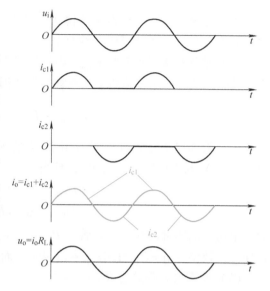

图 1.4.5　乙类互补对称功率放大电路的工作波形

3. 分析计算

性能指标参数的分析，都要以输入正弦信号为前提，且能够忽略电路失真为条件。

（1）输出功率　输出功率是指输出电流 i_o 和输出电压 u_o 有效值的乘积，即

$$P_o = U_o I_o = \frac{I_{om}}{\sqrt{2}} \frac{U_{om}}{\sqrt{2}} = \frac{1}{2} I_{om} U_{om} = \frac{1}{2} I_{om}^2 R_L = \frac{U_{om}^2}{2 R_L} \tag{1.4.1}$$

乙类互补对称放大电路最大不失真输出电压的幅度为

$$U_{om} = U_{CC} - U_{CES} \approx U_{CC} \tag{1.4.2}$$

忽略晶体管的饱和压降 U_{CES} 不计，放大电路最大输出功率为

$$P_{om} = \frac{(U_{CC} - U_{CES})^2}{2 R_L} \approx \frac{U_{CC}^2}{2 R_L} \tag{1.4.3}$$

（2）电源供给功率 P_{DC}　由于两管轮流工作半个周期，每个管子的集电极电流的平均值为

$$I_{C1(AV)} = I_{C2(AV)} = \frac{1}{2\pi} \int_0^{\pi} I_{om} \sin\omega t \, d\omega t = \frac{I_{om}}{\pi} = \frac{U_{om}}{\pi R_L} \tag{1.4.4}$$

因为每个电源只提供半周期的电流，所以两个电源供给的总功率为

$$P_{DC} = I_{C1(AV)} U_{CC} + I_{C1(AV)} U_{EE}$$
$$= 2 I_{C1(AV)} U_{CC} = \frac{2 I_{om} U_{CC}}{\pi} \tag{1.4.5}$$

将式（1.4.2）代入式（1.4.5），得最大输出功率时，直流电源供给功率为

$$P_{DCm} = \frac{2 U_{CC}^2}{\pi R_L} \tag{1.4.6}$$

（3）效率 η　输出功率与电源功率之比为功率放大电路的效率：

$$\eta = \frac{P_o}{P_{DC}} = \frac{\pi}{4} \frac{U_o}{U_{CC}} \tag{1.4.7}$$

理想条件下，输出最大功率时，效率最高：

$$\eta = \frac{P_{om}}{P_{DC}} = \frac{\pi}{4} \approx 78.5\% \tag{1.4.8}$$

实际情况下，功率管饱和压降 $U_{CES} > 0$，$U_{om} = U_{CC} - U_{CES} < U_{CC}$，$P_{om} < U_{CC}^2/2R_L$，因此，最大效率达不到 78.5%，约 60%。

（4）单管最大平均管耗 P_{Tm}　根据能量守恒定律，功率放大电路的输出功率小于电源功率，其减少的部分主要是两个功率管的发热损耗，两管的管耗为

$$P_T = P_{DC} - P_{om} = \frac{2U_{CC}}{\pi R_L}U_{om} - \frac{1}{2R_L}U_{om}^2 \qquad (1.4.9)$$

P_T 可看作以 U_{om} 为自变量（其他参数为常量）的二次函数，该二次函数曲线经过 (U_{om}, P_T) 和坐标原点 $(0, 0)$，且当 $U_{om} = 2U_{CC}/\pi$ 时，P_T 为最大值，代入可得：

$$P_{Tm} = \frac{2U_{CC}^2}{\pi^2 R_L} = \frac{4}{\pi^2} \cdot \frac{U_{CC}^2}{2R_L} = \frac{4}{\pi^2}P_{om} \approx 0.4P_{om} \qquad (1.4.10)$$

而单个功率晶体管的最大平均管耗 $P_{T1m} = P_{T2m} = P_{Tm}/2 = 0.2P_{om}$。此时，$P_{DC} = P_{om} + P_{Tm} = 1.4P_{om}$；效率为 $\eta = P_{om}/1.4P_{om} \approx 71.4\%$，而非 78.5%（理想条件）。

（5）功率放大管的选取

1）每只晶体管的最大允许管耗（或集电极功率损耗）P_{Cm} 必须大于 $P_{Tm} = 0.2P_{om}$。

2）考虑到当 VT_2 接近饱和导通时，忽略饱和压降，此时 VT_1 管的 u_{CE1} 具有最大值，且等于 $2U_{CC}$。因此，应选用 $U_{CEO} \geqslant 2U_{CC}$ 的管子。

3）通过晶体管的最大集电极电流约为 U_{CC}/R_L，所选晶体管的 I_{Cm} 一般不宜低于此值。

【例 1.4.1】　功率放大电路如图 1.4.3 所示，设 $U_{CC} = U_{EE} = 12V$，$R_L = 8\Omega$，功率晶体管的极限参数为 $I_{CM} = 2A$，$U_{CEO} = 30V$，$P_{CM} = 5W$。

试求：

（1）求 P_{om}，并检验功率晶体管的安全工作情况。

（2）求 $\eta = 0.6$ 时的 P_o 值。

解：（1）

$$P_{om} = \frac{U_{CC}^2}{2R_L} = \frac{12^2}{2 \times 8}W = 9W$$

$$P_{Tm} \approx 0.2P_{om} = 1.8W < 5W$$

$$U_{CEM} = 2U_{CC} = 24V < 30V$$

$$I_{CM} = \frac{U_{CC}}{R_L} = \frac{12}{8}A = 1.5A < 2A$$

故功率晶体管是安全的。

（2）

由

$$\eta = \frac{P_o}{P_{DC}} = \frac{\pi U_o}{4U_{CC}} = \frac{3.14U_o}{4 \times 12} = 0.6$$

$$U_o = 9.2V$$

$$P_{om} = \frac{U_o^2}{2R_L} = \frac{9.2^2}{2 \times 8}W = 5.3W$$

【例 1.4.2】　图 1.4.3 为乙类双电源互补对称功率放大电路，$U_{CC} = U_{EE} = 20V$，$R_L = 8\Omega$，设输入信号为正弦波，求对功率管参数的要求。

解：（1）最大输出功率

$$P_{\mathrm{om}} = \frac{1}{2}\frac{U_{\mathrm{CC}}^2}{R_{\mathrm{L}}} = \frac{1}{2}\frac{20^2}{8} = 25\,\mathrm{W}$$

所以 $P_{\mathrm{CM}} \geqslant 0.2 P_{\mathrm{om}} = 0.2 \times 25\,\mathrm{W} = 5\,\mathrm{W}$

（2）$U_{\mathrm{CEO}} \geqslant 2 U_{\mathrm{CC}} = 40\,\mathrm{V}$

（3）$I_{\mathrm{CM}} \geqslant \dfrac{U_{\mathrm{CC}}}{R_{\mathrm{L}}} = \dfrac{20}{8}\,\mathrm{A} = 2.5\,\mathrm{A}$

实际选择功率管时，极限参数均应有一定的裕量，一般应提高 50% 以上。在本例中，考虑到热稳定性，P_{CM} 取 2 倍的裕量为 10W。考虑到热击穿，U_{CEO} 取 2 倍的裕量为 80V，取标准耐压值为 100V。考虑到在 I_{CM} 时，β 值有较大的下降，取 2 倍的裕量为 5A。请读者查阅电子器件手册，选择合适的功率管。

任务 2　认识甲乙类互补对称功率放大电路（OTL 电路）

◆　问题引入

在乙类互补对称功率放大电路中，静态时晶体管处于截止区，存在交越失真的问题。

看一看——交越失真

在乙类互补对称功率放大电路中，由于 VT_1、VT_2 管没有基极偏流 I_B，静态时 $U_{\mathrm{BEQ1}} = U_{\mathrm{BEQ2}} = 0$，当 $U_i < U_{\mathrm{BE(th)}}$，即输入电压小于死区电压时，两管均截止，因此，在输入信号的一个周期内，VT_1、VT_2 轮流导通时形成的基极电流波形在过零点附近一个区域内出现失真，从而使输出电流和电压出现同样的失真，这种失真称为"交越失真"，如图 1.4.6 所示。

a) 示波器显示　　　　　　　　　　　b) 波形

图 1.4.6　交越失真现象

◆　任务描述

学一学——甲乙类互补对称功率放大电路（OTL 电路）

1. 双电源甲乙类互补对称功率放大电路

为了消除交越失真，可分别给两只晶体管的发射结加很小的正偏压，即使两管在静态时均处于微导通状态，两管轮流导通时，交替得比较平滑，从而减小了交越失真，但此时管子已工作在甲乙类放大状态。实际电路中，静态电流通常取得很小，所以这种电路仍可以用乙类互补对称电路的有关公式近似估算输出功率和效率等指标。

图 1.4.7a 所示电路是利用二极管提供偏置电压的甲乙类互补对称功率放大电路，图中在 VT_1、VT_2 基极间串入等效二极管作用的 VT_3、VT_4，利用 VT_5 的静态电流流过 VT_3、VT_4 产生的压降作为 VT_1、VT_2 的静态偏置电压。这种偏置的方法有一定的温度补偿作用，因为这里的二极管都是将晶体管基极和集电极短接而成，当 VT_1、VT_2 两管的 u_{BE} 随温度升高而减小时，VT_3、VT_4 两管的发射极电压降也随温度的升高相应减小。但该电路偏置电压不易调整。

图 1.4.7b 为另一种偏置方式的甲乙类互补对称功率放大电路，设图中流入 VT_4 的基极电流远小于流过 R_1、R_2 的电流，则由图可求出

$$U_{CE4} \approx \frac{U_{BE4}}{R_2}(R_1 + R_2) \tag{1.4.11}$$

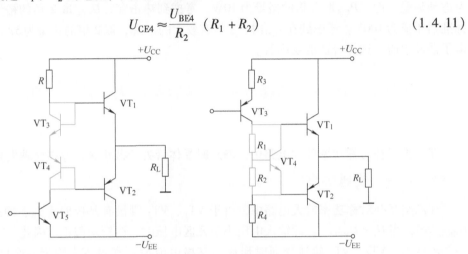

a) 利用二极管进行偏置的电路   b) 利用 U_{BE} 扩大电路进行偏置的电路

图 1.4.7   甲乙类互补对称功率放大电路

U_{CE4} 用以供给 VT_1、VT_2 两管的偏置电压。由于 U_{BE4} 基本为一固定值 $(0.6 \sim 0.7)$ V，只要适当调节 R_1、R_2 的比值，就可改变 VT_1、VT_2 两管的偏压值。

图 1.4.8 为复合管甲乙类互补对称功率放大电路，图中 VT_1、VT_3 同型复合等效为 NPN 型管，VT_2、VT_4 异型复合等效为 PNP 型管。由于 VT_1、VT_2 是同一类的 NPN 管，它们的输出特性可以很好地对称。VT_1 与 VT_2 发射极电阻 R_{e1}、R_{e2}，一般为 $0.1 \sim 0.5\Omega$，它除具有负反馈作用，提高电路工作的稳定性外，还具有过电流保护作用。VT_4 发射极所接电阻 R_4 是 VT_3、VT_4 的平衡电阻，可保证 VT_3、VT_4 的输入电阻对称。R_3、R_5 为穿透电流的泄放电阻，用以减小复合管的穿透电流，提高复合管的温度稳定性。VT_8、R_{b1}、R_{b2}、R_1 等构成前置电压放大级，工作在甲类状态，其静态工作点电流 I_{C8} 流过 RP、VT_5、VT_6、VT_7 产生的压降，作为复合管小的正向偏置电压，使之静态处于微导通状态，可消除交越失真，其中，RP 用来调节复合管合适的静态偏置电流的大小。R_{b1} 接至输出端 E 点，构成直流负反馈，可提高电路静态工作

图 1.4.8   复合管甲乙类互补
对称功率放大电路

点的稳定性。例如，某种原因使得 U_E 升高，则

$$U_E \uparrow \rightarrow U_{B8} \uparrow \rightarrow I_{B8} \uparrow \rightarrow I_{C8} \uparrow \rightarrow U_{B3} \uparrow \rightarrow U_E \downarrow$$

可见，引入负反馈可使 U_E 趋于稳定。对于 OCL 电路要求静态输出端 E 点的直流电位应等于零，否则应通过调节 R_{b1} 或 R_1 使之为零。另外，电路通过 R_{b1} 也引入了交流负反馈，使放大电路的动态性能得到改善。

2. 单电源互补对称功率放大电路

（1）单电源乙类互补对称功率放大电路　在实际应用中，有些场合只有一个电源，这时可采用单电源供电方式，如图 1.4.9 所示，该电路的输出端接有一个大电容量的电容器 C，常把这种电路称为 OTL（Output Transformer Less）电路。为使 VT_1、VT_2 工作状态对称，要求它们发射极 E 点静态时对地电位为电源电压的一半，当取 $R_1 \approx R_2$，就可以使得 $U_E = U_{CC}/2$。这样静态电容器 C 被充电，使其两端电压也等于 $U_{CC}/2$，VT_1、VT_2 均处于零偏置 $I_{CQ1} = I_{CQ2} = 0$，所以，工作在乙类状态。

当输入正弦信号 u_i 时，在正半周，VT_1 导电，有电流通过负载 R_L，同时向 C 充电，由于电容上有 $U_{CC}/2$ 的直流压降，因此 VT_1 的工作电压实际上为 $U_{CC}/2$。在当输入正弦信号 u_i 负半周时，VT_2 导电，则已充电的电容器 C 起着负电源（$-U_{CC}/2$）的作用，通过负载 R_L 放电。只要选择时间常数 $R_L C$ 足够大（比信号的最长周期大得多），就可以保证电容 C 上的直流压降变化不大。

由此可见，VT_1、VT_2 在输入正弦信号的作用下，轮流导通，两管的等效电源电压为 $U_{CC}/2$，这与双电源互补对称放大电路工作情况是相同的，所以 OTL 电路的输出功率、效率、管耗等计算方法与 OCL 电路相同，但 OTL 电路中每只晶体管的工作电压仅为 $U_{CC}/2$，因此在应用 OCL 电路中的有关公式时，功率需用 $U_{CC}/2$ 取代 U_{CC}。

（2）单电源甲乙类互补对称功率放大电路　图 1.4.10 为单电源甲乙类互补对称功率放大电路，图中 VT_3 构成前置电压放大电路，工作在甲类，其静态电流流过二极管 VD_1、VD_2 及 RP，产生的压降作为 VT_1、VT_2 静态偏置电压，使两管工作在甲乙类（接近于乙类）状态，可减少交越失真。由于 VT_3 的偏置电阻 R_{b1} 接至输出端 E 点，构成负反馈，提高了电路静态工作点的稳定性，并改善了功率放大电路的动态性能。

图 1.4.9　单电源乙类互补对称功率放大电路

图 1.4.10　单电源甲乙类互补对称功率放大电路

为了保证输出端直流电位 $U_E = U_{CC}/2$，VT_3 静态可通过调节 R_{b1} 或 R_c 的阻值来实现；VT_1、VT_2 的静态电流的大小可用 RP 来调节。OTL 电路使用中还应注意输出电容 C 的电容量要足够大，C 和负载 R_L 不能短路，否则会很容易损坏功率管。

练一练——功率放大器的调试

1. 实训目标

1）加深对功率放大器特性的理解。

2）进一步理解 OTL 功率放大电路的工作原理（见图 1.4.11）。

3）学会 OTL 电路的调试及主要性能指标的测试方法。

图 1.4.11　OTL 功率放大电路

2. 实训原理

电路参数：

VT_1 为 3DG 型管，β 为 30~50；

VT_2 为 3CG 型管，β 为 30~50；

VT_3 为 3DG 型管，β 为 30~50。

VD 为 1N4007。

3. 实训设备与器件

① 12V 直流电源；

② 函数信号发生器；

③ 双踪示波器；

④ 交流表（毫伏）；

⑤ 直流电压表；

⑥ 直流表（毫安）；

⑦ 万用表；

⑧ 3DG 晶体管、电阻器、电容器若干。

4. 实训内容、步骤及方法

（1）静态工作点的测量与调节

1）调节输出端中点电位 U_A。调节电位器 RP_1，用直流电压表测量 A 点电位，使 $U_A = \frac{1}{2}U_{CC}$。

2）调整输出级静态电流及测试各级静态工作点。调节 RP_2，使 VT_2、VT_3 的 $I_{C2} = I_{C3} = 5 \sim 10mA$。从减小交越失真角度而言，应适当加大输出极静态电流，但该电流过大，会使效率降低，所以一般以 $5 \sim 10mA$ 为宜。由于毫安表是串联在电源进线中，因此测得的是整个放大器的电流，但一般 VT_1 的集电极电流 I_{C1} 较小，从而可以把测得的总电流近似当作末级的静态电流。如要准确得到末级静态电流，则可从总电流中减去 I_{C1} 之值。

调整输出级静态电流的另一方法是动态调试法。先使 $R_{RP2} = 0$，在输入端接入 $f = 1kHz$ 的正弦信号 u_i。逐渐加大输入信号的幅值，此时，输出波形应出现较严重的交越失真（注意：没有饱和和截止失真），然后缓慢增大 RP_2，当交越失真刚好消失时，停止调节 RP_2，恢复 $u_i = 0$，此时直流表（毫安）读数即为输出级静态电流。一般数值也应在 $5 \sim 10mA$，如过大，则要检查电路。按图接线，检查无误后接通直流电源（12V）。

输出级电流调好以后，测量各级静态工作点，记入表 1.4.1。

表 1.4.1   （$I_{C2} = I_{C3} =$ mA，$U_A = 2.5V$）

晶体管各极对地点电压	VT_1	VT_2	VT_3
U_B/V			
U_C/V			
U_E/V			

（2）最大输出功率 P_{om} 和效率 η 的测试

1）测量 P_{om} 输入端按 $f = 1kHz$ 的正弦信号 u_i，输出端用示波器观察输出电压 u_o 波形。逐渐增大 u_i，使输出电压达到最大不失真输出，用交流表（毫伏）测出负载 R_L 上的电压 U_{om}，则 $P_{om} = \frac{U_{om}^2}{R_L}$。

2）测量 η 当输出电压为最大不失真输出时，读出直流表（毫安）中的电流值，此电流即为直流电源供给的平均电流 I_{DC}（有一定误差），由此可近似求得 $P_{DC} = U_{CC}I_{DC}$，再根据上面测得的 P_{om}，即可求出 $\eta = \frac{P_{om}}{P_{DC}}$。测试数据填入表 1.4.2 中。

在测试时，为保证电路的安全，应在较低电压下进行，通常取输入信号为输入灵敏度的 50%。在整个测试过程中，应保持 u_i 为恒定值，且输出波形不得失真。

表 1.4.2

测量数据				计算数据	
U_o/V	U_i/V	I_{DC}/A	P_{DC}/V	$P_{om} = \frac{U_o^2}{R_L}$	$\eta = \frac{P_{om}}{P_{DC}} \times 100\%$

（3）频率特性的测试　测试方法同共射极单管放大器的调试，记入表 1.4.3。

表　1.4.3　　　　　　　　　　　　　　　　　　　　（$U_i =$　　mV）

				f_L		f_0		f_H		
f/Hz						1000				
U_o/V										
A_u										

5. 实训总结

1）整理实训数据，计算静态工作点、最大不失真输出功率 P_{om}、效率 η 等，并与理论值进行比较。画频率响应曲线。

2）分析二极管在 OTL 功率放大器电路中的作用。

3）讨论实训中发生的问题及解决办法。

4）写出实训报告。

6. 实训考核要求

见共射极单管放大器的调试实训考核要求。

任务 3　认识集成功率放大器

◆　问题引入

💡 看一看——TDA2030 功率放大板与芯片

图 1.4.12 为 TDA2030 功率放大板与芯片。

a) TDA2030功率放大板　　　　　　　　　b) TDA2030芯片

图 1.4.12　TDA2030 功率放大板与芯片

◆　任务描述

❓ 学一学——集成功率放大器

集成功率放大器的种类很多，按用途划分，有通用型功率放大器和专用型功率放大器；按芯片内部的构成划分，有单通道功率放大器和双通道功率放大器；按输出功率划分，有小功率功率放大器和大功率功率放大器等。

1. LM386 的典型应用

LM386 是一种低频通用型小功率集成功率放大器，广泛应用于录音机、收音机等电路中，尤其适宜需电池供电的小功率音频电路中，其典型参数为：直流电源电压范围为 4 ~ 12V；常温下最大允许管耗为 660mW；输出功率典型值为数百毫瓦，最大可达数瓦；静态电源电流为 4mA；电压增益在 20 ~ 200 倍之间可调；带宽为 300kHz（引脚 1、8 之间开路时）；输入阻抗为 50kΩ。

（1）电路组成及引脚排列　LM386 的内部电路及引脚排列如图 1.4.13 所示。由图 1.4.13a 可见，LM386 内部电路由输入级、中间级和输出级等组成。图 1.4.13b 是其引脚排列，封装形式为双列直插。

a) 内部电路

b) 引脚排列

图 1.4.13　LM386 的内部电路及引脚排列

输入级由 VT_1 ~ VT_6 组成，其中，VT_2、VT_4 组成双端输入单端输出差分放大电路；VT_3、VT_5 构成电流源作为差放的有源负载，用以提高电压增益；VT_1、VT_6 是为了提高输入电阻而设置的输入端射极跟随器；R_1、R_7 为偏置电阻；R_5 是差分放大电路的发射极负反馈电阻，引脚 1、8 开路时，负反馈最强，整个电路的电压增益为 20 倍，若在 1、8 之间外接阻容串联电路，如图 1.4.14 所示的 RP 和 C_2，调节 RP 即可使集成功率放大器电压增益在 20～200 之间变化；引脚 7 用于外接电解电容到地，如图 1.4.14 中的 C_5，这样 C_5 与 R_2 构成直流电源去耦电路。

中间级是该集成功率放大电路的主要增益级，它由 VT_7 和其集电极恒流源（I_o）负载构成共发射极放大电路。

输出级是由 VT_8、VT_9、VT_{10} 组成的准互补对称功率放大电路，其中 VT_8、VT_{10} 复合等效为 PNP 管；二极管 VD_1、VD_2 为 VT_8、VT_9 提供静态偏置，以消除交越失真；R_6 是级间电压串联负反馈电阻。

（2）典型应用电路　LM386 的典型应用电路如图 1.4.14 所示，由于为单电源工作方式，故输出端（5 脚）通过大电容量电容 C_4 输出，以构成 OTL 电路。输入信号 u_i 由 C_1 接入同相输入端 3 脚，反向输入端 2 脚接地，故构成单端输入方式。R_1、C_4 是频率补偿电路，用以抵消扬声器音圈电感在高频时产生的不良影响，改善功率放大电路的高频特性和防止高频自激。RP 与隔直耦合电容 C_2 相串联，用以调节功率放大电路增益。电容 C_4、C_5 是直流电源去耦电容。

图 1.4.14　LM386 的典型应用电路

【例 1.4.3】　图 1.4.14 所示功率放大电路中，设 RP 值调为零，$U_{CC}=5V$，$R_L=8\Omega$。试求最大不失真输出功率及其所需的激励电压幅值。

解：由于该电路工作在 OTL 方式，$U_{CC}=5V$，$R_L=8\Omega$，故可得

$$P_{om}\approx\frac{\left(\frac{U_{CC}}{2}\right)^2}{2R_L}=\frac{5^2}{8\times8}W\approx391mW$$

当 $R_{RP}=0$ 时，1 脚与 8 脚间交流短路，因此 LM386 的电压增益为最大值 200，得最大不失真输出时所需的激励电压幅值为

$$U_{im}\approx\frac{\frac{U_{CC}}{2}}{A_u}=\frac{5}{2\times200}V=12.5mV$$

2. DG810 的典型应用

DG810 集成功率放大器具有输出功率大、噪声小、频带宽、工作电源范围宽，以及保护电路等优点，是通常使用的标准集成音频功率放大器。它由输入级、中间级、输出级、偏置电路及过电压、过热保护电路等组成。

图 1.4.15 为 DG810 集成功率放大器的典型应用电路。图中 8 脚为信号输入端，C_1 为输入耦合电容，R_1 为输入管的偏置电阻以提供基极电流。6 脚到地之间所接 C_2、R_2 为交流反

馈电路，选用不同阻值的 R_2，可得到不同的闭环增益。12 脚为输出端，C_1 为输出电容，用以构成 OTL 电路，R_4、C_4 为频率补偿电路，用以改善高频特性和防止高频自激。C_6、C_9 为滤波电容，用以消除电源纹波。C_3，C_5，C_7 为频率补偿电容，用以改善频率特性和消除高频自激。4 脚为自举端，C_8 为自举电容。1 脚为电源端，工作电压 U_{CC} 可根据输出功率要求选用 6~16V，图中 $U_{CC} = 15V$，扬声器 $R_L = 4\Omega$，输出功率可达 6W。

图 1.4.15　DG810 集成功率放大器的典型应用电路

3. TDA2030A 的典型应用

TDA2030A（见图 1.4.16）是目前性能价格比很高的一种集成功率放大器，与性能类似的其他功率放大器相比，它的引脚和外部元器件都较少。

TDA2030A 的电气性能稳定，能适应长时间连续工作，集成块内部的放大电路和集成运算放大器相似，但在内部集成了过载保护和热切断保护电路，若输出过载或输出短路及管心温度超过额定值时均能立即切断输出

图 1.4.16　TDA2030A 外形及引脚排列

电路，起保护作用。其金属外壳与负电源引脚相连，所以在单电源使用时，金属外壳可直接固定在散热片上并与地线（金属机箱）相接，无须绝缘，使用很方便。

（1）TDA2030A 外形及引脚排列　与性能类似的其他产品相比，它的引脚数量最少，外部元器件很少。

（2）TDA2030A 性能指标　TDA2030A 适用于收录机和有源音箱中，做音频功率放大器，也可做其他电子设备的中功率放大。因其内部采用的是直接耦合，亦可以做直流放大。主要性能参数如下：

电源电压 U_{CC}　　$\pm 3 \sim \pm 18V$

输出峰值电流　　3.5A

频响 BW　　0~140kHz

静态电流　　<60mA（测试条件：$U_{CC} = \pm 18V$）

谐波失真 THD　　<0.5%

电压增益　　30dB

输入电阻 R_i　　　　>0.5MΩ

在电源为 ±15V、$R_L = 4\Omega$ 时输出功率为14W。

（3）TDA2030A 集成功率放大器的典型应用

1）双电源（OCL）应用电路：图1.4.17为双电源（OCL）应用电路。信号 u_i 由同相端输入，R_1、R_2、C_2 构成交流电压串联负反馈，因此闭环电压放大倍数为

$$A_{uf} = 1 + \frac{R_1}{R_2} = 33$$

为了保持两输入端直流电阻平衡，使输入级偏置电流相等，选择 $R_3 = R_1$。R_4、C_5 为高频校正网络，用以消除自激振荡。VD_1、VD_2 起保护作用，用来释放 R_L 产生的自感应电压，将输出端的最大电压钳位在 $(U_{CC} + 0.7V)$ 和 $(-U_{CC} - 0.7V)$ 上，C_3、C_4 为退耦电容，用于减少电源内阻对交流信号的影响。C_1、C_2 为隔直、耦合电容。

2）单电源（OTL）应用电路：对仅有一组电源的中、小型录音机的音响系统，可采用单电源连接方式，如图1.4.18 所示。由于采用单电源，故正输入端必须用 R_1、R_2 组成分压电路，K 点电位为 $U_{CC}/2$，通过 R_3 向输入级提供直流偏置，在静态时，正、负输入端和输出端皆为 $U_{CC}/2$。其他元器件作用与双电源电路相同。

图1.4.17　双电源（OCL）应用电路　　　图1.4.18　单电源（OTL）应用电路

【新技术】D类放大器

模拟磁带播放机，如录音机逐步被淘汰，数字光盘播放机如 CD、VCD、DVD 等已占据主流。数字功能放大器应运而生。音响中用的功率放大器，常用的是甲（A）类或者甲乙（AB）类功率放大器，近年来，利用脉宽调制原理设计的 D 类功率放大器也进入音响领域。D 类放大器比较特殊，功率晶体管只有两种工作状态：不是通就是断。因此，它不能直接输入模拟音频信号，而是需要将信号进行某种变换后再放大。人们把此种具有"开关"方式的放大，称为"数字放大器"，又称为 D 类放大器。

D 类放大器与模拟功率放大器相比有如下一些明显优势：

（1）整个频段内无相对移动，声场定位准确　由于采用无负反馈电路的放大电路、数字滤波器等处理技术，可以将输出滤波器的截止频率设计得较高，从而保证在 20Hz ~ 20kHz

内得到平坦的幅频特性和很好的相频特性。

（2）瞬态响应好，即"动态特性"好　由于它不需要传统功率放大器的静态电流消耗，所以能量几乎都是为音频输出而储备，加之无模拟放大，无负反馈的牵制，故具有更好的"动力"特征。

（3）无过零失真　传统功率放大器由于对管配对不对称及各级调整不佳容易产生交越失真。

（4）效率高、可靠性高、体积小　D类功率放大器中的功率晶体管工作在开关状态，其效率高达80%～90%以上，使用时不需要对功率管加装散热器，或者只需要一只很小的散热器，特别适用于汽车等场合。D类功率放大器的开关管绝大多数采用的是金属氧化物半导体场效应晶体管（MOSFET），它的开关导通电阻较小，一般远远小于1Ω，所以热损耗很小。

目前的Hi-Fi音响和家庭影院系统中，输出声道多至2～6个，每声道功率达20～80W，甲类、乙类和甲乙类功率放大器的效率按30%计算，电源直流功率需达300W，而采用D类放大器，直流功率仅需125W。

小　　结

1）功率放大电路的任务是向负载提供符合要求的交流功率，因此主要考虑的是失真度要小，输出功率要大，晶体管的损耗要小，效率要高。在功率放大电路中提高效率是十分重要的，这不仅可以减小电源的能量消耗，同时对降低功率管管耗、提高功率放大电路工作的可靠性是十分有效的。因此，低频功率放大电路常用乙类或甲乙类工作状态来降低管耗，提高输出功率和效率。功率放大电路的主要技术指标是输出功率、管耗、效率和非线性失真等。

2）提高功率放大电路输出功率的途径是提高直流电源电压，应选用耐压值高、允许工作电流大、耗散功率大的功率晶体管。

3）互补对称功率放大电路（OCL，OTL）由两个管型相反的射极输出器组合而成，功率晶体管工作在大信号状态；为了解决功率晶体管的互补对称问题，利用互补复合可获得大电流增益和较为对称的输出特性，保证功率放大电路输出级在同一信号下，两输出管交替工作，电路组成也可采用复合管的互补功率放大电路。甲乙类互补对称功率放大电路由于其电路简单、输出功率大、效率高、频率特性好和适于集成化等优点，而被广泛应用。

4）集成功率放大器是当前功率放大器的发展方向，应用日益广泛。集成功率放大器的种类很多，其内部电路都包含有前置级、中间激励级、功率输出级以及偏置电路等，有的还包含完善的保护电路，使集成电路具有较高的可靠性。因此集成功率放大器在使用时应注意查阅器件手册，按手册提供的典型应用电路连接外围元件。

5）功率晶体管的散热和保护十分重要，关系到功率放大电路能否输出足够的功率并且不损坏功率放大管等问题。

习　　题

一、填空题

1. 功率放大器的任务是_____，主要性能指标有_____。

2. 复合管的类型取决于_____，复合管的电流放大系数等于_____。

3. 功率放大电路按晶体管静态工作点的位置可分为_____类、_____类和_____类。

4. 为了保证功率放大电路中功率晶体管的使用安全，功率晶体管的极限参数_____、_____、_____应足够大，且应注意_____。

5. 采用乙类互补对称功率放大电路，设计一个 10W 的扬声器电路，则应该选择至少为_____ W 的功率晶体管两个。

二、简答题

1. 功率放大电路的主要任务是什么？

2. 功率放大电路与电压放大电路相比有哪些区别？

3. 与甲类相比，乙类互补对称功率放大电路的主要优点是什么？

4. 功率晶体管在使用中应注意什么？

5. 大功率放大电路中为什么要采用复合管？

6. 什么是交越失真？如何克服交越失真？

7. 功率放大电路中采用甲乙类工作状态的目的是什么？

8. OTL 电路与 OCL 电路有哪些主要区别？使用中应注意哪些问题？

9. 集成功率放大器内部主要由哪几级电路构成？每级的主要作用是什么？

三、判断下列说法是否正确，并说明理由

1. 在乙类功率放大电路中，输出功率最大时，管耗也最大。

2. 功率放大电路的主要作用，是在信号失真允许的范围内，向负载提供足够大的功率信号。

3. 在 OCL 电路中，输入信号越大，交越失真也越大。

4. 由于 OCL 电路的最大输出功率为 $P_{om} = \dfrac{1}{2}\dfrac{U_{CC}^2}{R_L}$，可见其输出功率只与电源电压及负载有关，而与功率晶体管的参数无关。

5. 所谓电路的最大不失真输出功率，是指输入正弦信号的幅度足够大，而输出信号基本不失真，并且输出信号的幅度最大时，负载上获得的最大直流功率。

6. 在推挽式功率放大电路中，由于总有一只晶体管是截止的，故输出波形必然失真。

7. 在推挽式功率放大电路中，只要两只晶体管具有合适的偏置电流，就可以消除交越失真。

8. 实际的甲乙类功放电路，电路的效率可达 78.5%。

9. 在输入电压为零时，甲乙类互补对称电路中的电源所消耗的功率是零。

四、计算题

1. 电路如图 1.4.19 所示，已知 $U_{CC} = U_{EE} = 6V$，$R_L = 8\Omega$，输入电压 u_i 为正弦信号，设 VT_1、VT_2 的饱和压降可略去。试求最大不失真输出功率 P_{om}、电源供给总功率 P_{DC}、两管的总管耗 P_C 及放大电路效率 η。

2. 功率放大电路同上图 1.4.19 所示，设 $U_{CC} = U_{EE} = 15V$，$R_L = 10\Omega$，功率晶体管的极限参数为 $I_{CM} = 2A$，$U_{CEO} = 40V$，$P_{CM} = 5W$。

试求：

（1）求 P_{om}，并检验功率晶体管的安全工作情况。

（2）求 $\eta = 0.6$ 时的 P_o 值。

3. 电路同上图 1.4.19 所示，乙类双电源互补对称功率放大电路，$U_{CC} = U_{EE} = 20V$，$R_L = 8\Omega$，设输入信号为正弦波，求对功率管参数的要求。

图 1.4.19

4. 电路如图 1.4.20 所示，已知 $U_{CC} = U_{EE} = 20V$，$R_L = 10\Omega$，晶体管的饱和压降 $U_{CES} \leq 2V$，输入电压 u_i 为正弦信号。试：

（1）求最大不失真输出功率、电源供给功率、管耗及效率。

（2）当输入电压幅度 $U_{im} = 10V$ 时，求输出功率、电源供给功率、管耗及效率。

（3）求该电路的最大管耗及此时输入电压的幅度。

5. 电路如图 1.4.21 所示，已知 $U_{CC} = U_{EE} = 12V$，$R_L = 100\Omega$，晶体管饱和压降 $U_{CES} \leq 2V$，试求该电路的最大不失真输出功率、电源供给功率、管耗及效率。

图 1.4.20

图 1.4.21

6. 电路如图 1.4.20 所示，已知 $U_{CC} = U_{EE} = 18V$，$R_L = 5\Omega$，试选择合适的功率管。

7. 电路如图 1.4.20 所示，乙类双电源互补对称功率放大电路，$U_{CC} = U_{EE} = 20V$，$R_L = 8\Omega$，设输入信号为正弦波，求对功率管参数的要求。

8. 电路如图 1.4.22 所示，$U_{CES} \leq 2V$，试回答下列问题：

（1）$u_i = 0$ 时，流过 R_L 的电流有多大？

（2）R_1、R_2、VT_1、VT_2 各起什么作用？

（3）为保证输出波形不失真，输入信号 u_i 的最大振幅为多少？管耗为最大时，求 U_{im}。

9. 图 1.4.23 所示复合管中，试判断哪些连接是正确的，哪些是不正确的；对正确的，指出它们各自等效于什么类型的晶体管（NPN 或 PNP 型）。

10. 电路如图 1.4.24 所示，为使电路正常工作，试回答下列问题：

（1）静态时电容 C 两端的电压是多大？如果偏离此值，应首先调节 RP$_1$ 还是 RP$_2$？

（2）设 $R_{RP1} = R = 1.2k\Omega$，晶体管 $\beta = 50$，VT_1、VT_2 的 $P_{CM} = 200mW$，若 RP$_2$ 或二极管断开时是否安全？为什么？

（3）为了调节静态工作电流，主要应调节 RP_1 还是 RP_2？

图 1.4.22   图 1.4.23

图 1.4.24

学习情境 5　制作与调试音频放大器

学习目标

➤ 了解音频放大器的组成框图。

➤ 理解音频放大器的工作原理。

➤ 会制作音频放大器。

➤ 能调试、测量音频放大器。

➤ 能排除音频放大器的常见故障。

➤ 会撰写音频放大器的制作与调试报告书。

工作任务

➤ 制作音频放大器。

➤ 调试、测量音频放大器的主要指标。

➤ 排除音频放大器的常见故障。

💡 看一看——扬声器实物图与实践制作印制板图

音频放大器实物图可参考图 1.1.1，图 1.5.1 为音频放大器印制板图，图 1.5.2 为音频放大器元器件排布图。

图 1.5.1　音频放大器印制板图⊖

⊖ 为方便读者与实物对照学习，本图中电路符号未按国家标准统一。

图 1.5.2　音频放大器元器件排布图

学一学——音频放大器的组成及工作原理

1. 实践制作音频放大器电路图（见图 1.5.3）

图 1.5.3　音频放大器电路图

2. 音频放大器的工作流程及组成原理（见图 1.5.4）

（1）工作流程　音频放大器工作流程如图 1.5.4 所示。

（2）组成原理

1）前置放大级（输入级）。前置放大级是由 VT_1 管、R_1、RP_2、R_2、R_3、R_4、R_5、C_1、

图 1.5.4 音频放大器工作流程图

C_2、C_3、C_4等接成的共发射极放大器，采用分压式电流负反馈偏置稳定电路。它的直流通路除与其他各级共用电源外，是互相独立的，可以单独分析。电源 U_{CC} 经 R_{17} 降压为 U_{CC}' 后为 VT_1 管供电，即 $U_{CC}' = U_{CC} - I_{C1}R_{17}$。

前置放大级属小信号电压放大电路，工作于甲类放大状态。信号由 VT_1 管的基极输入，经 VT_1 管的集电极输出，输出信号与输入信号反相。

2）推动级　推动级电路由 VT_2 管、R_6、RP_4、R_7、R_8、R_9、VD_7 管、VD_8 管、R_{10}、C_5、C_6、C_7 组成，接成共发射极分压式偏置稳定电路。它承担向功率输出级提供足够的推动电流的任务。推动级功率输出级采用直接耦合方式。VT_2 管的集电极由电源 U_{CC} 供电，而基极偏流 I_{B2} 由 VT_1 提供。由 I_{B2} 产生静态集电极电流 I_{C2}，I_{C2} 流过 VD_7 管、VD_8 管及 RP_3 产生一个上正下负的电压加于由 VT_3 管、VT_4 管构成的 NPN 型复合管和由 VT_5 管、VT_6 管构成的 PNP 型复合管的基极之间，其极性是使这两只复合管的发射结正偏，从而使两只复合管静态时导通。适当调整 RP_3，可使 $VT_3 \sim VT_6$ 管处于微导通状态。当有信号输入时，它们将工作于甲乙类状态（接近于乙类状态），有利于消除交越失真。VD_7、VD_8 管选用具有负温度系数的二极管，当温度升高时，其管压降减小，可以补偿 $VT_3 \sim VT_6$ 管发射结压降的负温度系数，稳定 $VT_3 \sim VT_6$ 管的静态电流。VT_2 管基极电流由复合管 VT_3、VT_4 和 VT_5、VT_6 的中点电压 U_K 提供，采用的是电压并联负反馈，目的是稳定功率输出级的中点电压 U_K，U_K 的稳定对 OTL 电路的工作十分重要。

现在来分析由 C_7 和 C_8 构成的自举电路的作用。因为互补输出是射极跟随器，电压增益略小于1，就输出级而言，若忽略上、下两互补管的饱和压降，则负载上的最大信号电压的振幅近似可达 $U_{CC}/2$。当 VT_2 管输出信号为负半周时，VT_3、VT_4 管截止，VT_5、VT_6 管导通，信号由下复合管发射极输出。当输入信号使下复合管 VT_5、VT_6 充分导通，即 VT_5 管输入的基极电流最大时，输出信号负半周幅度近似等于 $U_{CC}/2$。当 VT_2 管输出信号为负半周时，VT_5、VT_6 管截止，VT_3、VT_4 管导通。当输入信号使上复合管 VT_3、VT_4 管充分导通时，即 VT_3 管输入基极电流最大电流为 I_{B3max}，若无 C_7 和 R_8，则 I_{B3max} 流过 R_9 产生压降为 $I_{B3max}R_9$，这样，复合管发射极输出正半周信号的幅度将为 $U_{CC}/2 - I_{B3max}R_9$，达不到 $U_{CC}/2$，这就使得输出正、负半周波形不对称，即输出信号正半周的顶部被削去，产生了削波失真。在电路中加 C_7、R_8 自举电路后，大电容 C_7 把 R_9 上端 D 点与中点 N 相连，当 VT_3 管、VT_4 管导通时，U_N 上升，由于 C_7 两端电压不能突变，故 U_D 也上升，在输入信号变化时，R_9 两端的电压 U_{R9} 保持不变，这样，就保证了复合管 VT_3、VT_4 管充分导通，输出正半周信号幅度也近似等于 $U_{CC}/2$，从而克服了削波失真。R_8 是用来防止 K 点的交流电压通过 C_7 经电源短路而接入的。

3）OTL 功率输出级　输出级有向负载输出信号功率的任务，它由 VT_3 管、VT_4 管组成的 NPN 型复合管，VT_5 管、VT_6 管组成的 PNP 型复合管和 R_{11}、R_{12}、R_{13}、R_{14}、C_8 共同组成准互补对称电路。

静态时，由于上、下管子特性对称，N 点电压为 $U_{CC}/2$，这个电压对 C_8 充电，使 $U_{C8} = U_{CC}/2$，作为下部复合管电路的供电电源。

动态时，在 VT_1 管的正半周，VT_3 管、VT_4 管导通，VT_5 管、VT_6 管截止，由 $U_{CC} - U_K =$

$U_{CC}/2$ 为上部复合管电路供电，电流 i_{E4} 自上而下流过负载，负载上得到正半周输出电压，在 VT_1 负半周，VT_3 管、VT_4 管截止，VT_5 管、VT_6 管导通，由 $U_C = U_{CC}/2$ 供电，i_{E6} 自下而上流过负载，负载上得到负半周输出电压，使信号 VT_1 管经过一个周期，负载上合成完整的输出信号波形。这种电路是利用两只特性对称的反型复合管相构成，互补不足来完成推挽放大的功能，故称其为互补对称电路。

电路中 R_{11}、R_{12} 用来减小复合管的穿透电流 I_{CEO}，R_{13}、R_{14} 有两个作用，其一是当温度升高等原因使功率放大级静态集电极电流升高时，它们在 R_{13}、R_{14} 上的压降增大，从而限制了复合管的发射结电压 U_{BE} 的升高，限制了集电极电流的升高，即它们是起电流负反馈作用稳定静态集电极电流的。其二是当输出不慎过载或短路，在有信号时，RP_1、R_{14} 上的压降也限制了功率放大管的集电极电流，对功率放大管有一定的保护作用。

加输入信号后，输入信号经 RP_1 分压、电容 C_1 耦合送到 VT_1 管前置放大级进行电压放大，放大后的信号由 VT_1 管的集电极输出，经 C_3 到耦合到 VT_2 管推动级进行第二次放大，VT_2 管集电极输出电压直接耦合到 OTL 功率放大级进行功率放大。VT_2 管的集电极负载为 R_8、R_9、RP_3，因 $R_8 + R_9 \geqslant RP_3$，可认为 VT_2 的集电极负载近似等于 $R_8 + R_9$，而 RP_3、VD_7 管、VD_8 管串联电路两端的压降忽略不计，故把 VT_3、VT_5 管基极对信号而言看成等电位，这样，对上、下复合管而言，基极输入信号下、负半周的峰值近似相等，输出信号正、负半周也近似对称。功率放大级的输出信号经 C_8 耦合到负载上去。

由输出端到第一级，经 R_{15}、C_9 引入深度负反馈，可使电路增益达到技术指标的要求，并使电路具有良好的工作性能。电容 C_2、C_5 是用来进行相位补偿的，防止高频自激。电阻 R_{16} 与电容 C_{10} 构成容性负载，以抵消扬声器的感性负载成分，使总负载接近于纯电阻，以防止在信号突变时，出现瞬时高电压击穿功率放大管，改善电路的工作性能。C_{11} 和 R_{17} 是电源退耦电路，防止由公用直流电源内阻引起的寄生反馈。

3. 复合管的选用

在电子制作中，经常会遇到要求特性一致的大功率异型对管的时候（如互补对称式 OTL 功放电路、OCL 功放电路等），这一类大功率异型对管在市场上往往很难买到，而且价格也非常昂贵。这时，可以采用一对大功率同型管与一对小功率异型对管复合，代替所需要的大功率异型对管。有时为了增大晶体管的电流放大倍数也要用到两管复合。

 做一做———音频放大器的制作与调试

1. 元器件规格和测试表（见表 1.5.1）

表　1.5.1

编　号	名　称	规格及型号	数　量	使用档位	测试结果
R_1	电阻	4.7kΩ	1		
R_2、R_6	电阻	10kΩ	2		
R_3	电阻	4.3kΩ	1		
R_4、R_{17}	电阻	2kΩ	2		
R_5	电阻	150kΩ	1		
R_7	电阻	7.5kΩ	1		
R_8、R_{10}	电阻	1kΩ	2		
R_9	电阻	2.7kΩ	1		

（续）

编　号	名　称	规格及型号	数　量	使用档位	测试结果
R_{11}、R_{12}	电阻	300Ω	2		
R_{13}、R_{14}	电阻	0.5Ω	2		
R_{15}	电阻	6.8kΩ	1		
R_{16}	电阻	10Ω	1		
VT_1、VT_2	晶体管	3DG 高频小功率	2		
VT_3	晶体管	3DG4A	1		
VT_4、VT_6	晶体管	3DD53A	2		
VT_5	晶体管	3CG2B	1		
VD_7、VD_8	二极管	2CP10	2		
RP_1	电位器	10kΩ	1		
RP_2	电位器	47kΩ	1		
RP_3	电位器	470kΩ	1		
RP_4	电位器	27kΩ	1		
U_{CC}	电源	17V	1		
R_L	扬声器	8Ω	1		
C_1	电解电容	4μF/16V	1		
C_2、C_5	电容	100pF	2		
C_3	电解电容	2μF/16V	1		
C_4	电解电容	200μF/10V	1		
C_6	电解电容	100μF/16V	1		
C_7	电解电容	20μF/35V	1		
C_8	电解电容	1000μF/35V	1		
C_9	电解电容	0.047μF	1		
C_{10}	电容	0.47μF	1		
C_{11}	电容	47μF/35V	1		

2. 实践制作工具及仪器仪表

电烙铁 1 把，焊锡丝，普通万用表 1 只，示波器 1 台，镊子 1 把。

3. 实践制作过程

（1）识读音频放大器电路原理图和印制电路图。

（2）先在印制电路板上找到相对应的元器件的位置，将元器件成形。

（3）采用边插装边焊接的方法依次正确插装焊接好元器件（注意二极管、电解电容的正、负极）。

插装步骤如下：插装电阻 $R_1 \sim R_{16}$。

插装二极管：VD_7、VD_8。

插装电位器：$RP_1 \sim RP_4$。

插装晶体管：$VT_1 \sim VT_6$。

插装电容：$C_1 \sim C_{11}$。

插装电源输出插座。

（4）安装变压器，再用电烙铁焊接好变压器（注意此时不要急于把变压器的初级和交流电源相连）。

（5）检查焊接的电路中元器件是否有假焊、漏焊，以及元器件的极性是否正确。

（6）通电试验，观察电路通电情况。

4. 电路功能调试

（1）静态调测

1）调 $VT_2 \sim VT_6$ 静态工作点。

① 调 RP_4。使 $U_N = U_{CC}/2$。

② 调 RP_3 使电路的静态电流满足要求，即调 RP_3 使 U_{B3} 和 U_{B5} 约为 2.1V，使输出管互补管静态处于微导通状态，调 RP_3 的同时要保证 $U_N = U_{CC}/2$ 不变，可再调 RP_4 使 U_N 保持不变。

由于 $VT_2 \sim VT_6$ 管采用的是直接耦合方式，故①和②两步调整是互相影响的，一般这两步调整应当反复进行，直到 U_N 和静态电流均应达到指标值。

调整中应当注意两点：一是在 I_{C2} 一定时，RP_3 阻值越大，端电压越高，U_{B3} 和 U_{B5} 也越大，$VT_2 \sim VT_6$ 管静态集电极电流也越大，RP_3 过大，将导致 $VT_2 \sim VT_6$ 管因电流过大而烧毁。二是防止功率放大管温度过高，在不产生交越失真的情况下，$VT_2 \sim VT_6$ 管静态电流应尽可能小些，使电路接近于乙类工作状态。因此在输入信号后可用示波器观察输出波形，再重新调整 RP_3，以交越失真刚好消除为好。

③ 测量各管 U_{BE} 和 U_{CE}，填入表 1.5.2 中。

表 1.5.2　各管 U_{BE} 和 U_{CE}

	VT_2	VT_3	VT_4	VT_5	VT_6
U_{BE}					
U_{CE}					
工作状态					

$U_{BE} = 0$ 说明管子截止，$U_{CE} \approx 0$ 时说明管子饱和，二者之一存在则说明电路有故障，找出故障，排除故障后再进行调整。

2）VT_1 管静态工作点测试。

VT_1 管应工作于放大状态，现测得 $U_{BE1} = $ _____ V，$U_{CE1} = $ _____ V，说明电路工作 _____（正常/不正常）。

（2）动态调测（RP_3 调至最大后再加 U_i）

1）调输出级电流。输入 $f = 1kHz$、$U_i = 50mV$ 的信号，调 RP_3 使输出波形刚好不产生交越失真，再去掉 U_i，测量 VT_4、VT_6 管的 I_C，应满足 $I_C \leqslant 20mA$。

$I_{C4} = $ _____（$\geqslant$/$\leqslant$）20mA；$I_{C6} = $ _____（$\geqslant$/$\leqslant$）20mA

2）测量最大输出功率 P_{om}。输入 $f = 1kHz$ 的信号 U_i，逐渐加大 U_i，到输出 U_o 最大不失真，此时

$$P_{om} = \frac{U_{om}^2}{2R_L} = \text{_____}$$（大于/小于/等于）5W，若大于5W，则满足设计要求。

3）测量输入灵敏度 U_i（即达到额定不失真输出功率时所需的输入电压值）。输入 $f = 1kHz$ 的信号 U_i，逐渐加大 U_i，直到交流毫伏表 $U_o = 6.3V$，测量此时的输入信号 $U_i = $

_____，即为输入灵敏度。若 $U_i \leqslant 160\text{mV}$，则满足设计指标要求。

4）测量通频带和增益是否满足设计指标要求。输入 $U_i = 50\text{mV}$ 的信号，并保持 U_i 不变，改变输入信号频率，测量当 $f = f_L = 100\text{Hz}$ 时的 $A_{uL} = \dfrac{U_o}{U_i} =$ _____；测量当 $f = f_o = 10\text{kHz}$ 时的 $A_{uo} = \dfrac{U_o}{U_i} =$ _____；测量当 $f = f_L = 20\text{kHz}$ 时的 $A_{uH} = \dfrac{U_o}{U_i} =$ _____，如果所得 $A_{uL} > 0.7A_{uo}$ 和 $A_{uH} > 0.7A_{uo}$，则说明电路满足通频带的指标，如果 $A_{uo} \geqslant 40$，则满足设计要求。

 想一想

表 1.5.3　音频放大器常见故障及排除方法

序号	故障现象	故障部位及排除方法
1	无声	1. 检查前置放大管 VT_1、VT_2 是否击穿或断极。如果击穿或断极，则更换，没有击穿或断极，则检查外围偏置元件，如电容 C_1、C_3 或晶体管 VT_1 的上偏置电阻是否开路，如开路则更换 2. 检查功放复合管 VT_3、VT_4 和 VT_5、VT_6 是否击穿或断极。如果击穿或断极，则更换，没有击穿或断极，则检查外围偏置元件，如电容 C_9 等 3. 检查扬声器线路有无断路或损坏
2	音质变差，声音失真	1. 功率放大复合管 VT_3、VT_4 和 VT_5、VT_6 性能参数相差较大，更换性能较差的功率放大管 2. 功率放大复合管 VT_3、VT_4 和 VT_5、VT_6 中有击穿现象或断线，更换功率放大管或连接断线部位 3. 电路中的耦合电容 C_1、C_3、C_8 存在击穿和漏电现象，更换耦合电容 4. 扬声器纸盆破裂或性能变差，更换扬声器 5. 高频负反馈电容 C_9 开路，连接断线部位或更换 C_9

 写一写——音频放大器制作与调试任务书

要求如下：

1. 音频放大器的制作指标

1）最大输出功率 $P_{om} \geqslant 5\text{W}$（正弦输入 $U_i = 10\text{mV}$ 时）。

2）负载电阻 $R_L = 8\Omega$。

3）效率 $\eta \geqslant 50\%$。

4）输入电阻 $R_i \geqslant 100\text{k}\Omega$。

2. 音频放大器的制作要求

1）画出实际设计电路原理图和印制板图。

2）写出元器件及参数选择。

3）元器件的检测。

4）元器件的预处理。

5）基于 PCB 的元器件焊接与电路装配。

6）在制作过程中发现问题并能解决问题。

3. 实际电路检测与调试

选择测量仪表与仪器，对电路进行实际测量与调试

4. 制作与调试报告书

撰写音频放大器的制作与调试报告书，写出制作与调试全过程，附上有关资料和图样，有心得体会。

【小知识】 智能功率集成电路模块（IPM）

近几年来，我国进口了一些带有各种保护功能的功率集成电路，其输出功率大，各种保护措施齐全。常用的一些进口智能功率集成模块的型号和功能见表 1.5.4。

表 1.5.4　进口智能功率集成模块（IPM）的型号和功能

参数　　型号	U_{CEO}/V	I_c/A	U_{CES}/V	内在保护功能单元				
				OC	SC	UV	OT	BR
MIG50Q201H	1200	50	3.5	√	√	√	√	√
MIG75Q202H	1200	75	3.5	√	√	√	√	√
MIG100Q201H	1200	100	3.5	√	√	√	√	√
MIG150Q101H	1200	150	3.5	√	√	√	√	×
MIG150Q201H	1200	150	3.5	√	√	√	√	√
MIG200Q101H	1200	200	3.5	√	√	√	√	×
MIG300Q101H	1200	300	3.5	√	√	√	√	×

注：1. OC—过电流保护电路；SC—短路电流保护电路；UV—驱动电路低电压保护；OT—温度保护；BR—内设驱动电路。

　　2. 符号"√"指有保护功能；符号"×"指无保护功能。

项目2　直流稳压电源的制作与调试

本项目学习载体是直流稳压电源的制作与调试。本项目包含3个学习情境：认识整流与滤波电路、认识稳压电路和制作与调试直流稳压电源。前2个学习情境在电子技术实训室进行，制作与调试直流稳压电源在仿真真实工厂生产环境进行。学生完成本项目的学习后，应学会制作与调试直流稳压电源，能排除直流稳压电源的常见故障。

 学习目标

- ➢ 了解直流稳压电源的组成和工作原理。
- ➢ 熟悉整流电路、滤波电路的组成。
- ➢ 理解整流电路、滤波电路的工作原理。
- ➢ 理解串联型稳压电路、开关稳压电路的组成及工作原理。
- ➢ 会安装简单串联型直流稳压电路。
- ➢ 能调试、测量简单串联型直流稳压电路。
- ➢ 会用仪器、仪表调试、测量稳压电路。
- ➢ 会安装直流稳压电源。
- ➢ 能排除直流稳压电源的常见故障。

 工作任务

- ➢ 安装简单的串联型稳压电路。
- ➢ 安装直流稳压电源。
- ➢ 选择仪器仪表，测量电路的性能指标并分析。

学习情境 1　认识整流与滤波电路

任务1　认识整流电路

◆　问题引入

在日常生活中，空调、电冰箱、电视、计算机等家用电器用的是220V的交流电源，而复读机、手机、增氧机等用的是直流电源，进户电源是交流电源。如何得到直流电源，这就是我们要讨论的问题。

💡 看一看——日常生活中的电源实例

电源实例如图2.1.1所示，你还能举出哪些例子？

a) 专用电源

提供稳定的直流电压

b) 手机充电电源

c) 直流稳压电源实物

图2.1.1　电源实例

直流稳压电源是一种当电网电压波动或负载发生变化时，输出直流电压仍能基本保持不变的电源。电子设备中都需要有稳定的直流电源，功率较小的直流电源大多数都是将 50Hz 的交流电经过整流、滤波和稳压后获得的。图 2.1.2 为直流稳压电源的组成原理框图。各组成部分作用如下。

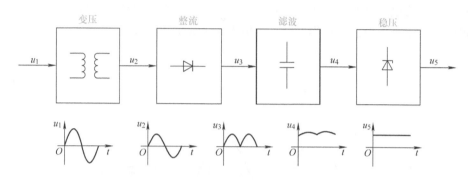

图 2.1.2 直流稳压电源的组成原理框图

变压：将正弦工频交流电源电压变换为符合用电设备所需要的正弦工频交流电压。

整流：利用具有单向导电性能的整流元件，将正、负交替变化的正弦交流电压变换成单方向的脉动直流电压。

滤波：尽可能地将单向脉动直流电压中的脉动部分（交流分量）减小，使输出电压成为比较平滑的直流电压。

稳压：使输出直流电压在电源发生波动或负载变化时保持稳定的措施。

变压器是将 220V 交流电变成所需大小的交流电。

整流电路是将工频交流电转换为脉动直流电。

滤波电路将脉动直流中的交流成分滤除，减少交流成分，增加直流成分。

稳压电路采用负反馈技术，对整流后的直流电压进一步进行稳定。

◆ **任务描述**

💡 **看一看——单相半波整流电路**

单相半波整流电路及波形如图 2.1.3 所示。

a) 电路

b) 用示波器观察输出波形

图 2.1.3 单相半波整流电路及波形

❓ 学一学——单相半波整流电路

利用具有单向导电性能的整流元件如二极管等，将交流电转换成单向脉动直流电的电路称为整流电路。整流电路按输入电源相数可分为单相整流电路和三相整流电路，按输出波形又可分为半波整流电路和全波整流电路。目前广泛使用的是桥式整流电路。

单相半波整流电路（见图 2.1.4）的输出电压在一个工频周期内，只是正半周导电，在负载上得到的是半个正弦波。负半周时，二极管 VD 承受反向电压。

单相半波整流电压的平均值为

$$U_{O(AV)} = \frac{1}{2\pi}\int_0^\pi \sqrt{2}U_2\sin\omega t\mathrm{d}\omega t = \frac{\sqrt{2}}{\pi}U_2 \approx 0.45U_2 \tag{2.1.1}$$

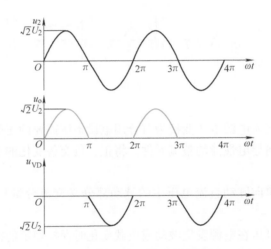

图 2.1.4　单相半波整流波形

流过负载电阻 R_L 的电流平均值为

$$I_{O(AV)} = \frac{U_{O(AV)}}{R_L} = 0.45\frac{U_2}{R_L} \tag{2.1.2}$$

流经二极管的电流平均值与负载电流平均值相等，即

$$I_{D(AV)} = I_{O(AV)} = 0.45\frac{U_2}{R_L} \tag{2.1.3}$$

二极管截止时承受的最高反向电压为 u_2 的最大值，即

$$U_{RM} = U_{2M} = \sqrt{2}U_2 \tag{2.1.4}$$

单相半波整流电路特点：结构简单、使用元器件少，但整流效率低、输出电压脉动大，因此，它只适用于要求不高的场合，如蓄电池充电器等，实际中不常用。

❓ 学一学——单相全波整流电路

单相全波整流电路如图 2.1.5 所示，波形如图 2.1.6 所示，输出电压的平均值 $U_{O(AV)}$ 为

$$U_{O(AV)} = \frac{1}{\pi}\int_0^\pi u_o\mathrm{d}\omega t = \frac{1}{\pi}\int_0^\pi \sqrt{2}U_2\sin\omega t\mathrm{d}\omega t \approx 0.9U_2 \tag{2.1.5}$$

图 2.1.5　单相全波整流电路　　　　图 2.1.6　单相全波整流波形

流过每个二极管的电流平均值为负载平均电流的一半，即

$$I_{\text{VD(AV)}} = I_{\text{VD2(AV)}} = \frac{1}{2}I_{\text{O(AV)}} = \frac{1}{2}\frac{U_O}{R_L} \tag{2.1.6}$$

与半波整流相比，全波整流电路中的二极管所承受的最大反向电压增大了一倍。这是因为，变压器二次绕组有中心抽头，当二极管 VD_2 截止时，u_{21} 和 u_{22} 串联通过 VD_1 加在 VD_2 上；VD_1 截止时，u_{21} 和 u_{22} 串联通过 VD_2 加在 VD_1 上，如图 2.1.5 所示，其峰值为 u_{21} 或 u_{22} 峰值的两倍，即

$$U_{\text{RM}} - 2\sqrt{2}U_2 \tag{2.1.7}$$

显然，全波整流的 U_O 提高了，脉动减小了。但变压器二次绕组的匝数增加了一倍，而且对于每半个绕组而言，也是只有一半时间通过电流，故变压器利用率仍然不高；另外，二极管承受的最大反向电压增加一倍。为了克服这些缺点，实际应用中通常采用桥式整流电路。

 练一练——单相半波整流电路

1. 连接单相半波整流电路

由电源变压器 T、整流二极管 VD、负载电阻 R_L 组成，如图 2.1.3 所示。

2. 测端电压及观察波形

1）在变压器一次侧接入 220V 交流电压，用示波器观察 u_2 和 R_L 两端电压 u_o 的波形。

2）用万用表测变压器二次交流电压有效值 $U_2 = $ _____ V。

3）用万用表测负载两端直流输出电压 $U_0 = $ _____ V。

🕐 **看一看——单相桥式整流电路输出波形**

图 2.1.7 为单相桥式整流电路用示波器观察的输出波形。

图 2.1.7　单相桥式整流电路用示波器观察的输出波形

❓ **学一学——单相桥式整流电路**（见图 2.1.8）

a) 电路图　　　　　　　　　　b) 简化画法

c) 波形

图 2.1.8　单相桥式整流电路及波形

桥式整流电路连接要领：一正、一负接电源，负负、正正接输出，负负输出为正，正正输出为负。

当正半周时，二极管 VD_1、VD_3 导通，在负载电阻上得到正弦波的正半周。当负半周时，二极管 VD_2、VD_4 导通，在负载电阻上得到正弦波的负半周。在负载电阻上正、负半周经过合成，得到的是同一个方向的单向脉动电压。

单相全波整流电压的平均值为

$$U_{O(AV)} = \frac{1}{\pi}\int_0^\pi \sqrt{2}U_2\sin\omega t\mathrm{d}\omega t = 2\frac{\sqrt{2}}{\pi}U_2 \approx 0.9U_2 \tag{2.1.8}$$

流过负载电阻 R_L 的电流平均值为

$$I_{O(AV)} = \frac{U_{O(AV)}}{R_L} \approx 0.9\frac{U_2}{R_L} \tag{2.1.9}$$

流经每个二极管的电流平均值为负载电流的一半，即

$$I_D = \frac{1}{2}I_0 \approx 0.45\frac{U_2}{R_L} \tag{2.1.10}$$

每个二极管在截止时承受的最高反向电压为 u_2 的最大值，即

$$U_{RM} = U_{2M} = \sqrt{2}U_2 \tag{2.1.11}$$

整流变压器二次电压有效值为

$$U_2 = \frac{U_0}{0.9} \approx 1.11U_0 \tag{2.1.12}$$

整流变压器二次电流有效值为

$$I_2 = \frac{U_2}{R_L} \approx 1.11\frac{U_0}{R_L} = 1.11I_0 \tag{2.1.13}$$

由以上计算，可以选择整流二极管和整流变压器。

单相桥式整流电路特点：桥式整流电路提高了交流电源和变压器的利用率，输出电压高、波动小。

【注意】整流电路中的二极管是作为开关运用的，整流电路既有交流量，又有直流量，通常输入（交流）——用有效值或最大值；输出（交直流）——用平均值；整流管正向电流——用半均值；整流管反向电压——用最大值。

【例 2.1.1】 有一直流负载需要直流电压 9V，直流电流 0.4A，若采用桥式整流电路，求电源变压器的二次电压，并选择二极管型号。

解：因 $U_{O(AV)} \approx 0.9U_2$，则

$$U_2 = \frac{U_{O(AV)}}{0.9} \approx \frac{9}{0.9}\mathrm{V} = 10\mathrm{V}$$

流过二极管的平均电流为

$$I_{VD(AV)} = \frac{1}{2}I_0 = \frac{1}{2}\times 0.4\mathrm{A} = 0.2\mathrm{A}$$

二极管承受的最高反向工作电压为

$$U_{RM} = U_{2M} = \sqrt{2}U_2 \approx 1.41\times 10\mathrm{V} = 14.1\mathrm{V}$$

选择二极管要求 $U_{RM} \geq \sqrt{2}U_2 = 14.1\mathrm{V}$，$I_{RM} \geq I_{VD(AV)} = 0.2\mathrm{A}$。可选用最大整流电流为 1A，最高反向工作电压为 50V 的 1N4001 四只。

138

? 学一学——常用整流组合元件（桥堆）

将单相桥式整流电路的四只二极管制作在一起，封成一个器件称为整流桥。常用的整流组合元件有半桥堆（见图2.1.9）和全桥堆（见图2.1.10）。半桥堆的内部是由两个二极管组成，而全桥堆的内部是由四个二极管组成。

图 2.1.9　半桥堆连接方式及电路符号

图 2.1.10　全桥堆连接方式及电路符号

⏱ 练一练——单相桥式整流电路

1. 连接单相桥式整流电路

由电源变压器 T、整流二极管 $VD_1 \sim VD_4$ 和负载电阻 R_L 组成，如图2.1.8所示。

2. 测端电压及观察波形

1）在变压器一次侧接入 220V 交流电压，用示波器观察 u_2 和 R_L 两端电压 u_o 的波形。

2）用万用表测变压器二次交流电压有效值 U_2 = _____ V。

3）用万用表测负载两端直流输出电压 U_O = _____ V。

练一练——全桥整流桥堆的检测

选用时应注意整流桥堆的额定工作电流和允许的最高反向工作电压应符合整流电路的要求。标"＋"、"－"的引脚是整流输出直流电压的正、负端；标"～"端要与输入的交流点相连接。桥堆引脚的识别及质量检测在实际应用中有重要意义，如图 2.1.11 所示。

图 2.1.11　全桥整流桥堆的检测

任务 2　认识滤波电路

◆　**任务描述**

看一看——电容滤波电路

在整流电路的输出端与负载端之间并联一个电解电容 C，如图 2.1.12 所示。

a）电路图　　　　　　　　　　b）用示波器观察输出波形

图 2.1.12　桥式整流电容滤波

学一学——基本滤波电路

整流电路将交流电变为脉动直流电，但其中含有大量的直流和交流成分（称为纹波电压）。这样的直流电压作为电镀、蓄电池充电的电源还是允许的，但作为大多数电子设备的电源，将会产生不良影响，甚至不能正常工作。在整流电路之后，需要加接滤波电路，尽量减小输出电压中交流分量，使之接近于理想的直流电压。

1. 电容滤波电路

电容滤波电路如图 2.1.13 所示。

a) 电路图

b) 电压、电流波形

图 2.1.13　桥式整流电容滤波电路及波形

假定在 $t = 0$ 时接通电路，u_2 为正半周，当 u_2 由零上升时，VD_1、VD_3 导通，C 被充电，因此 $u_o = u_C \approx u_2$，在 u_2 达到最大值时，u_o 也达到最大值，如图 2.1.13b 中 a 点，然后 u_2 下降，此时 $u_C > u_2$，VD_1、VD_3 截止，电容 C 向负载电阻 R_L 放电，由于放电时间常数 $\tau = R_L C$ 一般较大，电容电压 u_C 按指数规律缓慢下降。当 u_o（u_C）下降到图 2.1.13b 中 b 点后，$|u_2| > u_C$，VD_2、VD_4 导通，电容 C 再次被充电，输出电压增大，以后重复上述充、放电过程。

整流电路接入滤波电容后，不仅使输出电压变得平滑、纹波显著减小，同时输出电压的平均值也增大了。输出电压的平均值 $U_{O(AV)}$ 的大小与滤波电容 C 及负载电阻 R_L 的大小有关，C 的电容量一定时，R_L 越大，C 的放电时间常数就越大，其放电速度就越慢，输出电压就越平滑，$U_{O(AV)}$ 就越大。当 R_L 开路时，$U_{O(AV)} \approx \sqrt{2} U_2$。为了获得良好的滤波效果，一般取

$$R_LC \geqslant (3 \sim 5)\frac{T}{2} \tag{2.1.14}$$

式中　T——输入交流电压的周期。

此时输出电压的平均值近似为

$$U_{O(AV)} \approx 1.2U_2 \tag{2.1.15}$$

由于电容滤波电路简单,输出电压较大,波纹电压较小,故应用很广泛。但是整流电路采用电容滤波后,只有当 $|u_2| > u_C$ 时二极管才导通,故二极管的导通时间缩短,一个周期的导通角 $\theta < \pi$,如图 2.1.13b 所示。由于电容 C 充电的瞬间电流很大,容易损坏二极管,故在选择二极管时,必须留有足够的电流裕量。一般可按 $(2 \sim 3) I_{VD(AV)}$ 来选择二极管。

其次,电容滤波电路输出电压平均值 $U_{O(AV)}$ 会随负载电流的增加(即负载电阻 R_L 减小)而减小,波纹电压也会跟随增大。$U_{O(AV)}$ 随 $I_{O(AV)}$ 变化的规律如图 2.1.14 所示,称为输出特性或外特性。由于电容滤波电路输出电压平均值及波纹电压受负载变化的影响较大,所以电容滤波电路只适用于负载电流比较小或负载电流基本不变的场合。

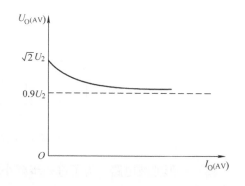

图 2.1.14　电容滤波电路的输出特性

【例 2.1.2】　单相桥式整流滤波电路如图 2.1.13a 所示,交流电源频率 $f = 50$Hz,负载电阻 $R_L = 40\Omega$,要求输出电压 $U_{O(AV)} = 20$V。并试求变压器二次电压有效值 U_2,并选择二极管和滤波电容器。

解:由式 (2.1.15) 可得

$$U_2 = \frac{U_{O(AV)}}{1.2} = \frac{20}{1.2}\text{V} = 17\text{V}$$

通过二极管的电流平均值为

$$I_{VD(AV)} = \frac{I_{O(AV)}}{2} = \frac{1}{2}\frac{U_{O(AV)}}{R_L} = \frac{1}{2} \times \frac{20}{40}\text{A} = 0.25\text{A}$$

二极管承受最高反向电压为

$$U_{RM} = \sqrt{2}U_2 = \sqrt{2} \times 17\text{V} \approx 24\text{V}$$

因此应选择 $I_F \geqslant (2 \sim 3) I_{VD(AV)} = (0.5 \sim 0.75)$ A、$U_{RM} > 24$V 的二极管,查手册可选 4 只 2CZ55C 二极管(参数:$I_F = 1$A,$U_{RM} = 100$V)或选用 1A、100V 的整流桥。

根据公式 (2.1.14),取 $R_LC = 4 \times \frac{T}{2}$,因 $T = \frac{1}{f}$,则 $T = \frac{1}{50}$s $= 0.02$s,所以

$$C = \frac{4 \times \dfrac{T}{2}}{R_L} = \frac{4 \times 0.02\text{s}}{2 \times 40\Omega} = 1000\mu\text{F}$$

可选取 1000μF、耐压值为 50V 的电解电容器。

2. 电感滤波电路

图 2.1.15 为电感滤波电路,电感滤波适用于负载功率(电流)较大的场合。它的缺点

是制作复杂、体积大、笨重且存在电磁干扰。

3. 其他形式滤波电路

（1）*LC* 型滤波电路　电感滤波电路输出电压平均值 U_0 的大小一般按经验公式计算。

$$U_0 \approx 0.9U_2 \qquad (2.1.16)$$

如果要求输出电流较大，输出电压脉动很小时，可在电感滤波电路之后再加电容 *C*，组成 *LC* 滤波电路，如图 2.1.16 所示。

图 2.1.15　电感滤波电路

图 2.1.16　*LC* 电感滤波电路

（2）π 形滤波电路　为了进一步减小负载电压中的纹波，可采用图 2.1.17 所示 π 形 *LC* 滤波电路。

图 2.1.17　π 形 *LC* 滤波电路

🕐 练一练——滤波电路负载两端的电压及波形

1）用示波器观察负载两端电压的波形，比较并联电容前后的变化。

2）用万用表测试负载两端电压，并联电容前 U_0 = ＿＿＿＿＿ V，并联电容后 U'_0 = ＿＿＿＿＿ V。

学习情境 2　认识稳压电路

学 习 目 标

➤ 了解稳压电源的组成。
➤ 理解串联型直流稳压电路、开关稳压电路的组成和工作原理。
➤ 会安装简单串联型直流稳压电路。
➤ 能调试、测量简单串联型直流稳压电路。

工 作 任 务

➤ 识读串联型直流稳压电路、开关稳压电路的电路图。
➤ 安装简单串联型直流稳压电路。
➤ 记录简单串联型直流稳压电路测试结果并分析。

任务 1　认识串联型稳压电路

◆　问题引入

　　直流稳压电源是电子设备中的重要组成部分，用来将交流电网电压变为稳定的直流电压。一般小功率直流电源由电源变压器、整流滤波电路和稳压电路等部分组成。稳压电路用来在交流电源电压波动或负载变化时，稳定直流输出电压。目前广泛采用集成稳压器，在小功率供电系统中多采用线性集成稳压器，而中、大功率稳压电源一般采用开关稳压器。

💡　看一看——直流稳压电源

　　图 2.2.1 为直流稳压电源。

图 2.2.1　直流稳压电源

◆　任务描述

💡　看一看——稳压管稳压电路

　　在前面我们学习了稳压管稳压电路，如图 1.1.24 所示，它是最简单的稳压电路，因为稳压元器件与负载电阻并联，又称为并联型稳压电路。

硅稳压管稳压电路结构简单，设计制作方便，适用于负载电流较小的电子设备中。但是，这种电路一旦选定稳压管后，输出电压不可随意调节，而且也不适用于电网电压和负载电流变化较大的场合。为了克服上述缺点，可以采用串联型直流稳压电路。目前主要使用的是集成三端稳压器。

 学一学——晶体管串联型稳压电路

晶体管串联型稳压电路的原理图和框图如图 2.2.2 所示。

图 2.2.2　晶体管串联型稳压电路的原理图和框图

1. 电路组成及各部分作用

1）取样电路：由 R_1、RP、R_2 构成，其作用是从输入电压 U_I 中取出部分电压送 VT_2 的基极，调节 RP 可改变取样电压。

2）基准电压电路：由稳压管 VS 和限流电阻 R_3 组成，其作用为 VT_2 的发射极提供基准电压，作为调整比较的标准。

3）比较放大电路：由 VT_2 和 R_4 构成，其作用是将取样电压与基准电压进行比较，用比较后的误差电压 U_{BE2} 去控制 VT_1 的基准电流。

4）调整器件：VT_1 为调整管，工作在放大区。因其与 R_L 串联，故称串联型电源。改变 I_{B1} 则 VT_1 的 C、E 间电阻可变，从而自动调节 U_{CE1}，保持 U_O 稳定。

2. 稳压原理

当 U_I 或 R_L 变化时，稳压过程如下：

$$U_I 或 R_L \uparrow \rightarrow U_O \uparrow \rightarrow U_{B2} \uparrow \rightarrow U_{BE2} \uparrow \rightarrow I_{B2} \uparrow \rightarrow I_{C2} \uparrow \rightarrow U_{B1} \downarrow \rightarrow I_{C1} \downarrow \rightarrow U_{CE1} \uparrow \rightarrow U_O \downarrow$$

3. 输出电压的调节

按分压关系有

$$U_{B2} = \frac{R_2 + R_{RP(下)}}{R_1 + R_2 + R_{RP}} U_O$$

则

$$U_O = \frac{R_1 + R_2 + R_{RP}}{R_2 + R_{RP(下)}} (U_Z + U_{BE2})$$

因 $U_Z \gg U_{BE2}$，则

$$U_0 = \frac{R_1 + R_2 + R_{RP}}{R_2 + R_{RP(下)}} U_Z$$

式中 $\dfrac{R_2 + R_{RP(下)}}{R_1 + R_2 + R_{RP}}$ 为分压比, 用 n 表示, 则

$$U_0 = \frac{U_Z}{n} \tag{2.2.1}$$

结论: 只要改变 RP 的抽头位置, 便可改变电路分压比, 从而调整输出电压 U_0 的大小。

4. 提高电源稳压性能的措施

1) 取样电阻: 选用金属膜的, 使分压比 n 更稳定。

2) 稳压二极管: 选温度系数小的硅稳压管, 使 U_Z 更稳定。

3) 比较放大管: 选 β 大的晶体管, 使调压灵敏, 稳压性能好。

4) 调整管: 当输出功率较大时, 要选大功率晶体管, 可用复合管作调整管以提高 β 值。

比较放大电路也可采用集成运算放大器, 如图 2.2.3 所示。

图 2.2.3　采用集成运算放大器的串联型稳压电路

学一学——三端式稳压器

三端式稳压器只有三个引出端子, 具有应用时外接元件少、使用方便、性能稳定、价格低廉等优点, 因而得到广泛应用。三端式稳压器有两种: 一种输出电压是固定的, 称为固定输出三端稳压器; 另一种输出电压是可调的, 称为可调输出三端稳压器。它们的基本组成及工作原理都相同, 均采用串联型稳压电路。

1. 三端固定输出集成稳压器

（1）型号与基本应用电路　国内生产的电子元器件, 早已不再使用国际了, 一般采用国际通用的标准。78 系列稳压器习惯称为 78XX、78MXX、78LXX, 不同封装的引脚定义不同。

78XX: 大功率器件, 电流 1.5A, 封装一般为 TO－220、TO－263（D2PAK）;

78MXX: 中功率器件, 电流 0.5A, 封装一般为 TO－252（DPAK）、TO－220;

78LXX: 小功率器件, 电流 100mA, 封装一般为 SOT－89、SO－8、TO－92。

三端固定输出集成稳压器通用产品有 78XX 系列（正电源）和 79XX 系列（负电源）。

78XX 系列为固定输出电压，常见的输出电压有 5、6、8、9、12、15、18、24V。79XX 系列除输出电压为负、引脚不兼容外，其他特点与 78 系列相似。

图 2.2.4 为 78XX 和 79XX 系列塑料封装三端固定输出集成稳压器的外形及引脚排列。79XX 系列接线与 78XX 系列基本相同。

图 2.2.5 为 78XX 系列集成稳压器的基本应用电路。由于输出电压决定于集成稳压器，所以图 2.2.5 输出电压为 12V，最大输出电流为 1.5A。为使电路正常工作，要求输入电压 U_1 应至少大于 U_0（2.5～3）V。输入端电容 C_1 用以抵消输入端较长接线的电感效应，以防止自激振荡，还可抑制电源的高频脉冲干扰。一般取 0.1～1μF 电容。输出端电容 C_2、C_3 用以改善负载的瞬态响应，消除电路的高频噪声，同时也具有消振作用。VD 是保护二极管，用来防止在输入端短路时输出电容 C_3 上所存储电荷通过稳压器放电而损坏器件。

图 2.2.4　三端固定输出集成稳压器的外形及引脚排列

图 2.2.5　78XX 系列（7812）集成稳压器的基本应用电路

（2）提高输出电压的电路　实际需要的直流稳压电源，如果超过集成稳压器的输出电压数值时，可外接一些元件提高输出电压，图 2.2.6a 所示电路能使输出电压高于固定电压，图中的 U_{XX} 为 78 系列稳压器的固定输出电压数值，显然有

$$U_O = U_{XX} + U_Z$$

a)　　　　　　　　　　　　b)

图 2.2.6　提高输出电压电路

也可采用图 2.2.6b 所示的电路提高输出电压。图中 R_1、R_2 为外接电阻，R_1 两端的电压为三端集成稳压器的额定输出电压 U_{XX}，R_1 上流过的电流为 $I_{R1} = U_{XX}/R_1$，三端集成稳压器

的静态电流为 I_Q，则有

$$I_{R2} = I_{R1} + I_Q \qquad (2.2.2)$$

（3）输出正、负电压的电路　采用 7815 和 7915 三端稳压器各一块组成的具有同时输出 $-15 \sim 15V$ 电压的稳压电路，见图 2.2.7。

图 2.2.7　正、负同时输出的稳压电源

（4）恒流源可调稳压电路　集成稳压器输出端串入阻值合适的电阻，就可以构成输出恒定电流的电源，如图 2.2.8 所示，图中 R_L 为输出负载电阻，电源输入电压 $U_I = 10V$，7805 为金属封装，输出电压 $U_{23} = 5V$，因此可求得向 R_L 输出的电流 I_O 为

$$I_O = \frac{U_{23}}{R} + I_Q \qquad (2.2.3)$$

图 2.2.8　恒流源电路

式中，I_Q 是稳压器的静态工作电流，由于它受 U_I 及温度变化的影响，所以只有当 $U_{23}/R \gg I_Q$ 时，输出电流 I_O 才比较稳定。由图可知，$U_{23}/R = 5V/10\Omega = 0.5A$，显然比 I_Q 大得多，故 $I_O \approx 0.5A$，受 I_Q 的影响很小。

（5）三端稳压器使用注意事项　尽管三端稳压器内部有较完善的保护电路，但任何保护电路都不是万无一失的。为了使稳压电路安全可靠地工作，使用中应注意以下问题：

1）稳压器的三个端子不能接错，特别是输入端和输出端不能接反，否则器件就会损坏。

2）稳压器的输入电压 U_I 不能过小，要求 U_I 比输出电压 U_O 至少大（$2.5 \sim 3$）V。但压差过大会使稳压器功耗增大，注意不能使器件功耗超过规定值（塑料封装管加散热器最大功耗为 10W，金属壳封装管加散热器最大功耗为 20W）。

3）稳压器输出端接大电容量负载电容器时，应在稳压器输入端与输出端之间加接保护二极管，如图 2.2.5 所示。

4）稳压器 GND 端不能开路，一旦 GND 开路，稳压器输出电压就会接近于输入电压，即 $U_O \approx U_I$，可能损坏负载电路中的元器件。

2. 三端可调输出集成稳压器

（1）型号与内部电路组成　三端可调输出集成稳压器是在三端固定输出集成稳压器的

基础上发展起来的，集成片的输入电流几乎全部流到输出端，流到公共端的电流非常小，因此可以用少量的外部元器件方便地组成精密可调的稳压电路，应用更为灵活。典型产品117、217、317 系列为正电压输出，负电压系列有 137、237、337 等。同一系列内部电路和工作原理基本相同，只是工作温度不同，如 117、217、317 系列工作温度为 - 55 ~ 150℃、- 25 ~ 150℃、0 ~ 125℃。根据输出电流的大小，每个系列又分为 L 型系列（$I_0 \leq 0.1A$）、M 型系列（$I_0 \leq 0.5A$）。如果不标 M 或 L，则表示该器件 $I_0 \leq 1.5A$。117 及 137 系列塑料直插式封装引脚排列如图 2.2.9 所示。

117 系列集成稳压器组成原理框图如图 2.2.10 所示。基准电路有专门引出端子 ADJ，称为电压调整端。因所有放大器和偏置电路的静态工作点电流都流到稳压器的输出端，所以没有单独引出接地端。当输入电压在 2 ~ 40V 范围内变化时，电路均能正常工作，输出端与调整端之间的电压等于基准电压 1.25V。基准电源的工作电流 I_{REF} 很小，约为 50μA，由一恒流特性很好的电流源提供，所以它的大小不受供电电压的影响，非常稳定。可以看出，如果将电压调整端直接接地，在电路正常工作时，输出电压就等于基准电压 1.25V。

图 2.2.9　三端可调输出集成稳压器　　　图 2.2.10　117 系列集成稳压器组成框图

（2）应用电路　图 2.2.11 为三端可调输出集成稳压器的基本应用电路，VD_1 用于防止输入短路时 C_4 上存储的电荷产生很大的电流反向流入稳压器使之损坏。VD_2 用于防止输出短路时 C_2 通过调整端放电而损坏稳压器。R_1、RP 构成取样电路，这样，实质上电路构成串联型稳压电路，调节 RP 可改变取样比，即可调节输出电压 U_0 的大小。该电路的输出电压 U_0 为

$$U_0 = \frac{U_{REF}}{R_1}(R_1 + R_2) + I_{REF}R_2$$

由于 $I_{REF} \approx 50\mu A$，可以略去，又 $U_{REF} = 1.25V$，所以

$$U_0 \approx 1.25 \times \left(1 + \frac{R_2}{R_1}\right) \tag{2.2.4}$$

可见，当 $R_2 = 0$ 时，$U_0 = 1.25V$，当 $R_2 = 2.2k\Omega$ 时，$U_0 \approx 24V$。

考虑到器件内部电路绝大部分的静态工作电流 I_Q 由输出端流出，为保证负载开路时电路工作正常，必须正确选择电阻 R_1。根据内部电路设计 $I_Q = 5mA$，由于器件参数的分散性，

图 2.2.11 三端可调输出集成稳压器基本应用电路

实际应用中可选用 $I_Q = 10\text{mA}$，这样 R_1 的阻值定为

$$R_1 = \frac{U_{REF}}{I_Q} = \frac{1.25}{10 \times 10^{-3}}\Omega = 125\Omega$$

取标称值 120Ω。若 R_1 取值太大，会有一部分电流不能从输出端流出，影响内部电路正常工作，使输出电压偏高。如果负载固定，R_1 也可取大些，只要保证 $I + I_0 \geqslant 10\text{mA}$ 即可。

图 2.2.12 为输出电压 $0 \sim 30\text{V}$ 连续可调的稳压电路，由 317 组成。图中 R_3、VS 组成稳压电路，使 A 点电位为 -1.25V，这样当 $R_2 = 0$ 时，U_A 电位与 U_{REF} 相抵消，便可使 $U_0 = 0\text{V}$。

图 2.2.12 输出电压 $0 \sim 30\text{V}$ 连续可调的稳压电路

练一练——简单串联型直流稳压电路的安装与调试

1. 简单串联型直流稳压电路（见图 2.2.13）

电路中 R_1 为 $3\text{k}\Omega$，VT 为 3DD102C 大功率硅管，VS 为稳压管，标志为 6.2V。

2. 仪器仪表工具

$0 \sim 30\text{V}$ 双路直流稳压电源，万用表 1 块，镊子 1 把。

图 2.2.13　简单串联型直流稳压电路

3. 安装步骤

1）识读简单串联型直流稳压电路图。

2）根据阻值大小和晶体管型号正确选择器件。电阻 R_1 选择碳膜电阻，色环为橙黑红金，代表阻值 3kΩ；调整管 VT 选择硅材料大功率晶体管，型号为 3DD102C，同时附带有散热片；稳压管 VS 选择标志为 6.2V 的稳压管。

3）电阻、稳压管和晶体管正确成形，注意元器件成形时尺寸须符合电路通用板插孔间距要求。

4）在电路通用板上按测试电路图正确插装成形好的元器件，并用导线把它们连接好。注意稳压管的正、负极，晶体管的 E、B、C 电极。

4. 测试步骤

1）按上述安装步骤完整接好图 2.2.13 电路并复查，通电检测。

2）调整管稳压管的测量。

① 接入输入电压 $U_I = 20$V，用万用表测得 VT 的各电极电压，$U_E = $_____ V，$U_B = $_____ V，$U_C = $_____ V，VT 工作在_____（放大/饱和/截止）状态。

② 用万用表测得稳压管 VS 的稳压值 $U_Z = $_____ V，该电压是_____（反向击穿电压/正向电压）。

3）接入输入电压 $U_I = 20$V，负载电阻 $R_L = 10$kΩ，测量输出电压 U_O，并记录 $U_O = $_____。

4）改变输入电压，使 $U_I = 25$V，负载电阻 R_L 不变，测量输出电压 U_O，并记录 $U_O = $_____。

5）改变负载电阻，使 $R_L = 5$kΩ，输入电压 U_I 不变，测量输出电压 U_O，并记录 $U_O = $_____。

5. 实训总结

1）测试步骤 4）的结果表明，当输入电压在一定范围内变化时，电路的输出电压_____（基本保持不变/随输入电压变化而变化）。

2）测试步骤 5）的结果表明，当负载电阻在一定范围内变化时，电路的输出电压_____（可以基本保持不变/随负载电阻变化而变化）。

3）分析讨论在调试过程中出现的问题。

4）写出实训报告。

任务 2 认识开关稳压电路

前述线性集成稳压器有很多优点，使用也很广泛。但由于调整管必须工作在线性放大区，管压降比较大，同时要通过全部负载电流，所以管耗大、电源效率低（一般为 40% ~ 60%）。特别在输入电压升高、负载电流很大时，管耗会更大，不但电源效率很低，同时使调整管的工作可靠性降低。而开关稳压电路的调整管工作在开关状态，依靠调节调整管导通时间来实现稳压。由于调整管主要工作在截止和饱和两种状态，管耗很小，故使稳压电路的效率明显提高，可达 80% ~ 90%，而且这一效率几乎不受输入电压大小的影响，即开关稳压电路有很宽的稳压范围。由于效率高，使得电路体积小、质量小。开关稳压电路的主要缺点是输出电压中含有较大的纹波。但由于开关稳压电路优点显著，故发展非常迅速，使用也越来越广泛。

学一学——串联型开关稳压电路

图 2.2.14 为串联型开关稳压电路的基本组成框图。图中，VT 为开关调整管，它与负载 R_L 串联；VD 为续流二极管，L、C 构成滤波器；R_1 和 R_2 组成取样电路，A_1 为误差放大器，A_2 为电压比较器，它们与基准电压源、三角波发生器组成开关调整管的控制电路。误差放大器对来自输出端的取样电压 u_F 与基准电压 U_{REF} 的差值进行放大，其输出电压 u_A 送到电压比较器 A_2 的同相输入端。三角波发生器产生一频率固定的三角波电压 u_T，它决定了电源的开关频率。u_T 送至电压比较器 A_2 的反相输入端与 u_A 进行比较，当 $u_A > u_T$ 时，电压比较器 A_2 输出电压 u_B 为高电平，当 $u_A < u_T$ 时，电压比较器 A_2 输出电压 u_B 为低电平，u_B 控制开关调整管 VT 的导通和截止。开关稳压电路的电压、电流波形如图 2.2.15 所示。

图 2.2.14 串联型开关稳压电路的基本组成框图

电压比较器 A_2 输出电压 u_B 为高电平时，调整管 VT 饱和导通，若忽略饱和压降，则 $u_E \approx U_i$，二极管 VD 承受反向电压而截止，u_E 通过电感 L 向 R_L 提供负载电流。由于电感自感电动势的作用，电感中的电流 i_L 随时间线性增长，L 同时存储能量，当 $i_L > I_0$ 后继续上升，电容 C 开始被充电，u_0 略有增大。电压比较器 A_2 输出电压 u_B 为低电平时，调整管截

图 2.2.15　开关稳压电路的电压、电流波形

止，$u_E \approx 0$。因电感 L 产生相反的自感电动势，使二极管 VD 导通，于是电感中储存的能量通过 VD 向负载释放，使负载 R_L 中继续有电流通过，所以将 VD 称为续流二极管，这时 i_L 随时间线性下降，当 $i_L < I_0$ 后，C 开始放电，u_0 略有下降。u_E、i_L、u_0 波形如图 2.2.15c、d、e 所示，图中，I_0、U_0 为稳压电路输出电流、电压的平均值。由此可见，虽然调整管工作在开关状态，但由于二极管 VD 的续流作用和 L、C 的滤波作用，仍可获得平稳的直流电压输出。

开关调整管的导通时间为 t_{on}，截止时间为 t_{off}，开关的转换周期为 T，$T = t_{on} + t_{off}$，它决定于三角波电压 u_T 的频率。显然，忽略滤波器电感的直流压降、开关调整管的饱和压降以及二极管的导通压降，输出电压的平均值为

$$U_0 \approx \frac{U_I}{T} t_{on} = D U_I \tag{2.2.5}$$

式中　D 称为脉冲波形的占空比，$D = t_{on}/T$。

式 (2.2.5) 表明，U_0 正比于脉冲占空比 D，调节 D 就可以改变输出电压的大小，因此，将图 2.2.14 所示电路称为脉宽调制（PWM）式开关稳压电路。

根据以上分析可知，在闭环情况下，电路能根据输出电压的大小自动调节调整管的导通和关断时间，维持输出电压的稳定。当输出电压 U_0 升高时，取样电压 u_F 增大，误差放大器的输出电压 u_A 下降，调整管的导通时间 t_{on} 减小，占空比 D 减小，使输出电压减小，恢复到原大小。反之，U_0 下降，u_F 下降，u_A 上升，调整管的导通时间 t_{on} 增大，占空比 D 增大，使输出电压增大，恢复到原大小。从而实现了稳压的目的。必须指出，当 $u_F = U_{REF}$ 时，$u_A = 0$，脉冲占空比 $D = 50\%$，此时稳压电路的输出电压 U_0 等于预定的标称值。所以，稳压电源取样电路的分压比可根据 $u_F = U_{REF}$ 求得。

🔘 学一学——并联型开关稳压电路

并联型开关稳压电路如图 2.2.16a 所示，图中，VT 为开关调整管，它与负载 R_L 并联，

a) 电路

b) VT导通

c) VT截止

图 2.2.16   并联型开关稳压电路

VD 为续流二极管，L 为滤波电感，C 为滤波电容，R_1、R_2 为取样电路，控制电路的组成与串联开关稳压电路相同。当控制电路输出电压 u_B 为高电平时，VT 饱和导通，其集电极电位近似为零，使 VD 反偏而截止，输入电压 U_i，通过电流 i_L 使电感 L 储能，同时电容 C 对负载放电供给负载电流，如图 2.2.16b 所示。当控制电路输出电压 u_B 为低电平时，VT 截止，由于电感 L 中电流不能突变，这时在 L 两端产生自感电压 u_L 并通过 VD 向电容 C 充电，以补充放电时所消耗的能量，同时向负载供电，电流方向如图 2.2.16c 所示。此后 u_B 再为高电平、低电平，VT 再次导通、截止，重复上述过程。因此，在输出端获得稳定且大于 U_I 的直流电压输出。可以证明，并联型开关稳压电路的输出电压为

$$U_O \approx \left(1 + \frac{t_{on}}{t_{off}}\right) U_I \tag{2.2.6}$$

式中，t_{on}、t_{off} 分别为开关调整管导通和截止的时间。

由式（2.2.6）可见，并联型开关稳压电路的输出电压总是大于输入电压，且 t_{on} 越长，电感 L 中储存的能量越多，在 t_{off} 期间内向负载提供的能量越多，输出电压也就越大于输入电压。

🔵 学一学——集成开关稳压器及应用

目前生产的集成开关稳压器种类很多，现介绍 CW4960/4962 等几种集成度高、使用方便的集成开关稳压器及其应用。

CW4960/4962 已将开关功率管集成在芯片内部，所以构成电路时，只需少量外围元件。最大输入电压为 50V，输出电压范围为 5.1～40V 连续可调，变换效率为 90%。脉冲

占空比也可以在 $0 \sim 100\%$ 内部调整。该器件具有慢启动及过流、过热保护功能。工作频率高达 100kHz。CW4960 额定输出电流为 2.5A，过电流保护电流为 $3 \sim 4.5A$，用很小的散热片，它采用单列 7 脚封装形式，如图 2.2.17a 所示。CW4962 额定输出电流为 1.5A，过流保护电流为 $2.5 \sim 3.5A$，不用散热片，它采用双列直插式 16 脚封装，如图 2.2.17b 所示。

图 2.2.17　CW4960/4962 引脚排列

CW4960/4962 内部电路相同，主要由基准电压源、误差放大器、脉冲宽度调制器、功率开关管以及软启动电路、输出过流限制电路、芯片过热保护电路等组成。CW4962/4960 典型应用电路如图 2.2.18 所示（有括号的为 CW4960 的引脚标号），它为串联型开关稳压电路。输入端所接电容 C_1 可以减小输出电压的纹波，R_1、R_2 为取样电阻，输出电压为

$$U_0 = 5.1 \frac{R_1 + R_2}{R_2} \qquad (2.2.7)$$

R_1、R_2 的取值范围 $500\Omega \sim 10k\Omega$。

图 2.2.18　CW4962/4960 典型应用电路

R_T、C_T 用以决定开关电源的工作频率，一般 R_T 为 $1 \sim 27k\Omega$，C_T 为 $1 \sim 3.3nF$。RP、C_P 为频率补偿电路，用以防止产生寄生振荡，VD 为续流二极管，采用 4A/50V 的肖特基或快恢复二极管，C_3 为软启动电容，一般 C_3 为 $1 \sim 4.7\mu F$。

【小知识】集成稳压器的分类

集成稳压器的分类如表 2.2.1 所示。

表 2.2.1　集成稳压器的分类

分　类	产品型号	国外对应型号	封装形式
三端固定正输出	CW78×× CW78M×× CW78L×	μA78××、LM78×× μA78M××、LM78M×× μA78L××、LM78L××	K02、S1、S6、(S7)、T03
三端固定负输出	CW79×× CW79M×× CW79L××	μA79××、LM79×× μA79M××、LM79M×× μA79L××、LM79L××	K02、S1、S6、(S7)、T03
三端可调正输出	CW117/217/317 CW117M 217M/317M CW117L/217L/317L	LM117/217/317 LM117M/217M/317M LM117L/217L/317L	K02、S1、S6、(S7)、T03
三端可调负输出	CW137/237/337 CW137M 237M/337M CW137L/237L/337L	LM137/237/337 LM137M/237M/337M LM137L/237L/337L	K02、S1、S6、(S7)、T03
多端可调正输出	CW723/723C	μA723、LM723	T10、D14、J14、P14
	CW3085	CA3085	T08、J08
	CW105/205/305	LM105/205、μPC141	T08、J08
	CW1569/1469	MC1569/1469	T10
多端可调负输出	CW104/204/304	LM104/204/304、μPC142	T10
	CW1511	SG1511	T10
	CW1463/1563	MC1463/1563	T10、D14、J14、P14
正、负对称输出	CW1468/1568	MC1468/1568	D14、J14、P14

小　　结

1）直流稳压电源是电子设备中的重要组成部分，用来将交流电网电压变为稳定的直流电压。一般小功率直流电源由电源变压器、整流滤波电路和稳压电路等部分组成。对直流稳压电源的主要要求是：输入电压变化以及负载变化时，输出电压应保持稳定，即直流电源的电压调整率及输出电阻越小越好。此外，还要求纹波电压要小。

2）整流电路的作用是利用二极管的单向导电特性，将交流电压变成单方向的脉动直流电压，目前广泛采用整流桥构成桥式整流电路。为了消除脉动电压的纹波电压需采用滤波电路，单相小功率电源常采用电容滤波。在桥式整流电容滤波电路中，当 $R_L C \geqslant (3 \sim 5) \, T/2$ 时，输出电压 $U_{O(AV)} \approx 1.2 U_2$（$U_2$ 为变压器二次电压的有效值）。

3）稳压电路用来在交流电源电压波动或负载变化时，稳定直流输出电压。目前广泛采用集成稳压器，在小功率供电系统中多采用线性集成稳压器，而中、大功率稳压电源一般采用开关稳压器。

4）线性集成稳压器中调整管与负载相串联，且工作在线性放大状态，它由调整管、基准电压、取样电路、比较放大电路以及保护电路等组成。开关稳压器中调整管工作在开关状态，其效率比线性稳压器高得多，而且这一效率几乎不受输入电压大小的影响，即开关稳压电源有很宽的稳压范围。

习　题

一、填空题

1. 常见二极管单相整流电路有_____电路、_____电路、_____电路。

2. 选用整流二极管时应着重考虑二极管的_____和_____这两个主要参数。

3. 稳压二极管的管心属于_____接触，它的伏安特性曲线与普通二极管的伏安特性曲线相似，只是正向导通特性曲线和反向击穿特性曲线均比普通二极管_____。正常工作时工作在_____区。

4. 大小波动、方向不变的电压或电流，称为_____直流电。

5. 在整流与负载之间接入滤波电路，若接电容滤波电路，要将滤波电容与负载_____联；若接电感滤波电路，要将滤波电感与负载_____联。

6. 在单相桥式整流电路中，变压器二次电压为 10V，则二极管的最高反向工作电压应不小于_____V，若负载电流 1000mA，则每只二极管的平均电流应大于_____mA。

7. 稳压电源按电压调整元件与负载 R_L 的连接方式可分为_____型和_____型两大类。

8. 带有放大环节的串联型稳压电源主要由以下四部分组成：_____、_____、_____和_____。

二、选择题

1. 若某一单相桥式整流电路中，有一只整流二极管击穿短路，则（　　　）。
   A. U_0 会升高　　　　B. U_0 会下降　　　　C. 不能正常工作　　　　D. 仍可工作

2. 若某一单相桥式整流电路中，有一只整流二极管断路，则（　　　）。
   A. U_0 会升高　　　　B. U_0 会下降　　　　C. 不能正常工作　　　　D. 仍可工作

3. 稳压电路的位置一般在（　　　）的后面。
   A. 信号源　　　　　B. 电源变压器　　　　C. 整流电路　　　　　D. 滤波电路

4. 要获得 9V 的稳压电压，集成稳压器的型号选用（　　　）。
   A. 7810　　　　　　B. 7909　　　　　　C. 7912　　　　　　D. 7809

5. 用万用表直接电压档测量一只接在稳压电路中的稳压二极管 2CW15 两端的电压，发现读数为 0.7V，这种情况是（　　　）。

   A. 稳压二极管接反了　　　　　　　　B. 稳压二极管击穿了

   C. 稳压二极管烧坏了　　　　　　　　D. 电压表读数不准

6. 晶体管串联型稳压电源中调整管的工作状态是（　　　）

   A. 放大状态　　　B. 开关状态

7. 串联型稳压电路中输出电压调整器件是（　　　）

   A. 稳压二极管　　　B. 晶体管

三、判断题

1. 整流输出电压加电容滤波后，电压波动减小了，输出电压也下降了。（　　　）

2. 桥式整流电路也是一种全波整流电路。（　　　）

3. 滤波电容耐压值必须大于变压器二次电压 U_2 的峰值，即 $U_C \geqslant \sqrt{2}U_2$。（　　　）

4. 面接触型和平面型二极管 PN 结接触面积大，适合于在整流电路中使用。　　（　　）

5. 在半波整流电路中，接入滤波电容时的输出电压平均值 $U_0 = U_2$。　　（　　）

6. 电感滤波器的输出电流较小，滤波效果较好。　　（　　）

7. 串联型稳压电源调整管的基极电流 I_B 减小，输出电压一定降低。　　（　　）

8. 比较放大管的电压放大倍数越大，则稳压效果越好。　　（　　）

四、分析与计算题

1. 在图 2.2.19 所示稳压电路中，已知稳压管的稳定电压 U_Z 为 6V，最小稳定电流 I_{Zmin} 为 5mA，最大稳定电流 I_{Zmax} 为 40mA；输入电压 U_I 为 15V，波动范围为 $\pm 10\%$；限流电阻 R 为 200Ω。求：

（1）电路是否能空载？为什么？

（2）作为稳压电路的指标，负载电流 I_L 的范围为多少？

图　2.2.19

2. 电路如图 2.2.20 所示。

图　2.2.20

（1）分别标出 U_{O1} 和 U_{O2} 对地的极性。

（2）U_{O1} 和 U_{O2} 分别是半波整流还是全波整流？

（3）当 $u_{21} = u_{22} = 20V$ 时，$U_{O1(AV)}$ 和 $U_{O2(AV)}$ 各为多少？

（4）当 $u_{21} = 18V$，$u_{22} = 22V$ 时，画出 U_{O1} 和 U_{O2} 的波形；并求出 $U_{O1(AV)}$ 和 $U_{O2(AV)}$ 各为多少？

3. 电路如图 2.2.21 所示，已知稳压管的稳定电压为 6V，最小稳定电流为 5mA，允许耗散功率为 240mW；输入电压为 20~24V，$R_L = 360\Omega$。试问：

（1）为保证空载时稳压管能够安全工作，R_2 应选多大？

（2）当 R_2 按上面原则选定后，负载电阻允许的变化范围是多少？

图　2.2.21

4. 分别判断图 2.2.22 所示各电路能否作为滤波电路，简述理由。

图　2.2.22

5. 电路如图 2.2.23 所示，设 $I'_I \approx I'_O = 1.5A$，VT 的 $U_{EB} \approx U_{VD}$，$R_1 = 1\Omega$，$R_2 = 2\Omega$，$I_{VD} \gg I_B$。求解负载电流 I'_L 与 I'_O 的关系式。

图 2.2.23

6. 在图 2.2.24 所示电路中，$R_1 = 240\Omega$，$R_2 = 3k\Omega$；117 输入端和输出端电压允许范围为 3 ~ 40V，输出端和调整端之间的电压为 1.25V。试求解：

(1) 输出电压的调节范围。

(2) 输入电压允许的范围。

图 2.2.24

7. 两个恒流源电路分别如图 2.2.25a、b 所示。

(1) 求解各电路负载电流的表达式。

(2) 设输入电压为 20V，晶体管饱和压降为 3V，B – E 间电压数值 $|U_{BE}| = 0.7V$；7805 输入端和输出端间的电压最小值为 3V；稳压管的稳定电压 $U_Z = 5V$；$R_1 = R = 50\Omega$。分别求出两电路负载电阻的最大值。

a)　　　　　　　　b)

图 2.2.25

8. 电路如图 2.2.26 所示，变压器二次电压有效值为 $2U_2$。

(1) 画出 U_2、U_{VD} 和 U_O 的波形。

(2) 求出输出电压平均值 $U_{O(AV)}$ 和输出电流平均值 $I_{L(AV)}$ 的表达式。

(3) 二极管的平均电流 $I_{VD(AV)}$ 和所承受的最大反向电压 U_{Rmax} 的表达式。

9. 在下面几种情况下，可选用什么型号的三端集成稳压器？

（1）$U_0 = 12V$，R_L 最小值为 15Ω。

（2）$U_0 = 6V$，最大负载电流 $I_{Lmax} = 300mA$。

（3）$U_0 = -15V$，输出电流范围 I_0 为 $10 \sim 80mA$。

10. 电路如图 2.2.27 所示，三端集成稳压器静态电流 $I_W = 6mA$，RP 为电位器，为了得到 10V 的输出电压，试问应将 RP 调到多大？

图 2.2.26

图 2.2.27

11. 利用 7805 获得输出电压可调的稳压电源如图 2.2.28 所示，试求输出电压 U_0 的表达式，并计算它的可调范围。

12. 电路如图 2.2.29 所示：（1）求电路负载电流 I_0 的表达式；（2）设输入电压为 $U_I = 24V$，7805 输入端和输出端间的电压最小值为 3V，$I_0 \gg I_W$，$R = 50\Omega$，求出电路负载电阻 R_L 的最大值。

图 2.2.28

图 2.2.29

13. 整流稳压电路如图 2.2.30 所示，变压器二次电压的有效值 $U_2 = 15\text{V}$，负载电阻 $R_L = 100\Omega$，试求 $U_O = 10\text{V}$ 时，电位器 RP 的阻值，并估算此时三端集成稳压器的功耗。

图 2.2.30

学习情境3 制作与调试直流稳压电源

💡 **看一看——直流稳压电源的实践制作印制板图**

图2.3.1为直流稳压电源的印制电路板图，图2.3.2为直流稳压电源的元器件排布图。

图2.3.1 直流稳压电源的印刷电路板图（正反面合成）　　图2.3.2　直流稳压电源的元器件排布图

 学一学——直流稳压电源

1. 复合管作为调整管

在稳压电路中，负载电流要流过调整管，输出大电流的电源必须使用大功率的调整管，这就要求有足够大的电流供给调整管的基极，而比较放大电路供不出所需要的大电流。另一方面，调整管需要有较高的电流放大倍数，才能有效地提高稳压性能，但是大功率管一般电流放大倍数都不高。解决这些矛盾的办法，是在原有的调整管基础上用几个大功率晶体管组成复合管。用复合管 VT_7、VT_8 做调整管的直流稳压电源电路如图 2.3.3 所示。

图 2.3.3　复合管作为调整管的直流稳压电源电路

2. 带有保护电路的稳压电源

在稳压电路中，要采取短路保护措施，以保证安全可靠地工作。普通熔断器熔断较慢，用加熔丝的办法达不到保护作用，而必须加装保护电路。图 2.3.4 为带有保护电路的直流稳压电源。

图 2.3.4　带有保护电路的直流稳压电源

保护电路的作用是保护调整管在电路短路、电流增大时不被烧毁，称为短路保护、过电流保护。其基本方法是，当输出电流超过某一值时，使调整管处于反向偏置状态，从而截止，自动切断电路电流。

 做一做——直流稳压电源的制作与调试

1. 元器件规格和测试表（见表 2.3.1）

表　2.3.1

编　号	名　称	规格及型号	数　量	使用档位	测试结果
R_1	电阻器	2kΩ	1		
R_2	电阻器	3kΩ	1		

（续）

编　号	名　称	规格及型号	数　量	使用档位	测试结果
R_3	电阻器	2kΩ	1		
R_4	电阻器	100Ω	1		
R_5	电阻器	680Ω	1		
R_6	功率电阻器	0.33Ω	1		
RP	电位器	4.7kΩ	1		
$VD_1 \sim VD_4$	整流二极管	1N5408	4		
VL	发光二极管	φ3mm 红色	1		
VS	稳压二极管	6.2V	1		
VT_6、VT_9	晶体管	9014	2		
VT_7	大功率晶体管	3DD102	1		
VT_8	晶体管	9013	1		
C_1、C_2	电解电容器	2200μF/16V	1		
FU	熔丝	2A	1		

2. 实践制作工具及仪器仪表

电烙铁1把，焊锡丝，普通万用表1只，示波器1台，直流稳压电源1台。

3. 实践制作过程

1）识读串联型稳压电源电路原理图和印制电路图。

2）先在印制电路板上找到相对应的元器件的位置，将元器件成形。

3）采用边插装边焊接的方法依次正确插装焊接好元器件（注意二极管、电解电容器的正、负极，晶体管的电极）。

插装步骤如下：

① 插装电阻器 R_1、R_2、R_3、R_4、R_5、R_6；

② 插装二极管 VD_1、VD_2、VD_3、VD_4、VS；

③ 插装电解电容器 C_1、C_2；

④ 插装发光二极管 VL；

⑤ 插装晶体管 VT_6、VT_8、VT_9；

⑥ 插装熔丝 FU；

⑦ 插装大功率晶体管 VT_7。

4）用电烙铁焊接好变压器（注意此时不要急于把变压器的一次侧和交流电源相连）。

5）检查焊接的电路中元器件是否有假焊、漏焊，以及元器件的极性是否正确。

6）通电试验，观察电路通电情况。

4. 整机调测

（1）测在路直流电阻　在路直流电阻的测量，在不通电的情况下进行。

用万用表电阻档测变压器一次侧电阻为_____，二次侧电阻为_____；测 P_1、P_2 之间的电阻为_____；测 P_5、P_4 之间的电阻为_____。

（2）通电调测　当测得各在路直流电阻正常时，即可认为电路中无明显的短路现象，可用单手操作法进行通电调测。它可以有效地避免因双手操作不慎而引起的电击等意外事故。

1）变压器部分：用万用表交流电压档，选择合适量程测电源变压器一次电压为_____ V，二次电压为_____ V。

2）整流滤波部分（断开 J_1）：用万用表直流电压档测 P_1、P_2 测试点之间电压，$U_{P1P2} =$ _____ V，此电压即为_____（正/负）电压；测 P_3、P_2 测试点之间电压，$U_{P3P2} =$ _____ V，此电压即为_____（正/负）电压。注意：P_2 为测试的零电位参考点。

3）稳压部分（接上 J_1）：

将万用表直流电压档搭接于输出端，不接负载，调节电位器 RP，测量稳压电路输出电压 U_O _____（改变/不改变），当输出电压 U_O 改变时，说明稳压电路正常工作。测量输出电压 U_O 的最大值为 $U_{Omax} =$ _____；最小值为 $U_{Omin} =$ _____。

调节电位器 RP 使输出电压为 12V。断开 J_8 时，测量 VS 两端电压为_____；接上 J_8 时，测量 VS 两端电压为_____，VS 两端电压_____（有或没有）变化，说明 R_2 的作用是_____。

4）保护电路部分：采用瞬时短路法，将稳压电源输出端短路，测量短路前后各电压值，填入表2.3.2中。

表　2.3.2

	U_O	U_{CE6}	U_{CE7}	U_{CE8}	U_{CE9}
短路前					
短路后					

（3）注意事项

做该项实践内容时，短路时间不能太长，否则会因短路电流太大，导致调整管发热而损坏，所以采用瞬时短路法时，首先将万用表搭在被测电压的测试点上，然后用短路线将输出端短接一下，测出短路后的电压时应立即放开短路线。

5. 稳压电源质量指标的测试

指标是稳压系数 S_r。利用直流稳压电源，在 P_1P_2 间直接加入 $U_I = 18V$，调节 RP，使输出电压为 12V，改变输入电压 U_I（见表2.3.3），用万用表测出此时的输出电压 U_O，将测量结果记入表2.3.3与表2.3.4中。

表　2.3.3

U_I/V	19.8	16.2
U_O/V		
$S_r = \dfrac{\Delta U_O / U_O}{\Delta U_I / U_I}$		

表　2.3.4

负载电阻 R_L/Ω	12000	1200	560
输出电压 U_O/V			
$I_L (= U_O/R_L)/mA$			

想一想——直流稳压电源常见故障及排除方法

进行故障维修时，首先根据故障现象进行判断，以划分故障的大致位置，方可着手修理。表 2.3.5 为直流稳压电源常见故障现象和排除方法。

表 2.3.5　直流稳压电源常见故障现象和排除方法

序　号	故障现象	故障部位及排除方法
1	P_1P_2 或 P_3P_2 之间无交流电压输出	检查熔断器有无断路现象。如断路，则接上熔断器；没有断路，则检查电桥上的每只整流二极管是否断路，如果断路则重新接好 检查电源变压器一、二次绕组是否断路。如断路，则接好相应的绕组部位；没有断路，则检查电源插头是否插接好
2	烧熔断器	检查 C_1 或 C_2 有无短路现象。如短路，则更换 C_1 或 C_2；没有短路，则检查电桥上的每只整流二极管是否短路，如果短路则更换二极管 检查负载是否短路
3	输出电压高	检查比较放大管 VT_9 的发射结是否存在断路现象。如断路，则更换晶体管；没有断路，检查采样电路中的电阻 R_6 是否存在断路现象，如断路，则接好电阻 R_6 或更换，没有断路，则检查电位器 RP 的触点是否良好 检查调整管 VT_7 的集 – 射之间是否存在短路现象。如短路，则更换晶体管；没有短路，则检查调整管 VT_8
4	输出电压低或为零	检查调整管 VT_7 的发射结之间是否存在断路现象。如断路，则更换调整管 VT_7；没有断路，检查偏置阻 R_3 是否存在断路现象 检查 R_5 是否存在断路现象 稳压管 VS 是否存在短路或接反现象

写一写——直流稳压电源制作与调试任务书

制作直流稳压电源要求如下。

1. 直流稳压电源的制作指标

1）输出电压 $U_O = 12V$。

2）最大输出电流 $I_{Omax} = 1A$。

3）输出纹波小于 5mV。

2. 直流稳压电源的制作要求

1）画出实际设计电路原理图和印制电路板图。

2）写出元器件及参数选择。

3）进行元器件的检测。

4）进行元器件的预处理。

5）基于印制电路板的元器件焊接与电路装配。

6）在制作过程中发现问题并能解决问题。

3. 实际电路检测与调试

选择测量仪表与仪器，对电路进行实际测量与调试。

4. 制作与调试报告书

撰写直流稳压电源的制作与调试报告书，写出制作与调试全过程，附上有关资料和图样，有心得体会。

项目3 函数信号发生器的制作与调试

本项目学习载体是函数信号发生器的制作与调试。本项目包含3个学习情境：认识集成运算放大电路、认识信号发生器及制作与调试函数信号发生器，这3个学习情境在电子技术实训室进行。学生完成本项目的学习后，会将集成运算放大器的线性应用用于测量放大器及电流–电压转换电路；会运用集成运算放大器的非线性应用制作方波发生器、三角波发生器及报警电路；会制作和调试函数信号发生器。

 学习目标

➢ 了解差动放大电路的概念、差动放大电路的作用。
➢ 理解集成运算放大器的基本构成及电路的结构特点。
➢ 理解集成运算放大器工作在不同区域的特点及分析方法。
➢ 理解常用集成运算放大器应用电路的性能及结构特点。
➢ 会运用集成运算放大器的线性应用进行模拟运算。
➢ 会将集成运算放大器的线性应用用于测量放大器及电流–电压转换电路。
➢ 会运用集成运算放大器的非线性应用制作方波产生电路、三角波产生电路。
➢ 会运用集成运算放大器的非线性应用制作报警电路。
➢ 会制作函数信号发生器。

 工作任务

➢ 进行集成运算放大器的模拟运算——比例运算、加法、减法、积分及微分。
➢ 将集成运算放大器的线性应用用于测量放大器及电流–电压转换电路。
➢ 制作方波产生电路、三角波产生电路。
➢ 制作报警电路。
➢ 制作函数信号发生器。

学习情境 1　认识集成运算放大电路

任务 1　认识差动放大电路

◆ 问题引入

在自动控制和检测装置中，所处理的电信号有许多是缓慢变化的信号或直流量（统称为直流信号），用来放大直流信号的放大电路称为直流放大器。直流放大器是集成电路的基本组成单元，它不能使用阻容耦合，应采用直接耦合方式。

💡 看一看——直接耦合放大器存在的突出问题

集成运算放大器（简称集成运放，下同）是一个具有高放大倍数的多级直接耦合放大电路。在多级直接耦合放大电路中，最突出的问题是零点漂移。当放大电路在没有输入信号时输出端会会出现缓慢的、没有规律的电压变化信号，这种现象称为零点漂移，简称零漂。

前一级的零漂电压会传到后级并被逐级放大，严重时零漂电压会超过有用信号，将导致测量和控制系统出错。造成零漂的原因是电源电压的波动和晶体管参数随温度而变化，其中温度变化是产生零漂的最主要原因，所以零点漂移也称为温度漂移，简称温漂。

解决零漂的方法：采用直流稳压电源；选用稳定性能好的硅晶体管做放大管；采用单级或级间负反馈稳定工作点；用热敏元件补偿放大管受温度影响所引起的零漂；采用差动放大电路抑制零漂等。

◆ 任务描述

❓ 学一学——差动放大电路

1. 差动放大电路的组成

差动放大电路（又称差分电路）是一种具有两个输入端且电路结构对称的放大电路，其基本特点是只有两个输入端的输入信号间有差值时才能进行放大，即差动放大电路放大的是两个输入信号的差。

图 3.1.1 为典型基本差动放大电路，其直流通路见图 3.1.2。它由两个完全相同的晶体管 VT_1、VT_2 组成对称电路，采用双电源 U_{CC}、U_{EE} 供电。输入信号 u_{i1}、u_{i2} 从两个晶体管的基极加入，称为双端输入，输出信号从两个集电极之间取出，称双端输出。R_e 为差动放大电路的公共发射极电阻，用来抑制零点漂移并决定晶体管的静态工作点电流。R_c 为集电极负载电阻。

图 3.1.1　典型基本差动放大电路　　　　图 3.1.2　基本差动放大电路直流通路

2. 静态分析

图 3.1.1 中若输入信号为零，即 $u_{i1} = u_{i2} = 0$ 时，放大电路处于静态，直流通路如图 3.1.2 所示。因为电路结构对称、元件参数相同，所以，$I_{BQ1} = I_{BQ2}$、$I_{CQ1} = I_{CQ2} = I_{CQ}$、$I_{EQ1} = I_{EQ2}$，$U_{EBQ1} = U_{BEQ2} = U_{BEQ}$、$U_{CQ1} = U_{CQ2} = U_{CQ}$、$\beta_1 = \beta_2 = \beta$，由晶体管的基极回路可得电压方程为

$$U_{EE} = U_{BEQ1} + I_{EE}R_e$$

所以

$$I_{EE} = \frac{U_{EE} - U_{BEQ1}}{R_e} \approx \frac{U_{EE}}{R_e} \tag{3.1.1}$$

因此，两管集电极电流为

$$I_{CQ1} = I_{CQ2} = \frac{1}{2}I_{EE} \tag{3.1.2}$$

两管集电极对地电压为

$$U_{CQ1} = U_{CC} - I_{CQ1}R_c, \quad U_{CQ2} = U_{CC} - I_{CQ2}R_c \tag{3.1.3}$$

此时输出电压为 $U_o = U_{CQ1} - U_{CQ2} = 0$，即静态时两管集电极之间的输出电压为零。

也就是说，差动放大电路零输入时输出电压为零，而且当温度发生变化时，I_{CQ1}、I_{CQ2} 以及 U_{CQ1}、U_{CQ2} 产生相同的变化，输出电压 U_o 将保持为零。同时又由于公共发射极电阻 R_e 的负反馈作用，使得 I_{CQ1}、I_{CQ2} 以及 U_{CQ1}、U_{CQ2} 的变化也很小，因此，差动放大电路具有稳定的静态工作点和很小的零漂或温度漂移。

如果差动放大电路不是完全对称，零输入时输出电压将不为零，这种现象称为差动放大电路的失调，而且这种失调还会随温度等的变化而变化，这将直接影响到差动放大电路的正常工作。因此在差动放大电路中应力求电路对称，并在条件允许的条件下，增大 R_e 的值。

3. 动态分析

以双端输入、双端输出为例进行分析。

（1）**差模输入与差模特性** 在差动放大电路输入端加入大小相等、极性相反的输入信号，称为差模输入，如图 3.1.3a 所示，此时 $u_{i1} = -u_{i2}$，两个输入端之间的电压用 u_{id} 表示，即

a) 差模信号输入   b) 差模信号交流通路

图 3.1.3 差动放大电路差模信号输入

$$u_{id} = u_{i1} - u_{i2} = 2u_{i1} \tag{3.1.4}$$

u_{id} 称为差模输入电压。

u_{i1} 使 VT_1 产生增量集电极电流为 i_{c1}，u_{i2} 使 VT_2 产生增量集电极电流 i_{c2}，由于差动放大管特性相同，所以 i_{c1} 和 i_{c2} 大小相等、极性相反，即 $i_{c2} = -i_{c1}$。因此，VT_1、VT_2 的集电极电流分别为

$$i_{C1} = I_{CQ1} + i_{c1}$$
$$i_{C2} = I_{CQ2} + i_{c2} = I_{CQ1} - i_{c1} \tag{3.1.5}$$

此时，两管的集电极电压分别等于

$$\left. \begin{array}{l} u_{C1} = U_{CC} - (I_{CQ1} + i_{c1})R_c = U_{CQ1 +} u_{o1} \\ u_{C2} = U_{CC} - (I_{CQ2} + i_{c2})R_c = U_{CQ2} + u_{o2} \end{array} \right\} \tag{3.1.6}$$

式中 $u_{o1} = -i_{c1}R_c$、$u_{o2} = -i_{c2}R_c$，分别为 VT_1、VT_2 集电极的增量电压，而且 $u_{o2} = -u_{o1}$，这样两管集电极之间的差模输出电压 u_{od} 为

$$u_{od} = u_{C1} - u_{C2} = u_{o1} - u_{o2} = 2u_{o1} \tag{3.1.7}$$

由于两管集电极增量电流大小相等、方向相反，流过 R_e 时相抵消，所以流经 R_e 的电流不变，仍等于静态电流 I_{EE}，就是说，在差模输入信号的作用下，R_e 两端压降几乎不变，即 R_e 对于差模信号来说相当于短路，由此可画出差动放大电路的差模信号交流通路如图 3.1.3b 所示。

差模输出电压 u_{od} 与差模输入电压 u_{id} 之比称为差动放大电路的差模电压放大倍数 A_{ud}，即

$$A_{ud} = \frac{u_{od}}{u_{id}} \tag{3.1.8}$$

将式（3.1.4）和式（3.1.7）代入式（3.1.8），则得

$$A_{ud} = \frac{u_{o1} - u_{o2}}{u_{i1} - u_{i2}} = \frac{2u_{o1}}{2u_{i1}} = \frac{u_{o1}}{u_{i1}} \tag{3.1.9}$$

式（3.1.9）表明差动放大电路双端输出时的差模电压放大倍数 A_{ud} 等于单管的差模电压放大倍数。由图 3.1.3b 不难得到

$$A_{ud} = \frac{-\beta R_c}{r_{be}} \tag{3.1.10}$$

若图 3.1.3a 所示电路中，两集电极之间接有负载电阻 R_L 时，VT_1、VT_2 的集电极电位一增一减，且变化量相等，负载电阻 R_L 的中点电位始终不变，为交流零电位，因此，每边电路的交流等效负载电阻 $R'_L = R_c /\!/ (R_L/2)$。这时差模电压放大倍数变为

$$A_{ud} = \frac{-\beta R'_L}{r_{be}} \tag{3.1.11}$$

从差动放大电路两个输入端看进去所呈现的等效电阻，称为差动放大电路的差模输入电阻 R_{id}，由图 3.1.3b 可得

$$R_{id} = 2r_{be} \tag{3.1.12}$$

差动放大电路两管集电极之间对差模信号所呈现的电阻称为差模输出电阻 R_o，由图 3.1.3b 可知

$$R_o \approx 2R_c \tag{3.1.13}$$

【例 3.1.1】 图 3.1.1 所示差动放大电路中，已知 $U_{CC} = U_{EE} = 12V$，$R_c = 10k\Omega$，$R_e = 20k\Omega$，晶体管 $\beta = 80$，$U_{BEQ} = 0.6V$，两输出端之间外接负载电阻 20kΩ。试求：（1）放大电路的静态工作点；（2）放大电路的差模电压放大倍数 A_{ud}，差模输入电阻 R_{id} 和输出电阻 R_o。

解：（1）求静态工作点

$$I_{CQ1} = I_{CQ2} = \frac{U_{EE} - U_{BEQ}}{2R_e} = \frac{(12 - 0.6)V}{2 \times 20k\Omega} = 0.285mA$$

$$U_{CQ1} = U_{CQ2} = U_{CC} - I_{CQ1}R_c = 12V - 0.285mA \times 10k\Omega = 9.15V$$

（2）求 A_{ud}、R_{id} 及 R_o

$$r_{be} = 300 + (1+\beta)\frac{26mV}{I_{EQ}} = 300\Omega + 81 \times \frac{26mV}{0.285mA} = 7.69k\Omega$$

$$R'_L = R_c /\!/ (R_L/2)$$

$$A_{ud} = -\frac{\beta R'_L}{r_{be}} = \frac{-80 \times \frac{10 \times 10}{10 + 10}}{7.69} = -52$$

$$R_{id} = 2r_{be} = 2 \times 7.69k\Omega = 15.4k\Omega$$

$$R_o = 2R_c = 2 \times 10k\Omega = 20k\Omega$$

（2）共模输入与共模抑制比 在差动放大电路的两个输入端加上大小相等、极性相同的信号，称为共模输入，如图 3.1.4 所示，此时，令 $u_{i1} = u_{i2} = u_{ic}$。在共模信号的作用下，VT_1、VT_2 管的发射极电流同时增加（或减小），由于电路是对称的，所以电流的变化量 $i_{e1} = i_{e2}$，则流过 R_e 的电流增加 $2i_{e1}$（或 $2i_{e2}$），R_e 两端压降的变化量为 $u_e = 2i_{e1}R_e = i_{e1}(2R_e)$，也就是说，$R_e$ 对每个晶体管的共模信号有 $2R_e$ 负反馈效果，由此可以得到图 3.1.4b 所示共模信号交流通路。

由于差动放大电路两管电路对称，对于共模输入信号，两管集电极电极电位的变化相同，即 $u_{c1} = u_{c2}$，因此，双端共模输出电压为

$$u_{oc} = u_{c1} - u_{c2} = 0 \tag{3.1.14}$$

在实际电路中，两管电路不可能完全相同，因此，u_{oc} 不等于零，但要求 u_{oc} 越小越好。共模输出电压 u_{oc} 与共模输入电压 u_{ic} 之比，定义为差动放大电路的共模电压放大倍数 A_{uc}，

a) 共模输入　　　　　　　　　　　　b) 共模信号交流通路

图 3.1.4　差动放大电路共模输入

即

$$A_{uc} = u_{oc}/u_{ic} \tag{3.1.15}$$

显然，完全对称的差动放大电路，$A_{uc} = 0$。

由于温度变化或电源电压波动引起两管集电极电流的变化是相同的，因此可以把它们的影响等效地视为差动放大电路输入端加入共模信号的结果，所以差动放大电路对温度的影响具有很强的抑制作用。另外，伴随输入信号一起引入到两管基极的相同的外界干扰信号也都可以视为共模输入信号而被抑制。

实际应用中，差动放大电路两输入信号中既有差模输入信号成分，又有无用的共模输入成分。差动放大电路应该对差模信号有良好的放大能力而对共模信号有较强的抑制能力，为了表征差动放大电路的这种能力，通常采用共模抑制比 K_{CMR} 这一指标来表示，K_{CMR} 为差模电压放大倍数 A_{ud} 与共模电压放大倍数 A_{uc} 之比的绝对值，即

$$K_{CMR} = \left| \frac{A_{ud}}{A_{uc}} \right| \tag{3.1.16}$$

用分贝数表示，则为

$$K_{CMR} = 20\lg \left| \frac{A_{ud}}{A_{uc}} \right| \tag{3.1.17}$$

K_{CMR} 值越大，表明电路抑制共模信号的性能越好。当电路两边理想对称、双端输出时，由于 A_{uc} 等于零，故 K_{CMR} 趋于无限大。一般差动放大电路的 K_{CMR} 约为 60dB，较好的可达 120dB。

【例 3.1.2】　已知差动放大电路的输入信号 $u_{i1} = 1.02\text{V}$，$u_{i2} = 0.98\text{V}$，试求：

（1）差模和共模输入电压；

（2）若 $A_{ud} = -50$、$A_{uc} = -0.05$，求该差动放大电路的输出电压。

解：（1）差模输入电压 $u_{id} = u_{i1} - u_{i2} = (1.02 - 0.98)\text{V} = 0.04\text{V}$

共模输入电压 $u_{ic} = (u_{i1} + u_{i2})/2 = 1\text{V}$

（2）差模输出电压 $u_{od} = A_{ud}u_{id} = -50 \times 0.04\text{V} = -2\text{V}$

共模输出电压 $u_{oc} = A_{uc}u_{ic} = -0.05 \times 1\text{V} = -0.05\text{V}$

根据叠加定理，差动放大电路的输出电压为

$$u_{o} = A_{ud}u_{id} + A_{uc}u_{ic} = (-2-0.05)\text{V} = -2.05\text{V}$$

$$K_{CMR} = 20\lg\left|\frac{A_{ud}}{A_{uc}}\right| = 20\lg\frac{50}{0.05} = 20\lg1000 = 60\text{dB}$$

（3）差动放大电路的单端输入、输出方式　以上所讨论的差动放大电路均采用双端输入和双端输出方式，在实际使用中，有时需要单端输出或单端输入方式。当信号从一只晶体管的集电极输出，负载电阻 R_L 一端接地时，称为单端输出方式；当两个输入端中有一个端子直接接地时，称单端输入方式。

1）单端输入：图 3.1.5a 所示差动放大电路中，有一个输入端接地，称为单端输入方式，此时输入信号相当于 $u_{i1} = u_i$，$u_{i2} = 0$，两个输入端之间的差模输入信号就等于 u_i。由此可见，不管是双端输入方式，还是单端输入方式，差动输入电路的差模输入电压始终是两个输入端电压的差值。因此，差模电压放大倍数、差模输入电阻、输出电阻以及共模抑制比等也与输入端的连接方式无关。

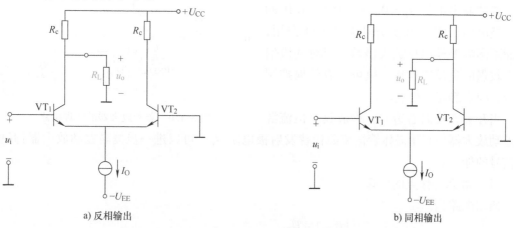

a）反相输出　　　　　　　　　　　　　b）同相输出

图 3.1.5　差动放大电路的单端输入、单端输出

2）单端输出：负载电阻 R_L 接于 VT$_1$ 集电极的单端输出方式如图 3.1.5a 所示，由于输出电压 u_o 与输入电压 u_i 相反，称为反相输出；若负载电阻 R_L 接于 VT$_2$ 的集电极与地之间，如图 3.1.5b 所示，信号由 VT$_2$ 集电极输出，这时输出电压 u_o 与输入电压 u_i 同相，称为同相输出。由于差动放大电路单端输出电压 u_o 仅为双端输出电压的一半，所以单端输出电路的差模电压放大倍数将比双端输出电路的下降很多。同时，单端输出时两管集电极的零点漂移不能相互抵消，所以其共模抑制比也要比双端输出小，但由于有发射极电流源对共模信号产生很强的抑制作用，其零点漂移仍然很小。因此，在应用中应尽量采用双端输出方式，或者需要单端输出时，可采用双端变单端电路来提高电路的性能。

（4）结论

1）直流放大器存在的突出问题，是有零点漂移即零漂现象。

2）温度的变化和电源电压的波动是产生零漂的主要原因。

3）采用差动放大电路是解决零点漂移最常用的方法。

4）差动放大电路的主要性能指标有差模电压放大倍数、差模输入和输出电阻、共模抑制比等。

5）衡量差动放大电路解决零漂能力的主要指标是共模抑制比。

练—练——差动放大器主要性能指标的测试

1. 实训目标

1）加深对差动放大器性能及特点的理解。

2）学习差动放大器主要性能指标的测试方法。

2. 实训原理

图 3.1.6 为差动放大器的实训电路。它由两个元器件参数相同的基本共射放大电路组成。当开关 S 拨向左边时，构成典型的差动放大器。调零电位器 RP 用来调节 VT_1、VT_2 管的静态工作点，使得输入信号 $u_i = 0$ 时，双端输出电压 $u_o = 0$。R_e 为两管共用的发射极电阻，它对差模信号无负反馈作用，因而不影响差模电压放大倍数，但对共模信号有较强的负反馈作用，故可以有效地抑制零漂，稳定静态工作点。

当开关 S 拨向右边时，构成具有恒流源

图 3.1.6 差动放大器的实训电路

的差动放大器。它用晶体管恒流源代替发射极电阻 R_e，可以进一步提高差动放大器抑制共模信号的能力。

（1）静态工作点的估算

典型电路：

$$I_E \approx \frac{|U_{EE}| - U_{BE}}{R_e} \quad (认为 U_{BE1} = U_{BE2} \approx 0)$$

$$I_{C1} = I_{C2} = \frac{1}{2}I_E$$

恒流源电路：

$$I_{C3} \approx I_{E3} \approx \frac{\dfrac{R_2}{R_1 + R_2}(U_{CC} + |U_{EE}|) - U_{BE}}{R_{e3}}$$

$$I_{C1} = I_{C2} = \frac{1}{2}I_E$$

（2）差模电压放大倍数和共模电压放大倍数 当差动放大器的射极电阻 R_e 足够大，或采用恒流源电路时，差模电压放大倍数 A_d 由输出端方式决定，而与输入方式无关。

双端输出： $R_e = \infty$，RP 在中心位置时，

$$A_d = \frac{\Delta u_o}{\Delta u_i} = -\frac{\beta R_c}{R_b + r_{be} + \frac{1}{2}(1 + \beta)R_{RP}}$$

单端输出：

$$A_{d1} = \frac{\Delta u_{c1}}{\Delta u_i} = \frac{1}{2}A_d$$

$$A_{d2} = \frac{\Delta u_{c2}}{\Delta u_i} = -\frac{1}{2}A_d$$

当输入共模信号时，若为单端输出，则有

$$A_{c1} = A_{c2} = \frac{\Delta U_{c1}}{\Delta U_i} = \frac{-\beta R_c}{R_e + r_{be} + (1+\beta)\left(\frac{1}{2}R_{RP} + 2R_e\right)} \approx -\frac{R_c}{2R_e}$$

若为双端输出，在理想情况下：

$$A_c = \frac{\Delta U_o}{\Delta U_i} = 0$$

实际上由于元件不可能完全对称，因此 A_c 也不会绝对等于零。

（3）共模抑制比 K_{CMR}　为了表征差动放大器对有用信号（差模信号）的放大作用和对共模信号的抑制能力，通常用一个综合指标来衡量，即共模抑制比：

$$K_{CMR} = \left|\frac{A_d}{A_c}\right|$$

差动放大器的输入信号可采用直流信号也可采用交流信号。本实验由函数信号发生器提供频率 $f = 1\text{kHz}$ 的正弦信号作为输入信号。

3. 实训设备与器件

① ±12V 直流电源；

② 函数信号发生器；

③ 双踪示波器；

④ 交流表（毫伏）；

⑤ 直流电压表；

⑥ 3DG6 晶体管 ×3，要求 VT$_1$、VT$_2$ 特性参数一致（或 9011 ×3）；

⑦ 电阻器、电容器若干。

4. 实训内容

（1）典型差动放大器性能测试　按图 3.1.6 连接实验电路，开关 S 拨向左边构成典型差动放大器。

1）测量静态工作点。

① 调节放大器零点：将放大器输入端 A、B 与地短接，接通 ±12V 直流电源，用直流电压表测量输出电压 u_o，调节调零电位器 RP，使 $u_o = 0$。调节要仔细，力求准确。

② 测量静态工作点：零点调好以后，用直流电压表测量 VT$_1$、VT$_2$ 各电极电位及射极电阻 R_e 两端电压 U_{R_e}，记入表 3.1.1。

2）测量差模电压放大倍数。断开直流电源，将函数信号发生器的输出端接放大器输入 A 端，地端接放大器输入 B 端构成单端输入方式，调节输入信号为频率 $f = 1\text{kHz}$ 的正弦信号，并使输出旋钮旋至零，用示波器监视输出端（集电极 C$_1$ 或 C$_2$ 与地之间）。

表 3.1.1

	U_{C1}/V	U_{B1}/V	U_{E1}/V	U_{C2}/V	U_{B2}/V	U_{E2}/V	U_{R_e}/V
测量值							
计算值	I_C/mA			I_B/mA		U_{CE}/V	

接通 ±12V 直流电源，逐渐增大输入电压 u_i（约 100mV），在输出波形无失真的情况下，用交流表（毫伏）测 u_i、u_{C1}、u_{C2}，记入表 3.1.2 中，并观察 u_i、u_{C1}、u_{C2} 之间的相位关系及 u_{R_e} 随 u_i 改变而变化的情况。

3）测量共模电压放大倍数。将 A、B 端短接，信号源接于 A 端与地之间，构成共模输入方式，调节输入信号 $f = 1\text{kHz}$，$u_i = 1\text{V}$，在输出电压无失真的情况下，测量 u_{C1}、u_{C2} 之值记入表 3.1.2，并观察 u_i、u_{C1}、u_{C2} 之间的相位关系及 u_{R_e} 随 u_i 改变而变化的情况。

表 3.1.2

	典型差动放大电路		具有恒流源差动放大电路	
	单端输入	共模输入	单端输入	共模输入
u_i	100mV	1V	100mV	1V
u_{C1}/V				
u_{C2}/V				
$A_{d1} = \dfrac{U_{c1}}{U_i}$				
$A_{d2} = \dfrac{U_{c2}}{U_i}$				
$A_{c1} = \dfrac{U_{c1}}{U_i}$				
$A_c = \dfrac{U_o}{U_i}$				
$K_{CMR} = \left\| \dfrac{A_{d1}}{A_{c1}} \right\|$				

（2）具有恒流源的差动放大电路性能测试（选做）　将图 3.1.6 电路中开关 S 拨向右边，构成具有恒流源的差动放大电路。重复内容（1）典型差动放大器性能测试 1）～3）的要求，记入表 3.1.2。

5. 实训总结

1）整理实验数据，列表比较实验结果和理论估算值，分析误差原因。

①静态工作点和差模电压放大倍数；

②典型差动放大电路单端输出时的 K_{CMR} 实测值与理论值比较。

2）比较 u_i、u_{C1} 和 u_{C2} 之间的相位关系。

3）根据实验结果，总结电阻 R_e 和恒流源的作用。

6. 实训考核要求

见共射极单管放大器的调试实训考核要求。

任务 2　认识基本运算放大电路

◆　问题引入

人们常以电子器件的每一次重大变革作为衡量电子技术水平的标志：1904 年出现的电真空器件称为第一代，1948 年出现半导体器件称为第二代，1959 年出现集成电路称为第三代，1974 年出现的大规模集成电路则称为第四代，……。目前的集成电路正在朝着超大规模方向发展，如何利用集成电路实现比例、求和、微分、积分、对数、乘法和除法等运算呢？

看一看——集成运算放大器的结构

在半导体制造工艺中，将整个电路（除去个别元器件）做在一块半导体硅片上并能完成特定的功能，这样的电路称为集成电路。正是集成电路的出现和快速发展，使得电路的体积不断地缩小，电路的成本不断地降低，可靠性不断提高。集成电路的种类很多，一般可分为模拟集成电路、数字集成电路两大类。集成运算放大器是模拟集成电路的一个分支。

集成运算放大器（简称集成运放）一般是在一块厚度约为 0.2mm 的硅片上，经过氧化、光刻、扩散、外延、蒸铝等工艺，将多级放大器中的晶体管、电阻器、电容器、导线等集成在一起，再引出电极进行封装。

集成运放的封装多采用塑封，其外形通常为双列直插；单列直插和圆壳式，如图 3.1.7 所示。

图 3.1.7　集成运放的封装

集成运放的符号如图 3.1.8 所示。实际上集成运放的外部引脚应该有输入端、输出端、接地、接电源的引脚和外接元件的引脚等，根据电路的功能和复杂程度各有不同。之所以在符号中只给出三个端，是因为其他端对分析运算关系没有影响。这三个端为：一个输出端、两个输入端。标正号的为同相输入端；标负号的为反相输入端。当信号从同相端输入时，输出信号与输入信号同相，当信号从反相端输入时，输出信号与输入信号反相。

图 3.1.8　集成运放的符号

◆　**任务描述**

💡 **想一想——集成运算放大器的特点**

1）电路结构与元件参数的对称性好。这是因为电路元器件做在同一硅片上，又是经过同样的工艺在面积很小的硅片上制造出来，因而参数的偏差小、温度一致性好的对称结构电路是不难制作的。

2）用有源器件代替无源器件。在集成电路制作工艺中，电阻是由半导体的体电阻构成，电阻的阻值不会太大，且精度很难控制。需要高阻值时可用恒流源替代或用外接的方式。此外，用有源器件替代普通电阻可以达到普通电阻达不到的效果。

3）多采用复合结构电路。由于复合结构电路的性能优于非复合结构电路，如复合管的电流放大系数及输入电阻高于单管，且制作并不困难，因而尽可能采用复合结构。

4）采用直接耦合方式。由于集成电路中的电容是用 PN 结的结电容形成的，电容量很小，一般在几十皮法以下。电感器的制造更困难，因而集成电路内部的级间采用直接耦合方式。

❓ **学一学——典型集成运算放大器**

1. 集成运算放大器的基本组成及其基本特性

集成运算放大器（简称集成运放）是一种高放大倍数、高输入电阻、低输出电阻的直接耦合多级放大电路。该放大器利用集成电路的制造工艺，将运算放大器的所有元器件都做在同一块硅片上，然后再封装起来。该电路最初用于数据的运算中，随着电子技术的发展，它的应用早已不限于运算，在电路中使用时，已成为一种通用性较强的功能性器件。

下面以 F007（μA741）为例来分析集成运放的各个组成部分。

F007 属于第二代集成运放，电路内部包含四个组成部分，即输入级、偏置电路、中间级及输出级。它的电路原理如图 3.1.9 所示。图中各引出端所标数字为组件的引脚编号。它有七个引出端，其中②端为反相输入端，③端为同相输入端，⑥端为输出端，⑦端和④端分别接正、负电源，①端和⑤端之间接调零电位器。

为了抑制零点漂移，对零漂影响最大的输入级毫无例外地采用了差动放大电路。用镜像恒流源、微恒流源、多路恒流源等构成偏置电路。为了提高放大倍数，中间级一般采用有源负载的共射放大电路。输出级为功率放大电路，为提高此电路的带负载能力，多采用互补对称输出级电路。

2. 集成运放的主要参数

（1）理想集成运放　由集成运放构成可以看到其各部分组成比较合理，性能指标较为理想，为简化分析过程，常常将集成运放做理想化处理，如图 3.1.10 所示。其理想条件是：

1）开环差模电压增益 $A_{ud} = \infty$。

2）开环差模输入电阻 $R_{id} = \infty$。

3）开环输出电阻 $R_o = 0$。

4）共模抑制比 $K_{CMR} = \infty$。

5）输入失调电压、电流及它们的零漂均为零。

（2）理想集成运放工作在线性区的特点

1）理想集成运放的差模输入电压为零：理想集成运放工作在线性区是指输出电压与输

图 3.1.9 集成运放 F007 的电路原理图

入电压为线性关系。由图 3.1.11 可得到

$$u_o = A_{ud}(u_+ - u_-) \qquad (3.1.18)$$

式中，A_{ud} 为开环差模电压增益，u_+ 及 u_- 分别为同相和反相输入端的电位。由集成运放的理想条件，我们知道开环差模电压增益 $A_{ud} = \infty$，故有

图 3.1.10 理想集成运放

$$u_+ = u_- \qquad (3.1.19)$$

上式表明：同相输入端与反相输入端电位相等，如同将同相输入端与反相输入端两点短路一样。但这样的短路是虚假的短路，并不是真正的短路，所以把这种现象称为"虚短"。

2）理想集成运放的输入电流等于零：由于理想运放的开环输入电阻 $R_{id} = \infty$，因此它不向信号源索取电流，两个输入端都没有电流流入集成运放，即

$$i_+ = i_- = 0 \qquad (3.1.20)$$

此时，流进或流出同相输入端和反相输入端电流都等于零，如同两点断开一样。而这种断开也不是真正的断路，把这种现象称为"虚断"。

"虚短"和"虚断"是理想运放工作在线性区的两个重要特点。这两个特点运用到集成运放线性应用时会简化分析和计算，而误差不是很大，满足工程应用要求。

（3）理想集成运放工作在非线性区的特点　在非线性区，输出电压不再随输入电压线性增长，而是达到极限值。表示输出电压与输入电压的关系曲线称为传输特性曲线，如图 3.1.11 所示。实线为理想特性，虚线为实际集成运放的传输特性。$u_i = u_+ - u_-$，线性区越窄就越接近理想运放。

理想集成运放工作在非线性区时也有两个重要特点：

1）理想集成运放的输出电压达到极限值。

图 3.1.11　集成运放的传输特性

当 $u_+ > u_-$ 时，$u_o = u_{oH}$（最大值）；

当 $u_+ < u_-$ 时，$u_o = u_{oL}$（最小值）。

在非线性区工作时，输出电压只有最大值、最小值两种极限情况。这两种情况取决于同相输入端与反相输入端电压的比较，因而"虚短"不再适用。

2）理想集成运放的输入电流等于零。

由于理想集成运放的输入电阻 $R_{id} = \infty$，尽管"虚短"不再适用，仍可认为此时输入电流为零，即"虚断"依然适用。

3. 集成运放在信号处理方面的应用——基本运算放大电路

集成运放在信号处理中，多为线性应用，主要用于下列基本运算放大电路：反相比例放大、同相比例放大、加法运算、减法运算、积分和微分运算等放大电路。

集成运放在作线性应用时，为实现不同功能，通常工作在负反馈闭环状态下，即在输出端与输入端之间加一定负反馈，使输出电压与输入电压成一定运算关系。

（1）反相比例放大器

1）电路构成。反相比例放大器的电路如图 3.1.12 所示。输入信号 u_i 经过电阻 R_1 加到反相输入端，同相输入端经 R_2 到地。R_2 称为平衡电阻，R_2 的作用是两个输入端对地的电阻保持一致，以提高共模抑制比。R_1 和 R_f 构成反馈网络。反馈组态为电压并联负反馈。平衡电阻 R_2 的取值为

图 3.1.12　反相比例放大器的电路

$$R_2 = R_1 /\!/ R_f \tag{3.1.21}$$

2）性能分析。

① 电压增益：理想集成运放在线性应用时有两个重要特点，即"虚短"及"虚断"，因此可以得到

$$u_+ = u_- = 0; \qquad i_1 = i_f$$

而
$$i_1 = u_i/R_1; \qquad i_f = (u_- - u_o)/R_f$$

则可以得到电压增益为

$$A_{uf} = \frac{u_o}{u_i} = -\frac{R_f}{R_1} \tag{3.1.22}$$

显然，输出信号与输入信号成比例关系。负号表明输出电压与输入电压反相。说明电压增益只与两个外接电阻有关，与运放本身的参数无关，故其精度和稳定度都是很高的。

② 输入电阻：由于电路是并联负反馈组态，使放大器输入电阻减小。

$$R_{if} = \frac{u_i}{i_i} = R_1 \tag{3.1.23}$$

③ 输出电阻：理想集成运放的开环输出电阻 $R_o = 0$，加之电路引入了电压负反馈，因而从理论上讲，输出电阻为零。实际上，集成运放的输出电阻很小，带负载能力很强，但集成运放的输出电阻与理想值还是有差距的。

这种电路的优点是同相输入端和反相输入端上电位都基本等于零。集成运放承受的共模

输入电压很低，因此该电路对运放的共模抑制比要求不高。

（2）同相比例放大器

1）电路构成。同相比例放大器的电路如图
3.1.13 所示，与反相比例放大器的区别是信号输入端
与接地端交换位置。R_1 和 R_f 构成反馈网络。反馈组态
为电压串联负反馈。R_2 为平衡电阻。平衡电阻 R_2 的取
值同式（3.1.21）。

图 3.1.13　同相比例放大器的电路

2）性能分析。

① 电压增益：由于运放工作在线性区，从而满足"虚短""虚断"的条件。有

$$u_+ = u_- = u_i; \qquad i_1 = i_f$$
$$i_1 = u_-/R_1; \qquad i_f = (u_o - u_-)/R_f = u_o/R_f;$$
$$A_{uf} = \frac{u_o}{u_i} = 1 + \frac{R_f}{R_1} \tag{3.1.24}$$

式（3.1.24）表明输出电压与输入电压成比例。由于信号是从同相端输入的，所以，
电压增益为正值。与反相比例放大器类似，其值仅由电阻 R_1 和 R_f 来决定，因而精度、稳定
度是很高的。由式（3.1.24）还可以看到，电压增益只能大于1。

若使 $R_1 = \infty$；$R_f = 0$，则电压增益

$$A_{uf} = 1$$

如图 3.1.14 所示电路，称为电压跟随器。电压跟随
器的特性与射极跟随器极为相似，在多级集成运放电路
中，既可以作隔离级，也可以作输出级。

② 输入电阻：同相比例放大器是电压串联负反馈组
态，所以输入电阻高。

图 3.1.14　电压跟随器

③ 输出电阻：输出电阻与反相比例放大器相同。

同相比例放大器与反相比例放大器相比，由于 $u_+ = u_- \neq 0$，因而集成运放的共模输入
电压较高，当共模信号过大时，会使集成运放的输入级晶体管处于饱和或截止状态，严重时
会损坏集成电路。所以同相比例放大器应选用最大共模输入电压和共模抑制比两项指标都高
的集成运放。

（3）反相加法电路

1）电路构成：反相加法电路如图 3.1.15 所示。该电
路是三个输入电压的和。它是在反相比例电路的基础上增
加了若干输入回路。电阻 R_f 引入了负反馈。平衡电阻 R_4 的
取值为

$$R_4 = R_1 /\!/ R_2 /\!/ R_3 /\!/ R_f \tag{3.1.25}$$

图 3.1.15　反相加法电路

2）输出电压与输入电压的关系：由于运放工作在线性
区，从而满足"虚短""虚断"的条件，即有

$$u_- = u_+ = 0; \quad i_f = i_1 + i_2 + i_3 = (u_{i1}/R_1) + (u_{i2}/R_2) + (u_{i3}/R_3); \quad i_f = (u_- - u_o)/R_f$$

故

$$u_o = -\left(\frac{R_f}{R_1}u_{i1} + \frac{R_f}{R_2}u_{i2} + \frac{R_f}{R_3}u_{i3}\right) \tag{3.1.26}$$

反相加法电路的输出电压与运放本身的参数无关。只要外加电阻精度足够高，就可以保证加法运算的精度和稳定性。该电路的优点是：改变某一输入回路的电阻值时，只改变该支路输入电压与输出电压之间的比例关系，对其他支路没有影响，因此调节比较灵活方便。另外由于同相输入端与反相输入端"虚地"，因此在选用集成运放时，对其最大共模输入电压的指标要求不高，在实际工作中，反相加法电路得到广泛的应用。

【例 3.1.3】 用集成运放设计一个能实现 $u_o = -(4u_{i1} + 3u_{i2} + 2u_{i3})$ 的加法电路。

解：这是一个反相加法电路，电路如图 3.1.15 所示。

根据式（3.1.26）有

$$u_o = -\left(\frac{R_f}{R_1}u_{i1} + \frac{R_f}{R_2}u_{i2} + \frac{R_f}{R_3}u_{i3}\right)$$

则

$$(R_f/R_1) = 4; \qquad (R_f/R_2) = 3; \qquad (R_f/R_3) = 2$$

若取 $R_f = 60\text{k}\Omega$；则 $R_1 = 15\text{k}\Omega$；$R_2 = 20\text{k}\Omega$；$R_3 = 30\text{k}\Omega$。

（4）减法运算电路

1）电路构成。以两个信号相减为例，电路如图 3.1.16 所示，输入信号同时从反相输入端和同相输入端输入。电阻 R_f 引入负反馈，电路依然工作在线性区。为保证电路的对称性，通常取

$$R_1 /\!/ R_f = R_2 /\!/ R_3 \tag{3.1.27}$$

2）输出电压与输入电压的关系。根据叠加定理，当线性电路有两个或两个以上输入信号时可以采用叠加定理进行分析。即每次只分析一个信号源单独作用时所产生的结果，然后将所有信号源单独作用时产生的结果进行相加。对于不作用的信号源，电压源相当于短路，电流源相当于开路。

图 3.1.16 减法运算电路

利用叠加法进行分析，先考虑 u_{i1} 作用时产生的输出信号。此时 u_{i2} 作短路处理。则电路相当于前面分析的反相比例电路，可以得到

$$u'_o = -\frac{R_f}{R_1}u_{i1} \tag{3.1.28}$$

再分析 u_{i2} 作用时产生的输出信号，将 u_{i1} 做短路处理，则电路为同相比例电路，有

$$u_- = u_+ = \frac{R_1}{R_1 + R_f}u''_o = \frac{R_3}{R_2 + R_3}u_{i2}$$

$$u''_o = \left(1 + \frac{R_f}{R_1}\right)\frac{R_3}{R_2 + R_3}u_{i2} \tag{3.1.29}$$

输出电压为两次分析的总和，则

$$u_o = u'_o + u''_o = -\frac{R_f}{R_1}u_{i1} + \left(1 + \frac{R_f}{R_1}\right)\frac{R_3}{R_2 + R_3}u_{i2} \tag{3.1.30}$$

若取电阻对称，即 $R_1 = R_2$，$R_3 = R_f$，则

$$u_o = \frac{R_f}{R_1}\left(u_{i2} - u_{i1}\right) \tag{3.1.31}$$

假如上式中 $R_f = R_1$，则

$$u_o = u_{i2} - u_{i1} \tag{3.1.32}$$

（5）积分电路

1）电路构成。用电容 C 取代反相比例电路中的反馈电阻 R_f，便构成积分运算电路。如图 3.1.17 所示，输入电压通过电阻 R_1 接到集成运放的反相输入端，在输出端与反相输入端之间通过电容 C 引回一个负反馈。在同相输入端与地之间接有电阻平衡 R_2。

图 3.1.17　积分运算电路

2）输出电压与输入电压的关系。由"虚短"得到

$$u_+ = u_- = 0$$

流过电阻 R_1 的电流为

$$i_1 = \frac{u_i}{R_1}$$

流过电容的电流为

$$i_c = C\frac{du_c}{dt} = -C\frac{du_o}{dt}$$

由"虚断"得到

$$i_c = i_1$$

$$u_o = -\frac{1}{R_1 C}\int u_i dt \tag{3.1.33}$$

式（3.1.33）是假设电容上的初始电压为零时得到的，若电容上有初始电压，则

$$u_o = -\frac{1}{R_1 C}\int u_i dt + u_c(0) \tag{3.1.34}$$

【例 3.1.4】　由集成运放构成的积分电路如图 3.1.17 所示，输入信号波形如图 3.1.18 所示，若 $R_1 = 10\text{k}\Omega$，$C = 0.1\mu\text{F}$，试画出输出电压波形。设电容上的初始电压为零。

解：由式（3.1.34）有

$$u_o = -\frac{1}{R_1 C}\int u_i dt + u_c(0)$$

$$u_o = -10^3\int u_i dt$$

输入信号为方波，其输出波形如图 3.1.18 所示。

（6）微分电路

1）电路构成。积分与微分互为逆运算，将积分电路中反馈支路的电容 C 与输入端的电阻 R 交换位置即可实现逆运算，电路如图 3.1.19 所示，平衡电阻 R_2 的取值同积分电路。

图 3.1.18 输入、输出波形

图 3.1.19 微分电路

2）输出电压与输入电压的关系。由"虚短"得到

$$u_+ = u_- = 0$$

$$i_c = C \frac{du_c}{dt} = C \frac{du_i}{dt}$$

$$i_f = \frac{0 - u_o}{R_f}$$

由"虚断"得到

$$i_c = i_f$$

$$u_o = -RC \frac{du_i}{dt} \qquad (3.1.35)$$

（7）集成运放的线性应用

1）测量放大器。在自动控制和非电量测量等系统中，常用各种传感器将非电量（如温度、流量、压力等）的变化变换为电压信号。但这种非电量的变化是缓慢的，电信号的变化量常常很小（一般只有几毫伏到几十毫伏），所以要将电信号加以放大。常用的测量放大器（或称数据放大器）的电路如图 3.1.20 所示。

图 3.1.20 测量放大器电路

电路由三个集成运放组成，其中每个集成运放都接成比例运算的形式，A_1、A_2 组成第一级，二者均接成同相输入方式，因此输入电阻很高。由于电路结构对称，它们的漂移和失调可以互相抵消。A_3 组成差动放大级，外接电阻完全对称。

设 A_1、A_2 的输出电压分别为 u_{o1}、u_{o2}，由"虚短"及"虚断"的概念可知 R_1 上的电流为

$$I_G = \frac{u_{i1} - u_{i2}}{R_1}$$

由"虚断"可知流过 R_2 的电流必然与流过 R_1 的电流相等，则 A_1、A_2 的输出电压之差为

$$u_{o1} - u_{o2} = I_G(2R_2 + R_1) = \frac{u_{i1} - u_{i2}}{R_1}(2R_2 + R_1) = \left(1 + \frac{2R_2}{R_1}\right)(u_{i1} - u_{i2})$$

A_3 是电阻完全对称的差动放大电路，其差模输入电压为 $u_{o1} - u_{o2}$，输出电压 u_o 只与

$(u_{o1} - u_{o2})$ 有关，而 u_{o1} 与 u_{o2} 共模成分被抑制，由式（3.1.31）得

$$u_o = \frac{R_4}{R_3}(u_{o2} - u_{o1}) = \frac{R_4}{R_3}\left(1 + \frac{2R_2}{R_1}\right)(u_{i2} - u_{i1})$$

故电路的总电压放大倍数为

$$A_{uf} = \frac{u_o}{u_{i1} - u_{i2}} = -\left(1 + \frac{2R_2}{R_1}\right)\frac{R_4}{R_3} \tag{3.1.36}$$

由式（3.1.36）可知，调节 R_1 可以改变放大倍数 A_{uf}，且又不影响电路的对称性。

该测量放大器总输入阻抗是 A_1、A_2 的两个电路输入阻抗的和，故电路的总输入阻抗很高，可达几十兆欧（这是因为第一级的 A_1、A_2 都是采用同相输入深度串联负反馈电路，同时 A_1、A_2 也可选用高阻型的集成运放）。

应当注意，该测量放大器抑制共模成分的能力取决于 A_3，因此它的增益常设计为 1，即使 $R_3 = R_4$，亦即电路中的四个电阻相等（两个 R_3、两个 R_4 必须严格匹配），以保证电路完全对称。目前这种放大电路已有多种型号的单片集成电路，这类放大器在工程实际中应用很广。

2）电流 – 电压转换电路。图 3.1.21 是集成运放构成的电流 – 电压转换电路。由"虚短"及"虚断"的概念可得

$$i_1 = i_f$$
$$u_o = -i_f R_f = -i_1 R_f \tag{3.1.37}$$

图 3.1.21　集成运放构成的电流 – 电压转换电路

式（3.1.37）说明输出电压 u_o 与输入电流成正比，输出电压仅受输入电流的限制，从而实现了电流 – 电压转换。

 练一练——由集成运放构成的反相比例放大电路实训

1. 实训目标

1）熟悉集成运放使用方法。

2）掌握常用仪器的使用及电路输出电压、输入输出电阻和带宽的测试方法。

3）了解电路自激振荡的排除。

2. 实训原理

反相比例放大电路如图 3.1.22 所示。集成运放采用 LM324。LM324 是一个四运放电路，其引脚排列如图 3.1.23 所示。电阻 R_2、R_3 为电路的偏置电阻。与电阻 R_2 并联的电容 C_2 为消振电容，输入、输出端的电容 C_1、C_3 为耦合电容。

3. 实训设备与器件

① 直流稳压电源 1 台；

② 低频信号发生器 1 台；

③ 示波器 1 台；

④ 毫伏表 1 块。

图 3.1.22　反相比例放大电路

4. 实训步骤

1）按电路连接好，将 12V 电源接到 4 脚，11 脚接地。

2）将低频信号发生器的输出电压调至 20mV，频率为 1kHz，测量输出电压的大小及波形_____。

3）测量输入电阻 R_i_____。

4）测量输出电阻 R_o_____。

5）测量频带宽度_____。

5. 实训总结

1）整理实验数据，将理论计算结果和实测数据相比较，分析产生误差的原因。

2）分析讨论实验中出现的现象和问题。

6. 实训考核要求

见共射极单管放大器的调试实训考核要求。

图 3.1.23 LM324 引脚图

【新器件新技术】无引脚电子元器件和表面贴焊技术

一般的电子元器件都有两根以上的引脚，以供插板和焊接。随着电子产品的小型化和微型化，对元器件的体积和质量都提出新的要求，应运而生的就是无引脚元器件和表面贴焊技术。

无引脚的英文为 LeadLess，简记为 LL，所以无引脚元器件又称为 LL 元器件。根据其焊接方式，也将其称为贴片元器件。

无引脚元器件有电阻、电容、二极管、晶体管，还有许多集成电路也采取了无引脚方式，在已经被普遍使用的手机中广泛使用。无引脚元器件不但使电子产品的体积和质量大大减小，还使生产成本降低了 30%，是今后电子产品生产的发展方向。

无引脚元器件的装配方法与普通元器件不同，它直接安装在线路板的铜箔面上。安装时，先将无引脚元器件用带有黏合剂的焊膏黏在铜箔线路上，然后采用再流焊工艺将元器件与线路焊接起来。这种焊接工艺就称为表面贴焊技术，用英文表示是 SMT 技术。当然，所有的这些步骤都是采用自动化设备来进行的，不但保证了生产质量，还提高了生产效率。

小　　结

1）为简化分析，我们将集成运放理想化处理。

2）集成运放器有线性和非线性两种工作状态，也就有线性和非线性两方面应用。工作在不同状态，有不同的特点。

3）集成运放器线性应用主要有：反相、同相比例电路，加法电路，减法电路，积分电路及微分电路等。

4）集成运放的线性应用还可用于测量放大器及电流－电压转换电路等工程实际中。

习　　题

一、填空题

1. 集成运放是一个_____放大器，其内部电路主要由四部分组成，分别是_____、

_____、_____和_____。

2. 考虑到_____零漂等原因，集成运放的输入级采用差动放大电路。它主要组成有_____反相输入端_____同相输入端和一个输出端。

3. 理想运放应具备的条件是输入电阻_____，输出电阻_____，开环电压放大倍数_____，共模抑制比_____。理想集成运放工作在线性区的两个重要特点是_____和_____。

二、选择题

1. 集成电路的引脚号必须（   ）。

    A. 按规则顺序确定　　　　　　　　B. 按顺序确定

2. 集成运放内部的耦合方式一般是（   ）。

    A. 直接耦合方式　　　　　　　　　B. 阻容耦合方式

3. 集成运放的 K_{CMR} 越大（   ）。

    A. 抑制零漂的能力越强　　　　　　B. 放大倍数越高

4. 差动放大电路的作用是（   ）。

    A. 放大差模信号，抑制共模信号　　B. 放大共模信号，抑制差模信号

    C. 放大差模信号和共模信号　　　　D. 差模信号和共模信号都不放大

5. 能很好克服零点漂移的电路是（   ）。

    A. 固定偏置电路　　　　　　　　　B. 功率放大电路

    C. 差动放大电路　　　　　　　　　D. 直接耦合电路

6. 能将矩形波变成三角波的电路为（   ）。

    A. 比例运算电路　　　　　　　　　B. 微分电路

    C. 积分电路　　　　　　　　　　　D. 加法电路

三、简答题

1. 直流放大器产生零点漂移的原因是什么？怎样解决零点漂移？

2. 解释差模输入、共模输入、共模抑制比的概念。

四、计算题

1. 运算电路如图 3.1.24 所示，试分别求出各电路输出电压的大小。

图　3.1.24

2. 写出图 3.1.25 所示各电路的名称，分别计算它们的电压放大倍数。

图 3.1.25

3. 运放应用电路如图 3.1.26 所示，试分别求出各电路的输出电压。

图 3.1.26

4. 图 3.1.27 所示的电路中，当 $u_i = 1V$，$u_o = -10V$ 时，试求电阻 R_F 的值。

5. 图 3.1.28 所示电路中，当 $t = 0$ 时，$u_C = 0$，试写出 u_o 与 u_{i1}、u_{i2} 之间的关系式。

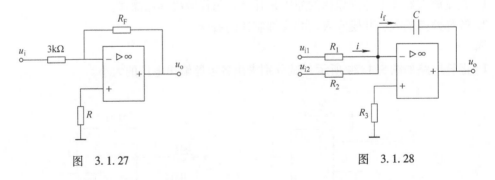

图 3.1.27　　　　　　　　图 3.1.28

6. 图 3.1.29 所示差动放大电路中，已知 $U_{CC} = U_{EE} = 15V$，$R_c = 20k\Omega$，$R_e = 20k\Omega$，晶体管 $\beta = 60$，$U_{BEQ} = 0.7V$，两输出端之间外接负载电阻 $20k\Omega$。试求：（1）放大电路的静态工作点；（2）放大电路的差模电压放大倍数 A_{ud}，差模输入电阻 R_{id} 和输出电阻 R_o。

7. 已知差动放大电路的输入信号 $u_{i1} = 1.06V$，$u_{i2} = 0.94V$。（1）试求差模和共模输入电压；（2）若 $A_{ud} = -40$、$A_{uc} = -0.04$，试求该差动放大电路的输出电压。

图 3.1.29

图 3.1.30

8. 差动放大电路如图 3.1.30 所示，已知晶体管 $\beta = 60$，$r'_{bb} = 200\Omega$，$U_{BEQ} = 0.7V$，试求：（1）静态工作点 I_{CQ1} 及 U_{CEQ1}；（2）差模电压放大倍数 $A_{ud} = u_o / u_i$；（3）差模输入电阻 R_{id} 和输出电阻 R_o。

9. 图 3.1.31 所示差动放大电路中，已知 $U_{CC} = U_{EE} = 15V$，$R_c = 20k\Omega$，$R_e = 20k\Omega$，晶体管 $\beta = 60$，$U_{BEQ} = 0.7V$，两输出端之间外接负载电阻 20kΩ。试求：（1）放大电路的静态工作点；（2）放大电路的差模电压放大倍数 A_{ud}，差模输入电阻 R_{id} 和输出电阻 R_o。

10. 已知差动放大电路的输入信号 $u_{i1} = 1.06V$，$u_{i2} = 0.94V$，如图 3.1.32 所示。（1）试求差模和共模输入电压；（2）若 $A_{ud} = -40$、$A_{uc} = -0.04$，试求该差动放大电路的输出电压。

11. 用集成运放设计一个能实现 $u_o = -(2u_{i1} + 4u_{i2} + 5u_{i3})$ 的加法电路。

图 3.1.31

图 3.1.32

学习情境 2　认识信号发生器

学习目标

- ➤ 了解集成运算放大器的基本知识。
- ➤ 理解集成运算放大器的线性应用和非线性应用。
- ➤ 会运用集成运算放大器的非线性应用制作方波发生器、三角波发生器。
- ➤ 会运用集成运算放大器的非线性应用制作报警电路。

工作任务

- ➤ 运用集成运算放大器的非线性应用制作方波发生器。
- ➤ 运用集成运算放大器的非线性应用制作三角波发生器。
- ➤ 运用集成运算放大器的非线性应用制作报警电路。

任务 1　认识电压比较器

◆ 问题引入

在自动化系统中，经常需要以下几个方面的信号处理：信号幅度的比较、信号的采样保持、信号的滤波、信号的转换和测量等。能否利用集成运放的非线性应用来解决呢？当集成运放工作在非线性区时，输出只有两种状态。此时，集成运放大多处于开环或正反馈的状态。

◆ 任务描述

💡 看一看——集成运放的非线性应用

1. 简单电压比较器

电压比较器的功能是比较两个输入端的电压 u_+ 和 u_-：当 $u_+ > u_-$ 时，输出为高电平；当 $u_- > u_+$ 输出为低电平。前面已提到，集成运放非线性应用时，"虚短"的概念不再适用。比较器就是要比较反相输入端与同相输入端电位的不同。电压比较器的种类很多，下面介绍几种比较具有代表性的电压比较器。

简单电压比较器如图 3.2.1 所示，电路处于开环状态。

输入端两个二极管的作用是将反相输入端与同相输入端之间电压限制在二极管的管压降上，以防止过大输入电压将运放损坏。输出端的双向稳压管的作用是使输出电压被

图 3.2.1　简单电压比较器

限制稳压管的双向稳压值上，以免输出电压受电源电压和其他不稳定因素的影响。无论输出电压为正或负值，总有一个稳压管工作于稳压状态。电阻 R 为稳压管的限流电阻，使稳压管工作在正常的稳压状态。

其工作原理是：在二极管没导通时，根据"虚断"有 $u_- = u_{i1}$，$u_+ = u_{i2}$；在忽略稳压管的正向管压降时，当 $u_{i1} > u_{i2}$ 时，$u_o = -U_Z$，当 $u_{i1} < u_{i2}$ 时，$u_o = U_Z$，其传输特性如图 3.2.2 所示。显然，使输出电压翻转的点是反相输入端与同相输入端电位变化的更迭点，这个电压称为门限电压。换言之，门限电压就是使输出电压从高电平跃变为低电平或者从低电平跃变为高电平时相应的输入电压。

图 3.2.2　简单电压比较器的传输特性

若两个输入信号中，有一个为零，则另一个输入信号与零电位进行比较，使输出电压翻转的是零电位，则门限电压为零电平，称为过零电压比较器。若同相输入端接地，则电路称为反相过零电压比较器。若反相输入端接地，则电路称为同相过零电压比较器。

从上面的分析可以看到，电压比较器能甄别输入信号的大小和方向。它多用于报警电路、自动控制、测量电路、信号处理、波形变换等方面。

2. 滞回比较器

简单电压比较器电路简单、灵敏度较高，但抗干扰能力很差。如果输入电压受到干扰或噪声的影响，在门限电平上、下波动，则输出电压将在高、低两个电平之间反复跳变，如图 3.2.3 所示。若用此输出电压控制电机等设备，将出现误操作。为解决这一问题，常常采用滞回电压比较器。

滞回电压比较器通过引入上、下两个门限电压，以获得正确、稳定的输出电压。

图 3.2.3　存在干扰时，单限比较器的
输入、输出波形

如图 3.2.4 所示，滞回比较器在电路引入正反馈，有两个门限电平，故传输特性呈滞回形状，形成滞回特性，可以大大提高电压比较器的抗干扰能力。同时，还可缩短运放经过线性区的时间，加速电路的翻转。信号从反相输入端输入，为反相滞回比较器。图 3.2.4 中 U_{REF} 为参考电压，该电路的反相输入端电压 u_i 由 u_o 和 U_{REF} 共同决定，根据叠加定理和理想运放的"虚断"有

图 3.2.4　滞回比较器

$$(U_{REF} - u_+)/R_2 = (u_+ - u_o)/R_f$$

所以

$$u_+ = \frac{R_f}{R_f + R_2}U_{REF} + \frac{R_2}{R_f + R_2}u_o$$

设输出电压的高电平为 U_{OH}，低电平为 U_{OL}，由理想运放的"虚短"可以推出使电路翻

转的两个门限电压为

$$U_{th1} = \frac{R_f}{R_f + R_2} U_{REF} + \frac{R_2}{R_f + R_2} U_{OH} \tag{3.2.1}$$

$$U_{th2} = \frac{R_f}{R_f + R_2} U_{REF} + \frac{R_2}{R_f + R_2} U_{OL} \tag{3.2.2}$$

对应于 U_{OH} 有高门限电平 U_{th1}，对应于 U_{OL} 有低门限电平 U_{th2}。高门限电平 U_{th1} 与低门限电平 U_{th2} 之差称为回差电压或门限宽度。

其工作原理是：当输入信号很小的时候，$u_+ > u_-$，输出电压为高电平 U_{OH}，$u_+ = U_{th1}$，当输入信号增大到大于 U_{th1} 时，电路翻转为低电平 U_{OL}，此时 $u_+ = U_{th2}$。输入信号继续增大，输出电压保持低电平不变。

若输入信号减小，一直减到 $u_i < U_{th2}$，输出电压再次翻转为高电平 U_{OH}，输入信号继续减小，输出电压保持高电平不变。其传输特性如图 3.2.5 所示。

滞回电压比较器的特点是，当输入信号发生变化且通过门限电平时，输出电压会发生翻转，门限电平也随之变换到另一门限电平。当输入电压反向变化而通过导致刚才那一瞬间的门限电平时，输出不发生翻转，直到继续变化到另一个门限电平时，电路才发生翻转，出现转换迟滞。只要干扰信号不超过门限宽度，电路就不会误翻转。滞回电压比较器常用来对变化缓慢的信号进行整形。

图 3.2.5　滞回比较器的传输特性

【例 3.2.1】　滞回比较器的电路如图 3.2.4 所示，输入信号如图 3.2.6a 所示，试画出输出电压波形。

解：输出电压的波形如图 3.2.6b 所示，从波形看，在两个门限电压之间的变化量对输出波形没有影响，因而滞回比较器的抗干扰能力很强。

3. 窗口比较器

简单电压比较器和滞回电压比较器的共同特点是：输入信号单一方向变化时，输出电压只能跳变一次，故只能鉴别一个电平。窗口比较器可以鉴别输入信号是否在两个电平之间，窗口比较器电路及传输特性如图 3.2.7a、b 所示。

图 3.2.6　输入信号与
输出电压的波形

a) 电路

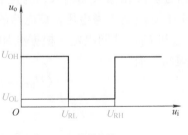

b) 传输特性

图 3.2.7　窗口比较器电路及传输特性

电路由两个简单电压比较器构成，U_{RH}、U_{RL}分别为高参考电压和低参考电压，二极管起到隔离输出端和运放之间的直接联系的作用，R_D为限流电阻。

电路的工作原理为

1）当输入信号u_i低于低参考电平U_{RL}时，运放A_1输出低电平，二极管VD_1截止；A_2输出高电平，二极管VD_2导通，输出电压为高电平。

2）当输入信号u_i界于U_{RH}、U_{RL}之间时，A_1、A_2均输出低电平，二极管VD_1、VD_2均截止，输出电压为低电平。

3）当输入信号u_i高于高参考电平U_{RH}时，A_2输出低电平，二极管VD_2截止；A_1输出高电平，二极管VD_1导通，输出电压为高电平。

可见窗口比较器具有在输入信号单向变化（单调增或减）时，输出电压跳变两次的特点。有些电路，要求电压工作在某个范围内，既不能超出上限又不能低于下限，利用这个特点可以用来做电压监测电路。实际使用时，只要在输出端加上发光二极管就可以做报警或检测电路了。

 练一练——电压比较器实训

1. 实训目标

1）掌握电压比较器的电路构成及特点。

2）学会测试比较器的方法。

2. 实训原理

电压比较器是集成运放非线性应用电路，它将一个模拟量电压信号和一个参考电压相比较，在二者幅度相等的附近，输出电压将产生跃变，相应输出高电平或低电平。比较器可以组成非正弦波形变换电路及应用于模拟与数字信号转换等领域。

常用的电压比较器有过零比较器、具有滞回特性的过零比较器、双限比较器（又称窗口比较器）等。

（1）过零比较器 图3.2.8为加限幅电路的过零比较器，VS为限幅稳压管。信号从运放的反相输入端输入，参考电压为零，从同相端输入。当$u_i > 0$时，输出$u_o = -(U_Z + U_D)$，当$u_i < 0$时，$u_o = +(U_Z + U_D)$。其电压传输特性如图3.2.8b所示。

过零比较器结构简单、灵敏度高，但抗干扰能力差。

a) 过零比较器   b) 电压传输特性

图3.2.8 加限幅电路的过零比较器

（2）具有滞回特性的过零比较器　图3.2.9为具有滞回特性的过零比较器。

过零比较器在实际工作时，如果 u_i 恰好在过零值附近，则由于零点漂移的存在，u_o 将不断由一个极限值转换到另一个极限值，这在控制系统中，对执行机构将是很不利的。为此，就需要输出特性具有滞回现象。如图3.2.9所示，从输出端引一个电阻分压正反馈支路到同相输入端，若 u_o 改变状态，Σ 点也随着改变电位，使过零点离开原来位置。当 u_o 为正（记作 U_+）时：

$$u_\Sigma = \frac{R_2}{R_f + R_2} U_+$$

当 $u_i > U_\Sigma$ 后，u_o 即由正变负（记作 U_-），此时 U_Σ 变为 $-U_\Sigma$。故只有当 u_i 下降到 $-U_\Sigma$ 以下，才能使 u_o 再度回升到 U_+，于是出现图3.2.9b中所示的滞回特性。$-U_\Sigma$ 与 U_Σ 的差称为回差。改变 R_2 的数值可以改变回差的大小。

a) 电路图　　　　　　b) 传输特性

图3.2.9　具有滞回特性的过零比较器

（3）窗口（双限）比较器　简单的比较器仅能鉴别输入电压 u_i 比参考电压 U_R 高或低的情况，窗口比较电路是由两个简单比较器组成，如图3.2.10所示，它能指示出 u_i 值是否处于 U_R^+ 和 U_R^- 之间。如 $U_R^- < u_i < U_R^+$，窗口比较器的输出电压 U_o 等于运放的正饱和输出电压（$+U_{omax}$），如果 $u_i < U_R^-$ 或 $u_i > U_R^+$，则输出电压 U_o 等于运放的负饱和输出电压（$-U_{omax}$）。

a) 电路图　　　　　　b) 传输特性

图3.2.10　由两个简单比较器组成的窗口比较器

3. 实训设备与器件

①　±12V 直流电源；

②　函数信号发生器；

③ 双踪示波器;

④ 直流电压表;

⑤ 交流表（毫伏）;

⑥ μA741 运算放大器 ×2;

⑦ 2CW231 稳压管 ×1;

⑧ 4148 二极管 ×2;

⑨ 电阻器等。

4. 实训内容

（1）过零比较器　实训电路如图 3.2.8 所示。

1）接通 ±12V 电源。

2）测量 u_i 悬空时的 u_o 值。

3）u_i 输入 500Hz、幅值为 2V 的正弦信号，观察 u_i、u_o 波形并记录。

4）改变 u_i 幅值，测量传输特性曲线。

（2）反相滞回比较器　实训电路如图 3.2.11 所示。

1）按图接线，u_i 接 5V 可调直流电源，测出 u_o 由 $+U_{omax} \rightarrow -U_{omax}$ 时 u_i 的临界值。

2）同上，测出 u_o 由 $-U_{omax} \rightarrow +U_{omax}$ 时 u_i 的临界值。

3）u_i 接 500Hz，峰值为 2V 的正弦信号，观察并记录 u_i、u_o 波形。

4）将分压支路 100kΩ 电阻改为 200kΩ，重复上述实验，测定传输特性。

（3）同相滞回比较器　实训线路如图 3.2.12 所示。

图 3.2.11　反相滞回比较器

图 3.2.12　同相滞回比较器

1）参照（2），自拟实验步骤及方法。

2）将结果与（2）进行比较。

（4）窗口比较器　参照图 3.2.10 自拟实训步骤和方法，测定其传输特性。

5. 实训总结

1）整理实验数据，绘制各类比较器的传输特性曲线。

2）总结几种比较器的特点，阐明它们的应用场合。

6. 实训考核要求

见共射极单管放大器的调试实训考核要求。

任务2 认识方波产生电路

◆ **问题引入**

在许多电子设备中，需要应用方波等非正弦波信号。其电路的种类很多，可采用分立元器件、集成运放、集成逻辑门电路组成。这里首先介绍由集成运放构成的方波产生电路。

◆ **任务描述**

💡 **看一看——方波产生电路**

1. 电路组成

方波产生电路是指在无输入信号的情况下，可自行产生某种幅度、频率一定的方波的电路。

方波产生电路如图3.2.13所示，它由滞回电压比较器和 R、C 构成的积分电路组成。其中，滞回电压比较器是由运放引入正反馈构成的。输出端的稳压管决定输出方波的幅度，R、C 构成的积分电路决定了方波的频率，电阻 R_3 为稳压管的限流电阻。

2. 工作原理

在方波产生电路接通电源的瞬间，输出电压是正值还是负值由偶然因素决定。设在起始点输出电压为正值 $u_o = U_Z$，则同相输入端的电压为

图3.2.13 方波产生电路

$$u_{+1} = U_F = \frac{R_2}{R_1 + R_2} U_Z \qquad (3.2.3)$$

$u_- = u_C$，且电容上的电压不能突变，故反相输入端的电压约为零。输出电压通过电阻 R 向电容充电，电容上的电压也就是反相输入端的电压按指数规律增长，而同相输入端的电压保持大小不变。当反相输入端的电压超过同相输入端的电压时，输出电压翻转为 $u_o = -U_Z$，则同相输入端的电压为

$$u_{+2} = -U_F = -\frac{R_2}{R_1 + R_2} U_Z \qquad (3.2.4)$$

则反相输入端的电压会高于同相输入端的电压。电容会通过电阻 R 向输出端放电。电容上的电压也就是反相输入端的电压按指数规律下降。当下降到低于同相输入端的电压时，输出电压又翻转为高电平，又开始新一轮的振荡，如图3.2.14所示。

3. 输出电压的幅度及频率

（1）幅度 输出电压的幅度由稳压管的稳压值来决定。如若改变输出电压的幅度，只需更换稳压管即可。

（2）频率 输出电压的周期为

$$T = 2RC\ln\left(1 + 2\frac{R_2}{R_1}\right) \qquad (3.2.5)$$

若适当选取电阻 R_1 和 R_2 的数值，即可使

$$\ln\left(1 + 2\frac{R_2}{R_1}\right) = 1$$

则

$$T = 2RC \tag{3.2.6}$$

而周期和频率互为倒数，有

$$f = \frac{1}{T} = \frac{1}{2RC} \tag{3.2.7}$$

4. 占空比可调的方波产生电路

在电气电子线路中，经常提到占空比的概念。占空比是指在一串理想的脉冲序列中（如方波），正脉冲的持续时间与脉冲总周期的比值。通过对方波产生电路的工作波形进行分析，可以想象，欲改变输出电压的占空比，就必须使电容正向和反向充电的时间常数不同，即让两个充电回路的参数不同，便可得到占空比可调的矩波信号发生器。利用二极管的单向导电性可以引导电流流经不同的通路，占空比可调的方波产生电路如图 3.2.15 所示，电容上的电压和输出波形如图 3.2.14 所示。

图 3.2.14　方波产生电路的工作波形

图 3.2.15　占空比可调的方波产生电路

当 $u_o = +U_Z$ 时，u_o 通过 RP_1、VD_1 和 R 对电容正向充电，若忽略二极管导通时的等效电阻，则时间常数 $\tau_1 \approx (R_{\mathrm{RP1}} + R)C$。

当 $u_o = -U_Z$ 时，u_o 通过 RP_2、VD_2 和 R 对电容反向充电，若忽略二极管导通时的等效电阻，则时间常数 $\tau_2 \approx (R_{\mathrm{RP2}} + R)C$。

利用一阶 RC 电路的三要素法可以解得

$$T_1 = \tau_1 \ln\left(1 + 2\frac{R_2}{R_1}\right), \ \ T_2 = \tau_2 \ln\left(1 + 2\frac{R_2}{R_1}\right)$$

振荡周期为

$$T = T_1 + T_2 = (R_{\mathrm{RP}} + 2R)C\ln\left(1 + 2\frac{R_2}{R_1}\right) \tag{3.2.8}$$

方波的占空比为

$$\delta = \frac{T_1}{T} = \frac{R + R_{\mathrm{RP1}}}{2R + R_{\mathrm{RP}}} \tag{3.2.9}$$

【例 3.2.2】 图 3.2.15 中, 已知 $R_1 = 40\text{k}\Omega$, $R_2 = R_{RP} = 100\text{k}\Omega$, $R = 10\text{k}\Omega$, $C = 0.1\mu\text{F}$, $\pm U_Z = \pm 6.5\text{V}$。试求:

(1) 输出电压的幅值和振荡频率是多少?

(2) 占空比的调节范围是多少?

解: 1) 输出电压 $u_o = \pm 6.5\text{V}$。

振荡周期为

$$T = (R_{RP} + 2R)C\ln\left(1 + 2\frac{R_2}{R_1}\right)$$

$$= (2 \times 10 + 100) \times 10^3 \times 0.1 \times 10^{-6} \times \ln\left(1 + \frac{2 \times 20 \times 10^3}{100 \times 10^3}\right)$$

$$\approx 4.04 \times 10^{-3}\text{s}$$

$$= 4.04\text{ms}$$

振荡频率为 $\qquad f = 1/T \approx 0.27\text{kHz}$

2) 将 $R_{RP} = 0 \sim 100\text{k}\Omega$ 代入式 (3.2.9), 可得方波占空比的最小值和最大值分别为

$$\delta_{min} = \frac{T_1}{T} = \frac{R}{2R + R_{RP}} = \frac{10}{2 \times 10 + 100} = 8.33\%$$

$$\delta_{max} = \frac{T_1}{T} = \frac{R + R_{RP}}{2R + R_{RP}} = \frac{10 + 100}{2 \times 10 + 100} = 91.7\%$$

占空比的调节范围在 8.33% ~ 91.7% 之间。

任务 3　认识三角波产生电路

◆　问题引入

在许多电子设备中, 需要应用三角波、锯齿波等非正弦波信号, 其电路的种类很多, 可采用分立元器件、集成运放、集成逻辑门电路组成。这里只介绍由集成运放构成的三角波产生电路。

◆　任务描述

💡 看一看——三角波产生电路

1. 电路组成

如果用线性积分电路代替方波产生电路中的 RC 积分电路, 则电容器两端就可获得理想的三角波输出。

三角波产生电路是指在无输入信号的情况下, 可自行产生某种幅度、频率一定的三角波的电路。

三角波产生电路如图 3.2.16 所示, 它是由同相输入迟滞比较器 A_1 和反相输入积分器 A_2 构成的三角波和方波产生电路。A_1 输出电压 u'_o 为方波, 幅值为 $\pm U_Z$; A_2 输出电压 u_o 为三角波, 其最大值和最小值由迟滞比较器 A_1 的门限电压 U_{th1} 和 U_{th2} 决定。u'_o 和 u_o 波形如图 3.2.17 所示。

图 3.2.16　三角波产生电路　　　　　　　图 3.2.17　三角波产生电路的工作波形

2. 工作原理

电路在接通直流电源的瞬间，电容 C 两端电压为 0，假设 u'_o 为高电平 $+U_Z$，则 U_p 为正值，与此同时 u'_o 高电平通过 R 对 C 恒流充电，积分电路 A_2 输出电压 u_o 随时间线性下降，U_p 也跟随下降；当 U_p 下降到略低于零值时，比较器 A_1 输出电压 u'_o 由高电平（$+U_Z$）跳变为低电平（$-U_Z$），U_p 由零值跳变为负值，与此同时 u'_o 低电平通过 R 对 C 反向恒流充电，使积分电路 A_2 输出电压 u_o 随时间线性上升，U_p 也跟随上升；当 U_p 上升到略大于零时，比较器 A_1 输出电压 u'_o 由低电平（$-U_Z$）跳变为高电平（$+U_Z$），如此周而复始，产生振荡，可见 A_1 输出电压 u'_o 为方波，A_2 输出电压 u_o 为三角波。

3. 输出电压的幅度及频率

（1）幅度　第一级输出电压的幅度由稳压管的稳压值决定，第二级输出电压的幅度为

$$U_{om} = \frac{R_2}{R_1}U_Z \tag{3.2.10}$$

（2）频率　输出电压的周期为

$$T = \frac{4R_2R}{R_1}C \tag{3.2.11}$$

则频率为

$$f = \frac{1}{T} \tag{3.2.12}$$

【例 3.2.3】　在图 3.2.16 所示电路中，已知 $R_1 = 15\text{k}\Omega$，$R_2 = 10\text{k}\Omega$，$R = 3\text{k}\Omega$，$\pm U_Z = \pm 6\text{V}$，$C = 0.01\mu\text{F}$，求输出三角波电压幅值、振荡周期和频率。

解：根据式（3.2.10）有

$$U_{om} = \frac{R_2}{R_1}U_Z = \frac{10}{15} \times 6\text{V} = 4\text{V}$$

根据式（3.2.11）有

$$T = \frac{4R_2R}{R_1}C = \frac{4 \times 10 \times 10^3 \times 3 \times 10^3}{15 \times 10^3} \times 0.01 \times 10^{-6}\text{s} = 8 \times 10^{-5}\text{s} = 0.08\text{ms}$$

根据式（3.2.12）有

$$f = \frac{1}{T} = \frac{1}{0.08 \times 10^{-3}} = 1.25 \times 10^4 \, \text{Hz} = 12.5 \, \text{kHz}$$

练一练——波形发生电路

1. 实训目标

1）学习用集成运放构成方波和三角波发生器。

2）学习波形发生器的调整和主要性能指标的测试方法。

2. 实训原理

由集成运放构成的方波和三角波发生器有多种形式，本实训选用最常用的、线路比较简单的电路加以分析。

把滞回比较器和积分器首尾相接形成正反馈闭环系统，如图 3.2.18 所示，则比较器 A_1 输出的方波经积分器 A_2 积分可得到三角波，三角波又触发比较器自动翻转形成方波，这样即可构成三角波、方波发生器。图 3.2.19 为方波、三角波发生器输出波形。由于采用运放组成的积分电路，因此可实现恒流充电，使三角波线性大大改善。

图 3.2.18　三角波、方波发生器

电路振荡频率为　$f_o = \dfrac{R_2}{4R_1 \, (R_f + R_{RP}) C_f}$

方波幅值为　$U_{om} = \pm U_Z$

三角波幅值为 $U_{om} = \dfrac{R_1}{R_2} U_Z$

调节 RP 可以改变振荡频率，改变 $\dfrac{R_1}{R_2}$ 比值可调节三角波的幅值。

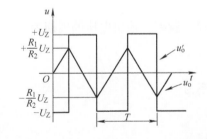

图 3.2.19　方波、三角波发生器输出波形

3. 实训设备与器件

① ±12V 直流电源；

② 双踪示波器；

③ 交流表（毫伏）；

④ 频率计；

⑤ μA741 集成运放 ×2；

⑥ 1N4148 二极管 ×2；

⑦ 2CW231 稳压管 ×1；

⑧ 电阻器、电容器若干。

4. 实训步骤

按图 3.2.18 连接实训电路。

1）将电位器 RP 调至合适位置，用双踪示波器观察并描绘三角波输出 u_o 及方波输出 u'_o，测其幅值、频率及 RP 值并记录下来。

2）改变 RP 的阻值，观察对 u_o、u'_o 幅值及频率的影响。

3）改变 R_1（或 R_2），观察对 u_o、u'_o 幅值及频率的影响。

5. 实训总结

1）整理实训数据，把实测频率与理论值进行比较。

2）在同一坐标纸上，按比例画出三角波及方波的波形，并标明时间和电压幅值。

3）分析电路参数变化（R_1、R_2 和 RP）对输出波形频率及幅值的影响。

6. 实训考核要求

见共射极单管放大器的调试实训考核要求。

【新技术】轨对轨放大器

以往的放大器，对输入信号的幅值都有一定的限制，否则就会使放大器进入非线性区，甚至是进入晶体管的饱和区和截止区，不能保证输出信号与输入信号的线性关系。近几年来，技术人员做了许多努力，解决了许多技术问题和工艺难关，研制出输入信号的幅值可以接近放大器的电源电压，同时输出信号的幅值也可接近到电源电压，并且能保持输入信号和输出信号的线性关系，这种放大器就称为轨对轨（Rail to Rail）放大器，在测量仪器中得到了广泛的应用。在近几年的《电子技术应用》杂志上，有许多轨对轨放大器的介绍和应用资料。

小　结

1）集成运放在非线性运用方面的主要实际应用之一是电压比较器。电压比较器是用来判断输入信号与参考信号相对大小的。这既是对信号的比较，也是对信号波形的变换。单限比较器结构简单但容易产生误翻，抗干扰能力差，而滞回比较器则具有很强的抗干扰能力，在实际中有广泛的应用。

2）非正弦波信号发生器是在电压比较器的基础上构成的。方波、三角波、锯齿波等非正弦波信号发生器通常由比较器、反馈网络和积分电路等构成。

习　题

一、填空题

1. 方波发生器由＿＿＿＿＿＿＿＿＿＿＿＿＿＿＿＿＿＿＿＿＿＿＿＿＿＿。

2. 三角波发生器由＿＿＿＿＿＿＿＿＿＿＿＿＿＿＿＿＿＿＿＿＿＿＿＿。

3. 正弦波振荡电路由＿＿＿＿＿＿＿＿＿＿＿＿＿＿＿＿＿＿＿＿＿＿。

二、分析题

1. 在集成运放线性运用时，我们要用到哪两个特点？

2. 电压比较器的功能是什么？试画出过零比较器和具有滞回特性的过零比较器的电路

图与传输特性。

三、计算题

1. 图 3.2.20 为迟滞电压比较器电路，已知运放最大输出电压为 ±14V，稳压管的稳定电压 $U_Z = 6.3V$，稳压管的导通电压 $U_{D(on)} = 0.7V$，$U_R = 2V$。试分别画出它们的传输特性并求出回差电压 ΔU。

2. 电路如图 3.2.21 所示，试画出其电压传输特性，要求标出有关数值。设 A 为理想运算放大器。

图 3.2.20　　　　　　　　　　　图 3.2.21

3. 在如图 3.2.22a 所示的电路中，运算放大器的 $U_{oM} = ±12V$，双向稳压管的稳定电压 U_Z 为 6V，参考电压 U_R 为 2V，已知输入电压 u_i 的波形如图 3.2.22b 所示，试对应画出输出电压 u_o 的波形及电路的电压传输特性曲线。

a)　　　　　　　　　　　　　　b)

图 3.2.22

4. 图 3.2.23 中，已知 $R_1 = 30k\Omega$，$R_2 = R_{RP} = 120k\Omega$，$R = 15k\Omega$，$C = 0.1\mu F$，$±U_Z = ±7.5V$。试求：

（1）输出电压的幅值和振荡频率是多少？

（2）占空比的调节范围是多少？

5. 在图 3.2.24 所示电路中，已知 $R_1 = 18k\Omega$，$R_2 = 12k\Omega$，$R = 4k\Omega$，$±U_Z = ±8V$，$C = 0.01\mu F$，求输出三角波电压幅值、振荡周期和频率。

图 3.2.23　　　　　　　　　　　图 3.2.24

学习情境 3　制作与调试函数信号发生器

- 了解函数信号发生器的工作原理。
- 了解集成运放 LM324 的性能特点。
- 学习使用集成运放 LM324 制作函数信号发生器的方法。
- 了解单元函数信号发生器专用集成电路 ICL8038 的性能特点。
- 学习使用单元函数信号发生器专用集成电路 ICL8038 的方法。
- 学会制作函数信号发生器。
- 学会撰写函数信号发生器的制作与调试报告书。

- 用集成运放 LM324 制作一个函数信号发生器。
- 用单元函数信号发生器专用集成电路 ICL8038 制作函数信号发生器。
- 调试、测量函数信号发生器的主要指标。

看一看——实践制作函数信号发生器的印制板图

图 3.3.1 所示为函数信号发生器印制板图。

图 3.3.1　函数信号发生器印制板图

学一学——函数信号发生器的组成及工作原理

1. 实践制作函数信号发生器的电路图

用 LM324 制作的函数信号发生器电路图如图 3.3.2 所示。

图 3.3.2　函数信号发生器电路图

2. 函数信号发生器工作原理

集成运放 LM324 采用 14 脚双列直插塑料封装，外形如图 3.3.3a 所示。它的内部包含四组形式完全相同的运算放大器，除电源共用外，四组运放相互独立。每一组运算放大器有 3 个引脚，其中 "+"、"−" 为两个信号输入端，"$U_。$" 为输出端。LM324 的引脚排列如图 3.3.3b 所示。由于 LM324 四运放电路具有电源电压范围宽，静态功耗小，可单电源使用，价格低廉等优点，因此被广泛应用在各种电路中。

a)　　　　　　　　　　　　b)

图 3.3.3　LM324 外形和引脚排列

由集成运放 A_1 做反向器（$\Phi_A = 180°$），它和三级超前移相器（$\Phi_F = 180°$）构成移相式正弦振荡器，满足振荡的相位条件；通过 RP 电位器的调节增益来满足振幅条件。电路中两个反向并联的二极管 VD_1、VD_2 起着稳幅作用，利用电流增大时二极管动态电阻减小、电流减小时二极管动态电阻增大的特点，加入非线性环节，从而使输出电压稳定。由集成运放 A_2 做跟随器使用，A_3、A_4 组成三角波振荡电路，从 A_3 输出可得到方波。

做一做——用 LM324 制作一个简易函数信号发生器

1. 清点并检测元器件（见表 3.3.1）

表 3.3.1　元器件明细表

序号	名称	规格型号	数量
1	运算放大器 IC	LM324	1
2	IC 插座	双列 14 脚	1
3	二极管	1N4009	2
4	有机芯微调电阻器	WSW　10kΩ	1
5	电阻	RJX－0.25－100kΩ－Ⅱ	2
6	电阻	RJX－0.25－2kΩ－Ⅱ	5
7	电解电容器	CD11 30μF 25V	4

2. 实践制作工具及仪器仪表

① 电烙铁 1 把；

② 焊锡丝若干；

③ 普通万用表 1 只；

④ 示波器 1 台；

⑤ 镊子 1 把。

3. 实践制作过程

1）识读函数信号发生器电路原理图和印制板图。

2）清点、检测元件，对照印制板图检查 PCB 质量情况。

3）先在印制电路板上找到相对应的元器件的位置，再将元器件成形。

4）采用边插装边焊接的方法依次正确插装焊接好元器件（注意二极管、电解电容的正、负极）。

5）检查焊点有无虚焊、搭焊后进行通电检测。

6）连接示波器探头至正弦波、方波、三角波输出端口处测试波形。

写一写——函数信号发生器制作与调试任务书

函数信号发生器制作与调试的任务要求如下。

1. 函数信号发生器的输出要求

该发生器需产生三种输出波形：正弦波、方波、三角波。

2. 函数信号发生器的制作要求

1）画出实际设计电路原理图和印制板图。

2）列出元器件及其相应参数。

3）进行元器件的检测。

4）进行元器件的预处理。

5）进行基于 PCB 的元器件焊接与电路装配。

6）在制作过程中发现问题并能解决问题。

3. 实际电路检测与调试

选择测量仪表与仪器，对电路进行实际测量与调试。

4. 撰写函数信号发生器的制作与调试报告书

写出制作与调试全过程，附上有关资料和图样，记录心得体会。

拓展项目　电子设计软件 EWB 的应用

本项目的学习载体是电子设计软件 EWB（Electronics Workbench）。它提供了虚拟实训和电路分析两种仿真分析手段，可用于模拟电路、数字电路、数－模混合电路和部分强电电路的实训、分析和设计。与其他仿真分析软件相比，EWB 的最显著特点是提供了一个操作简便且与实际很相似的虚拟实训平台。它几乎能对电子技术课程中的所有基本电路进行虚拟实训（又称仿真实训），虚拟实训过程和仪器操作方法与实际相似，但比实际方便、省时。它还能开设实际无法进行或不便进行的实训内容，如观测开路、短路、漏电和过载等非正常情况的影响或后果等。通过存储、打印等方法，还可精确记录实训结果。因此 EWB 是一种优秀的电子技术课程计算机辅助教学（CAI）工具。应用 EWB，可使电子技术课程教学方便地实现边学边练的教学模式，从而使学生更快、更好地掌握理论知识，并熟悉常用电子仪器的使用方法和电子电路的测量方法，便于比较理论分析与工程实际之间的异同。

 学习目标

> ➤ 掌握 EWB 的基本操作方法。
> ➤ 熟悉电子元器件及其操作使用方法。
> ➤ 学会仪器仪表的使用操作方法。
> ➤ 熟悉电子电路设计和测试实例。
> ➤ 掌握仿真实训方法。

 工作任务

> ➤ 安装 EWB 软件和构成界面。
> ➤ 创建 EWB 的电路。
> ➤ 会用七种虚拟仪器。
> ➤ 完成典型电子电路的仿真实训。
> ➤ 进行电路分析。

学习情境 1　认识电子设计软件 EWB

学 习 目 标

➢ 熟悉 EWB 的窗口界面的主要组成及各部分作用，会上机操作。

➢ 熟悉 EWB 的基本操作方法。

➢ 学会虚拟电子元器件的操作使用方法。

➢ 掌握 EWB 电路的创建。

工 作 任 务

➢ 安装 EWB 软件并熟悉其界面构成。

➢ 创建 EWB 的电路。

任务 1　EWB 软件的安装和界面构成

◆　问题引入

EWB 提供了十几种电路分析功能，能仿真分析所设计电路的实际工作状态和性能。它与其他电子设计自动化（EDA）软件具有较好的互通性。例如：它与常用的电子电路分析软件 PSPICE 元器件库兼容，且电路可通过 SPICE 网表文件相互转换；所设计好的电路可直接输出至印制电路板排版软件（如 Protel 等），因此 EWB 是一种优秀的 EDA 软件。

◆　任务描述

本项目首先介绍 EWB 的基本使用方法和任务，然后根据需要给出有代表性的仿真实训与分析训练项目，旨在与正文中的实际训练项目相比较或相补充，提高学生在电子技术方面的分析、实践和开发设计能力。

💡 看一看——EWB 主窗口的组成及作用

EWB 的主窗口如图 4.1.1 所示。

❓ 学一学——EWB 对系统的要求和软件安装

下面学习 EWB 目前常用版本 EWB 4.0 的基本使用方法。

1. 系统要求

1）当运行在 Microsoft Windows 3.1/3.11/95 操作系统时要求：486 以上计算机，与之兼容的鼠标，8MB RAM（推荐 16MB RAM）。

2）约 37MB 硬盘空间（安装约占 17MB，其余用于运行时建立临时文件）。

2. 光盘安装

1）启动 Windows，将 EWB 光盘放入光驱，运行其中的 Setup 文件。

2）根据屏幕提示信息，确定安装路径、目录，进行安装。

3. 窗口组成及其作用

鼠标左键双击 EWB 图标启动 EWB，将出现如图 4.1.1 所示的主窗口，其主要组成及各部分作用如下。

图 4.1.1　EWB 的主窗口

（1）菜单栏　用于选择文件管理、创建电路和仿真分析等所需的各种命令。

（2）工具栏　提供常用的操作命令，如图 4.1.2 所示。用鼠标单击某一按钮，可完成表 4.1.1 所示的相应功能。

图 4.1.2　EWB 的工具栏

表 4.1.1　EWB 工具栏的功能

按钮名称	按钮功能	按钮名称	按钮功能	按钮名称	按钮功能
刷新	清除电路工作区，准备生成新电路	旋转	将选中的元器件等逆时针旋转 90°	缩小	将电路图缩小一定比例
打开	打开电路文件	水平反转	将选中的元器件等水平反转	放大	将电路图放大一定比例
存盘	保存电路文件	垂直反转	将选中的元器件等垂直反转	缩放比例	显示电路图的当前缩放比例，并可下拉出缩放比例选择框
打印	打印电路文件、元器件清单和仿真结果等	子电路	生成子电路	帮助	调出与选中对象有关的帮助内容
剪切	剪切至剪贴板	分析图	调出仿真分析图	元器件特性	调出元器件特性对话框
复制	复制至剪贴板	粘贴	从剪贴板粘贴		

（3）元器件库和仪器仪表栏　EWB 提供了丰富的元器件和常用的仪器仪表，如图 4.1.3 所示。单击某一图标可打开该库，本项目需用到的库如图 4.1.4～图 4.1.10 所示。

（4）控制按钮　按钮 O/I 和 Resume 用于控制仿真实训运行与否。

（5）电路工作区　用于电路的创建、测试和分析。

自定义元器件库　信号源库　基本元器件库　二极管库　晶体管库　模拟集成电路库　混合集成电路库　数字集成电路库　逻辑门电路库　数字元器件库　指示元器件库　控制元器件库　其他元器件库　仪器库

图 4.1.3　EWB 的元器件库和仪器仪表栏

接地　电池　直流电流源　交流电流源　交流电压源　电压控制电流源　电压控制电压源　电流控制电流源　电流控制电压源　U_{CC} 电压源　U_{DD} 电压源　时钟源

调幅源　调频源　压控正弦波　压控三角波　压控方波　受控单脉冲　分段线性源　压控分段线性源　频移键控源 FSK　多项式源　非线性相关源

图 4.1.4　信号源库

连接点　电阻器　电容器　电感器　变压器　继电器　开关　延迟开关　压控开关　流控开关　上拉电阻

电位器　排电阻　压控模拟开关　极性电容器　可调电容器　可调电感器　无心线圈　磁心　非线性变压器

图 4.1.5　基本器件库

NPN 晶体管　PNP 晶体管　N沟道结型　P沟道结型　三端耗尽型 NMOS　三端耗尽型 PMOS　四端耗尽型 NMOS　四端耗尽型 PMOS

三端增强型 NMOS　三端增强型 PMOS　四端增强型 NMOS　四端增强型 PMOS　N沟道砷化镓　P沟道砷化镓

图 4.1.6　晶体管库

二极管　稳压二极管　发光二极管　全波桥式整流器　肖特基二极管　晶闸管　双向晶闸管　三端双向晶闸管

图 4.1.7　二极管库

三端运放　五端运放　七端运放　九端运放　比较器　锁相环

图 4.1.8　模拟集成电路库

图 4.1.9 指示器件库

图 4.1.10 仪器库

任务 2 EWB 的电路创建

练一练——输入并编辑电路

进行仿真分析之前首先要在主窗口的工作区创建电路，通常是在主窗口（相当于一个虚拟实训平台）直接选用元器件连接电路，其一般步骤和方法如下。

1. 元器件的取用

取用某元器件的操作为：用鼠标左键单击它所在的元器件库，然后将所需元器件拖至电路工作区的欲放置位置。

2. 元器件的编辑

在创建电路时，常需要对元器件进行移动、旋转、删除和复制等编辑操作，这时首先要选中元器件，然后进行相应操作。

选中某元器件的方法是单击该元器件，被选中的元器件将以红色显示。若要同时选中多个元器件，可按住"Ctrl"键不放，然后逐个单击所选的元器件，使它们都显示为红色，然后放开"Ctrl"键。若要选中一组相邻元器件，可用鼠标拖拽画出一个矩形区域把这些元器件框起来，使它们都显示为红色。若要取消选中状态，可单击电路工作区的空白部分。

移动元器件的方法为：先选中，再用鼠标拖拽，或用方向键作微小移动。

旋转元器件的方法为：先选中，再根据旋转目的单击工具栏的"旋转""水平反转"和"垂直反转"等相应按钮。

删除和复制元器件的方法与 Windows 下的常用删除和复制方法一样，例如：选中元器件后，按"Delete"键删除，或用工具栏中的"Copy"和"Paste"按钮进行复制、粘贴等。

3. 元器件的设置

从库中取出的元器件的设置是默认值，构成电路时需将它按电路要求进行设置。方法为：选中该元器件后单击工具栏的"元件特性"按钮（或双击该元器件），弹出相应的元器件特性对话框，如图 4.1.11 所示。然后单击对话框的选项标签，进行相应设置。通常是对元器件进行标志和赋值（或模型选择），举例如下。

（1）电阻、电容和电感等简单元器件 元器件特性对话框如图 4.1.11a 所示。如要将某电阻标为"R5"并取值 15kΩ，则应在元器件特性对话框中进行如下操作：

1）单击标志选项"Label"进入 Label 对话框，键入该电阻的标志符号"R5"。

2）单击数值选项"Value"进入 Value 对话框，键入电阻值"15"，并用图中的箭头按

a) 电阻特性对话框   b) 运放特性对话框

c) 可调电容特性对话框   d) 开关特性对话框

图 4.1.11　元器件特性对话框

钮选中"kΩ"。

3）单击"确定"。电容和电感等的操作方法类似。

（2）晶体管和运放等复杂器件　元器件特性对话框如图 4.1.11b 所示，与简单元器件特性对话框的主要区别是数值选项"Value"换成了模型选项"Models"。例如要将某运算放大器标为"A1"并选用 LM741，则在对话框中：

1）单击标志选项"Label"，键入标志符号"A1"。

2）单击模型选项"Models"选择欲采用的模型，在"Library"框单击"lm7×× "，在"Model"框单击"LM741"。

3）确定选项"Models"的默认设置通常为"ideal"。利用"Models"选项中的"Edit"按钮，还可进行元器件参数的设置。

（3）电位器和可调电容等可调元器件的设置与使用　元器件特性对话框如图 4.1.11c 所示，与简单元器件特性对话框的主要区别是选项"Value"的设置。例如要将某可变电容设置为：标志"C1"，满电容量 200pF，当前电容量调为满电容量的 50%（即 100pF），用键盘控制调节电容值，且按一下键盘的"C"键使电容量减至满电容量的 90%，则应在元器件特性对话框中进行如下操作：

1）单击标志选项"Label"，键入标志符号"C1"。

2）单击选项"Value"进入 Value 对话框，在"Key"框键入控制键符号"C"，在"Capacitance"框键入满电容量值"200"，并用箭头按钮选中"pF"，在"Setting"框用箭头按钮将可调电容的当前位置选为"50%"，在"Increment"框用箭头按钮将电容调节时的变化量选为"10%"。

3）单击"确定"按钮。

若电路中有多个可调电容，当它们的控制键相同时，按动控制键可对它们进行联调；反之，若要分别调节它们，则控制键不能相同。

电位器的设置与使用方法与可调电容类似。

（4）开关的设置与使用　开关特性对话框如图 4.1.11d 所示，通常要设置标志符和控制键。当某开关的控制键设为"K"时，按一下键盘的"K"键，则该开关动作一次。

除了对元器件进行上述常用设置外，利用元器件特性对话框的"Fault"选项，可设置 Short（短路）、Open（开路）和 Leakage（漏电）等故障，以便仿真观察这些故障对电路工作的影响。"Fault"选项的默认设置为 None（无故障）。

4. 电路的连接

（1）连接方法　连线的操作：将鼠标指向欲连端点使其出现小圆点，然后按住鼠标左键拖拽出一根导线并指向欲连的另一个端点使其出现小圆点，释放鼠标左键则完成连线。

导线上的小圆点称为连接点，它会在连线时自动产生，也可以放置，需要放置时可从基本器件库拖取，直接插入连线中。引出电路的输入、输出端时，就需要先放置连接点，然后将作为输入、输出端子的连接点与电路连通。需注意，一个连接点最多只能连接来自四个方向的导线。将元器件拖拽至导线上，并使元器件引出线与导线重合，则可将该元器件直接插入导线。

（2）编辑方法

1）删除、改接与调整。导线、连接点和元器件都可在选中后按"Delete"键进行删除。对导线还可这样操作：将鼠标指向该导线的一个连接点使其出现小圆点，然后按住鼠标左键拖拽该圆点使导线离开原来的连接点，释放鼠标左键则完成连线的删除，而若将拖拽移开的导线连至另一个连接点，则可完成连线的改接。

在连接电路时，常需要对元器件、连接点或导线的位置进行调整，以保证导线不扭曲和电路连接简洁、可靠、美观。移动元器件、连接点的方法为：选中后用四个箭头键微调。移动导线的方法为：将光标贴近该导线，然后按下鼠标左键，这时光标变成一双向箭头，拖动鼠标，即可移动该导线。

2）导线颜色的设置。通常示波器的输入线需设置颜色，因为示波器波形的颜色由相应输入通道的导线颜色确定，不同输入通道设置不同颜色后便于观察与区别。设置方法为：选中该导线后单击工具栏的"元件特性"按钮（或双击该导线），使导线特性对话框弹出，然后单击选项"Schematic Options"，单击"Set Wire Color"按钮，使对话框"Wire Color"弹出，单击欲选的颜色，最后单击"确定"。

3）连接点的设置。与元器件和导线类似，连接点也可通过其特性对话框进行设置，通常是对它做标志或设置颜色。

5. 检查电路并及时保存

输入的电路图文件应及时保存，第一次保存前需确定文件欲保存的路径和文件名。电路完成连接后应仔细检查，确保输入的电路图无误、可靠。

读者可用本项目的训练任务为例进行创建电路练习，并保存文件以便后面仿真之用。

学习情境 2　虚拟仪器及其使用

学习目标

➢ 掌握仪器仪表的使用方法。
➢ 了解多种电路分析功能。
➢ 掌握电路分析方法。

工作任务

➢ 会用七种虚拟仪器。
➢ 能进行电路的仿真分析。

任务 1　模拟仪器仪表的基本使用方法

◆ 问题引入

EWB 的仪器库提供了数字式万用表、函数信号发生器、示波器、波特图仪、数字信号发生器、逻辑分析仪和逻辑转换仪等七种虚拟仪器，其图标如图 4.1.10 所示。指示器件库中提供了电压表和电流表，其图标如图 4.1.9 所示。它们的使用方法基本上与实际仪表相同，虚拟仪器每种只有一台，而电压表和电流表的数量则没有限制。

◆ 任务描述

取用仪器仪表的方法与取用元器件相同，即单击打开相应库，将相应图标拖拽到工作区的欲放置位置。移动和删除的方法也相同。

连接实训电路时，仪器仪表以图标形式存在，其输入、输出端子的含义如图 4.2.1 ~ 图 4.2.5 所示，可根据其含义在电路中进行相应连接，这与实际实训中是一样的。

下面学习模拟仪器仪表的取用与接法，通过观察仪表读数，学会观测和分析电子电路。

❓ 学一学——六种仪表的面板构成及用法

1. 电压表和电流表的使用

电压表和电流表的图标如图 4.2.1a 所示，粗黑边对应的端子为负极，另一端则为正极，测量直流（DC）电量时若正极接电位高端、负极接电位低端，则显示正值，反之则显示负值。测量交流（AC）电量时显示信号的有效值。它有纵向和横向两种引出线方式，选中后使用工具栏旋转按钮可进行引出方式的转换。其默认设置为：测量直流、电压表内阻为 $1M\Omega$、电流表内阻为 $1n\Omega$，测量时应根据需要进行设置。例如要测量交流电压，估计被测电路阻抗为 $10M\Omega$，为减小测量误差，欲将电压表内阻设置为 $1000M\Omega$，操作方法为：双击该电压表打开特性对话框，如图 4.2.1b 所示，单击选项"Value"，在"Resistance"框键入

"1000"，并用箭头按钮选择"M"，在"Mode"框的下拉列表中选中"AC"，最后单击"确定"按钮。利用特性对话框也可进行电流表的标志。

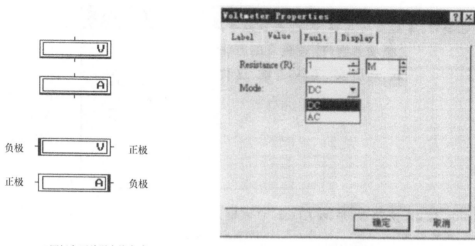

a)图标和两种引出线方式　　　　　　　　b)特性对话框

图 4.2.1　数字多用表

2. 数字式万用表的使用

双击数字式万用表图标可打开其面板，如图 4.2.2 所示。它用于测量交、直流的电压和电流，也可测电阻，只要选中相应的按钮即可。对它也能设置表内阻等参数，方法是：单击"Settings"按钮打开对话框，根据测量需要进行相应设置。

a)图标　　　　　　b)面板　　　　　　　　c)参数设置对话框

图 4.2.2　数字式万用表

3. 函数信号发生器的使用

双击图标打开函数信号发生器的面板，如图 4.2.3b 所示，根据实训电路对输入信号的要求进行相应设置。例如要输出 10kHz、100mV（幅度）正弦波的设置为：单击正弦波按钮，在"Frequency"框键入"10"，并选择单位"kHz"，在"Amplitude"框键入"100"，并选择单位"mV"。图 4.2.3b 中的"Duty cycle"设置用于三角波和方波，"Offset"指在信号波形上所叠加的直流量。需注意，信号大小的设置值为幅度而不是有效值。

a) 图标   b) 面板与参数设置列表框

图 4.2.3   函数信号发生器

4. 示波器的使用

双击图标打开示波器面板，如图 4.2.4b 所示。由图可见它与实际仪器一样，由显示屏、输入通道设置、时基调整和触发方式选择四部分组成，其使用方法也和实际仪器相似，简介如下。

（1）输入通道（Channel）设置 输入通道 A 和 B 是各自独立的，其设置方法一样。输入方式 AC/0/DC 中，AC 方式用于观察信号的交流分量，DC 方式用于观察信号的瞬时量，选择 0 则输入接地。Y 轴刻度表示纵坐标每格所代表的电压值，应根据信号大小选择合适值。Y 轴位置用于调节波形的上、下位置以便观测。刻度和位置值可键入，也可单击箭头按钮选择。

（2）触发方式（Trigger）选择 包括触发信号、触发电平和触发沿选择三项，通常单击选中"Auto"即可。

（3）时基（Time base）调整 显示方式选项在观测信号波形时选择"Y/T"，X 轴刻度表示横坐标每格所代表的时间长度，应根据频率高、低选择合适值。X 轴位置用于调节波形的左、右位置。刻度和位置值可键入，也可单击箭头按钮选择。

（4）虚拟示波器的特殊操作 按下面板上部的"Expand"按钮可将 EWB 示波器的面板展开，如图 4.2.4c 所示，将红（指针 1）、蓝（指针 2）指针拖拽至合适的波形位置，就可较准确地读取电压和时间值，并能读取两指针间的电压差和时间差，因此测量幅度、周期等很方便。按下"Reduce"按钮则可将示波器面板恢复至原来大小。

用示波器观察时，为便于区分波形，可通过设置导线颜色确定波形颜色。

示波器一般连续显示并自动刷新所测量的波形，如希望仔细观察波形和读取数据，可设置"示波器屏幕满暂停"，使显示波形到达屏幕右端时自动稳定不动。方法为：单击菜单"Analysis"，单击"Analysis Options"，在对话框中单击"Instruments"，在 Oscilloscope 框选中"Pause after each screen"即可。示波器屏幕满暂停时仿真分析暂停，要恢复仿真可单击主窗口右上角"Pause"按钮或按"F9"键。

图 4.2.4　示波器

5. 波特图仪的使用

波特图仪又称频率特性仪或扫频仪，用于测量电路的频率特性，其图标如图 4.2.5a 所示。它的一对输入端应接被测电路的输入端，而一对输出端应接被测电路的测试端，测量时电路输入端必须接交流信号源并设置信号大小，但对信号频率无要求，所测的频率范围由波特图仪设定。使用方法为：双击打开面板，如图 4.2.5b 所示，进行如下设置。

（1）选择测量幅频特性或相频特性　单击相应按钮即可。

（2）选择坐标类型　单击相应按钮即可。通常水平坐标选"Log"，测幅频特性时垂直坐标选"Log"（单位为 dB），测相频特性时垂直坐标选"Lin"（单位为角度）。

（3）设置坐标的起点（I框）和终点（F框）　选择合适值以便清楚、完整地进行观察。水平坐标选择的是所测量的频率范围，垂直坐标选择的是测量的分贝范围（或角度范围）。

单击主窗口的启动开关"O/I"按钮，电路开始仿真，波特图仪的显示屏就可显示所测频率特性，拖拽显示屏上的指针至欲测位置，根据读数显示值就可得欲测值，例如图 4.2.5b 中读数为 7.961kHz（频率）、17.81dB（增益）。

图 4.2.5　波特图仪

若观测时波特图仪参数或电路测试点有变动，建议重新启动电路，以保证仿真结果的准确性。

任务2　电路的仿真分析

 练一练——EWB 电路仿真分析

1. 虚拟实训法

（1）启动 EWB　双击 EWB 图标进入 EWB 主窗口。

（2）创建实训电路　连接好电路和仪器，并保存电路文件。

（3）仿真实训

1）设置仪器仪表参数。

2）运行电路。单击主窗口的启动开关"O/I"按钮，电路开始仿真，若再单击此按钮，则仿真结束。若要使仿真暂停，可单击主窗口的"Pause"按钮，也可按"F9"键，再次单击"Pause"按钮，则仿真恢复运行。

3）观测记录实训结果。实训结果可存储或打印输出，并可用 Windows 的剪贴板输出。

读者可以按本项目学习情境 3 进行训练。

2. 电路分析法

EWB 提供了直流工作点分析、交流频率分析、瞬态分析、失真分析、参数扫描分析和温度扫描分析等共十多种电路分析功能。下面通过学习情境 3 学习各种分析方法。

学习情境3 模拟电子电路的仿真实训与分析

学习目标

➤ 熟悉典型电子电路的设计。

➤ 熟悉典型电子电路的测试。

➤ 掌握电路分析方法。

工作任务

➤ 进行二极管应用电路仿真实训。

➤ 进行晶体管放大电路仿真实训。

➤ 进行场效应晶体管放大电路仿真实训。

➤ 进行互补对称功率放大电路仿真实训。

➤ 进行仪器放大器仿真实训。

➤ 进行小信号交流放大电路仿真实训。

➤ 进行一阶有源低通滤波电路仿真实训。

➤ 进行 LC 正弦波振荡电路仿真实训。

➤ 进行电路分析。

任务1 二极管应用电路仿真实训

1. 实训目标

1）熟悉 EWB 的操作环境，学习 EWB 的电路图输入法和仿真实训法。

2）学习 EWB 中双踪示波器、数字式万用表、电位器和开关的设置及使用方法。

3）了解单相半波整流电容滤波电路，加深对二极管应用的理解。

2. 实训电路

单相半波整流电容滤波实训电路如图 4.3.1 所示。

3. 内容与方法

（1）进入 Windows 环境并建立用户文件夹 例如要在 Windows 环境下建立用户文件夹"D:\EDA"，步骤如下。

1）进入资源管理器窗口。单击"开始"按钮，再单击"程序（P）"子菜单中的"资源管理器"。

2）选择新文件夹所在驱动器。单击资源管理器窗口左边的驱动器"（D:）"。

3）建立新文件夹。单击"文件（F）"菜单，再单击"新建（N）"子菜单中的"文件夹（F）"，然后键入新文件夹名"EDA"，按"回车"。

图 4.3.1　单相半波整流电容滤波实训电路

（2）创建单相半波整流电容滤波实训电路

1）启动 EWB。双击 "EWB" 图标启动 EWB。

2）按图 4.3.1 在电路工作区连接电路。

① 安放元器件（或仪器）。单击打开相应元器件库（或仪器库），将所需元器件（或仪器）拖拽至相应位置。利用工具栏的旋转、水平反转、垂直反转等按钮使元器件符合电路的安放要求。

② 连接电路。

3）给元器件标志、赋值（或选择模型）。双击元器件，打开元器件特性对话框，进行相应设置。

① 信号源 u_s。单击 "Label"，键入 "us"。单击 "Value"，将 "Voltage" "Frequency" "Phase" 框分别设置为 "220V" "50Hz" "0"。单击 "确定"。

② 10:1 的变压器。单击 "Label"，键入 "10:1"。单击 "Models"，选中 "Library" 中的 "default" 和 "Model" 中的 "ideal"，单击 "Edit" 按钮打开参数设置对话框，在 "Primary – to – Secondary turns ratio" 框键入 "10"。单击 "确定"。

③ 二极管 VD。单击 "Label"，键入 "VD"。单击 "Models"，选中 "Library" 中的 "default" 和 "Model" 中的 "ideal"。单击 "确定"。

④ 电容 C。单击 "Label"，键入 "C"。单击 "Value"，将 "Capacitance" 设置为 "40μF"。单击 "确定"。

⑤ 开关 S。单击 "Label"，键入 "S"，单击 "确定"。由于只有一个开关，故控制键可采用其默认设置的 "Space"（空格键）。否则应在 "Value" 选项的 "Key" 框键入控制键符号。

⑥ 电位器 RP。单击 "Label" 键入 "RP"。单击 "Value"，将 "Resistance" "Setting" "Increment" 框分别设置为 "1kΩ" "100Ω" "10Ω"。单击 "确定"。这时电位器控制键采用其默认设置的 "R"，按一下英文状态下的 "R" 键，将使电位器电阻减小 10%。

4）给结点 A～F 进行标志。双击结点打开其特性对话框，单击 "Label"，键入标志符号，然后单击 "确定"。

5）通过设置导线颜色确定示波器波形颜色。双击示波器相应输入线，打开其特性对话框，单击选项"Schematic Options"，单击"Set Wire Color"按钮，弹出"Wire Color"对话框，单击欲选的颜色，最后单击"确定"。例如：将 Channel A 输入线设置为红色，Channel B 输入线设置为绿色，则相应波形也分别为红、绿色。

6）检查。仔细检查，确保输入的电路图无误、可靠。

7）保存。单击"File"菜单，再单击"Save"则出现"Save Circuit File"对话框，这时首先要确定文件所存的路径，如单击"D"，双击前面新建的文件夹名"EDA"；然后键入用户文件名，单击"保存"，则该文件将存在路径"D：\EDA"下。（实训时应注意及时保存文件，并注意文件的路径。）

（3）仿真实训

1）观测整流电路。

① 双击示波器图标打开面板，如图 4.2.4b 所示。

② 设置示波器参数。参考值为：Time base 设置"0.01s/div"，"Y/T"显示方式；Channel A 设置"20V/div"，Y Position"0.60"，"DC"或"AC"工作方式；Channel B 设置"20V/div"，Y Position"−2.6"，"DC"工作方式；Trigger 设置"Auto"触发方式。

③ 运行电路。单击主窗口右上角"O/I"按钮，示波器即可显示工作波形。Channel A 显示变压器二次电压 u_{AB} 波形；Channel B 显示半波整流电路输出电压 u_{EB} 的波形。

④ 观察并记录波形及其幅度。为便于观测，可单击示波器面板上的"Expand"将示波器面板展开，如图 4.2.4c 所示。单击"Reduce"则回到示波器面板。单击主窗口"Pause"按钮可控制暂停或仿真，利用示波器读数指针读取幅度。

⑤ 用数字式万用表测量直流输出电压。双击数字式万用表图标打开面板，如图 4.2.2b 所示，进行设置：单击"V"和"—"（直流）按钮。观察并记录所显示的直流输出电压值。

2）观测整流滤波电路。

① 按一下空格键，开关将打向结点 C，电路即成为半波整流、电容滤波电路。

② 观察示波器波形的变化并定性记录波形（利用"File"菜单中的"Print"功能，可将示波器波形打印输出）。

③ 用数字式万用表测量直流输出电压。注意，应等待读数较稳定后再读取数据。

④ 按英文状态下的"R"键，观察整流滤波输出电压波形的变化和数字式万用表读数变化。

⑤ 将 E、F 两点断开，使负载开路，观察并记录整流滤波输出电压波形的变化和数字式万用表读数的变化。

3）仿真结果分析。若仿真结果不收敛或波形不正常，可能由下列问题引起。

① 电路连接不正确或并未真正接通。

② 没有"接地"或"地"没有真正接好。

③ 元器件参数设置不当。

④ 测量仪器设置、使用不当。

4. 实训报告要求

1）实训报告需包括项目名称、训练时间、目的、内容及实训电路。

2）整理测量记录，分析测量结果。

3）根据测量结果分别估算：半波整流电路和半波整流、电容滤波电路的直流输出电压与变压器二次电压有效值之比。

4）总结负载对整流滤波输出电压波形和大小的影响。

任务2 晶体管放大电路仿真实训

1. 实训目标

1）熟悉 EWB 的仿真实训法，熟悉 EWB 中双踪示波器和信号发生器的设置和使用方法。学习电压表的使用方法。

2）熟悉放大电路的基本测量方法，了解使放大电路不失真地放大信号应注意的问题。

3）加深对共发射极放大电路的工作原理和性能、特点的理解。

2. 实训电路

共发射极放大电路实训电路如图4.3.2所示。

图4.3.2 共发射极放大电路实训电路

3. 内容与方法

（1）建立用户文件夹 进入 Windows 环境并建立用户文件夹。

（2）创建实训电路

1）启动 EWB。

2）按图4.3.2连接电路。

3）给元器件标志、赋值（或选择模型）。（建议电位器 RP 的变化量"Increment"设置为1%。）

4）仔细检查，确保电路无误、可靠。

5）保存（注意路径和文件名，并及时保存）。

（3）测量静态工作点

1）单击主窗口右上角"O/I"按钮，运行电路，记录电压表 U_B、U_C、U_E 的读数，填入表4.3.1，分析静态工作点是否合适，并与理论值进行比较。（须说明，电压表未加设置时其参数为默认值，即测量直流、内阻 $1M\Omega$。）

2）将电压表 U_B 的"Resistance"设置改为"$0.1M\Omega$"，重新启动电路，观察电压表 U_B、U_C、U_E 读数的变化，分析原因。用电压表 U_B 分别测量 B、E、C 三点的电位（测量 E 和 C 点时需重新启动电路），填入表4.3.1，比较仪器输入阻抗对被测电路工作和测量结果的影响。

表4.3.1 测量共发射极放大电路的静态工作点

电压表内阻/MΩ	测 试 数 据			测试计算值		
	U_{BQ}/V	U_{CQ}/V	U_{EQ}/V	U_{BEQ}/V	U_{CEQ}/V	I_{CQ}/mA
1						
0.1						

（4）观察与调整

1）打开信号发生器面板，设置输出 1kHz，幅度为 50mV 的正弦波。打开示波器面板，进行设置，参考值为：Time base 设置"0.2ms/div"，"Y/T"显示方式；Channel A 设置"10mV/div"，"AC"输入方式；Channel B 设置"1V/div"，"AC"输入方式；Trigger 设置"Auto"触发方式。然后展开示波器面板。

2）运行电路。观察输出电压 u_o 的波形。分析波形为何出现失真。

3）设置负反馈电阻的电阻值 R_{el} 为 20Ω，观察输出波形大小和失真的变化。

4）增大输入信号 u_s，使输出与无反馈时一样大，观察输出波形失真的改善。

此项实训建议设置示波器"屏幕满暂停"。

下面的测量在加有负反馈电阻 R_{el}（20Ω）的条件下进行。

（5）测量放大电路基本性能

1）测量电压放大倍数、输入电阻和输出电阻。

① 设置电压表 U_B、U_0 以测量交流输入、输出电压的有效值。设置"Mode"为"AC"，"Resistance"为"$1M\Omega$"。

② 输入 1kHz、幅度为 50mV 的正弦波，运行电路，在输出不失真的条件下分别读取电路空载和有载时电压表 U_B、U_0 的值，记入表4.3.2，计算电压放大倍数、输入电阻和输出电阻。（按空格键可控制开关接通与否。）

表4.3.2 测量共发射极放大电路的电压放大倍数、输入电阻、输出电阻

测 试 条 件			测 试 数 据		电压放大倍数		输入电阻/kΩ		输出电阻/kΩ	
f	U_{sm}	R_L	U_i/mV	U_o/mV	计算公式	计算值	计算公式	计算值	计算公式	计算值
1kHz	50mV	∞								
		1kΩ								

2）观测最大不失真输出电压。增大信号发生器的信号幅度，使输出波形失真。再逐步减小输入使输出波形刚刚不失真，此时的输出即为最大不失真输出，电压表 U_0 的读数即为

最大不失真输出电压的有效值。

（6）观察电容对电路工作的影响　在负载电阻值 $R_L = 1k\Omega$，输入为 1kHz、50mV（幅度）正弦波的条件下，分别定性观测电容值 C_1、C_2 和 C_e 对输出信号和输出、输入间相移的影响情况，记入表4.3.3。建议设置示波器"屏幕满暂停"。

表4.3.3　耦合和旁路电容对电路工作的影响

电 容 值			定性观测结果	
$C_1/\mu F$	$C_2/\mu F$	$C_e/\mu F$	输出信号大小变化	输出、输入间相移的变化
22	22	220		
10	22	220		
0.01				
22	10	220		
	0.01			
22	22	100		
		2.2		

（7）观察静态工作点对电路工作的影响

1）按动"A"键，减小电位器 RP 的阻值，观察输出波形的变化。定性记录 RP 为 7% 时的输出波形，并根据电压表 U_C 的读数计算此时的 I_{CQ}。

2）增大电位器 RP 的阻值，观察输出波形的变化。定性记录 RP 为 10% 时的输出波形，并根据电压表 U_C 的读数计算此时的 I_{CQ}。

4. 实训报告要求

1）实训报告需包括项目名称、训练时间、目的、内容及实训电路。

2）整理测量记录，分析测量结果，并根据测量结果计算静态工作点、电压放大倍数、输入电阻、输出电阻。

3）分析总结输出波形失真的原因与改进措施。

4）分析耦合和旁路电容对电路输出的影响，总结电容的选择原则。

5）总结负载对输出信号大小的影响。

6）分析总结测量仪表输入阻抗对电路工作和测量结果的影响。

任务3　场效应晶体管放大电路仿真实训

1. 实训目标

1）进一步熟悉 EWB 的仿真实训法和放大电路的调整、测量方法。

2）加深对共源放大电路的性能和特点的理解。

2. 实训电路

场效应晶体管放大电路实训电路如图4.3.3所示。

3. 内容与方法

（1）创建实训电路　启动 EWB，根据图4.3.3创建并保存电路。

（2）观察与调整

图 4.3.3 场效应晶体管放大电路实训电路

1）打开信号发生器面板，设置输出 10kHz、100mV（幅度）的正弦波。打开示波器面板，进行设置，参考值为：Time base 设置"0.02ms/div"、"Y/T"显示方式；Channel A 设置"50mV/div"、"AC"输入方式，Channel B 设置"100mV/div"、"AC"输入方式；Trigger 设置"Auto"触发方式，并展开示波器面板。

2）单击主窗口右上角"O/I"按钮运行电路，用示波器观察输出电压 u_o 的波形，保证在输出不失真的条件下进行下面的测量。（最好能学会配合调节 RP$_2$ 的阻值和输入幅度，使输出电压达到最大且不失真。）

（3）测量静态工作点

1）场效应晶体管的栅源电阻很大，因此根据图 4.3.3 电路可知，电压表 U$_G$ 所测电路的电阻为几兆欧，而电压表输入电阻默认设置为 1MΩ，因此，采用默认电阻值是不合适的，可设置电压表 U$_G$ 的"Resistance"为"1000MΩ"。

2）将信号发生器的输出端断开，运行电路，记录电压表 U$_G$、U$_S$、U$_D$ 的读数，填入表 4.3.4。

3）将电压表 U$_G$ 的"Resistance"设置改为"10MΩ"，重新启动电路，观察并记录电压表 U$_G$ 读数的变化，分析原因。

表 4.3.4 测量共源放大电路的静态工作点

测 试 值			静态工作点计算值		
U_{GQ}/V	U_{SQ}/V	U_{DQ}/V	U_{GSQ}/V	U_{DSQ}/V	I_{DQ}/mA

（4）测量放大电路基本性能

1）测量电压放大倍数、输入电阻和输出电阻。

① 设置电压表 U$_G$："Mode"为"AC"，"Resistance"为"1000MΩ"。设置电压表 U$_0$："Mode"为"AC"。

② 输入 10kHz、100mV（幅度）的正弦波，运行电路。

③ 在结点 A、B 断开和连接两种情况下分别读取电压表 U_G、U_O 的值（为有效值），记入表 4.3.5，计算电压放大倍数、输入电阻、输出电阻。

表 4.3.5　共源放大电路的电压放大倍数、输入电阻、输出电阻

测试条件			测试数据		电压放大倍数		输入电阻/kΩ		输出电阻/kΩ	
f	U_{sm}	R_L	U_i/mV	U_o/mV	计算公式	计算值	计算公式	计算值	计算公式	计算值
10kHz	100mV	∞								
		20kΩ								

2）观测最大不失真输出电压幅度。增大信号发生器的信号幅度，使输出波形失真。再逐步减小输入使输出波形刚刚不失真，此时的输出即为最大不失真输出。利用示波器的读数指针，分别测量并记录电路空载和有载（电阻值 $R_L=20\text{k}\Omega$）两种情况下的最大不失真输出电压幅度。

4. 实训报告要求

1）实训报告需包括项目名称、训练时间、目的、内容及实训电路。

2）整理测量记录，分析测量结果，根据测量结果计算静态工作点、电压放大倍数、输入电阻、输出电阻。

3）分析总结负载对电压放大倍数的影响。

4）分析总结测量仪表输入阻抗对测量结果的影响。

任务 4　互补对称功率放大电路仿真实训

1. 实训目标

1）进一步熟悉 EWB 的仿真实训法，掌握 EWB 中双踪示波器、信号发生器、电压表和电流表的设置及使用方法。

2）学习互补对称功率放大电路输出功率、效率的测量方法。

3）观察交越失真现象，学习克服交越失真的方法。

4）加深理解乙类和甲乙类互补对称功率放大电路的工作原理。

2. 实训电路

互补对称功率放大电路实训电路如图 4.3.4 所示。

3. 内容与方法

（1）创建实训电路　启动 EWB，根据图 4.3.4 创建并保存电路。

（2）观察乙类互补对称功率放大电路

1）设置信号发生器。选择正弦波，"Frequency" 为 "1kHz"，"Amplitude" 为 "3V"。设置示波器，参考值为：Time base 设置 "0.2ms/div"、"Y/T" 显示方式；Channel A 和 B 的 Y 轴刻度设置 "2V/div"；Trigger 设置 "Auto" 触发方式。并展开示波器面板。

2）将结点 B1、B2 与 A 相连，使图 4.3.4 所示的电路接成乙类互补对称功率放大电路。

3）观察交越失真现象。运行电路，观察比较输入、输出波形。记录输出电压交越失真

图 4.3.4 互补对称功率放大电路实训电路

波形。改变信号发生器的信号幅度，观察信号大小对波形失真情况的影响。

（3）观测甲乙类互补对称功率放大电路

1）将实训电路改接成甲乙类互补对称功率放大电路。将结点 B1、B2 与 A 断开，B1 与 B11 相连，B2 与 B22 相连。

2）观察交越失真的消除。输入 1kHz、3V 的正弦波，运行电路，观察输出波形，并与乙类互补对称功率放大电路的波形相比较。

3）调节电位器 RP，观察输出电压波形的变化，并分析原因。

4）将电路参数恢复为图 4.3.4 所示，电压表的"Mode"设置为"AC"，电流表采用默认设置（"Resistance"为"1MΩ"，"Mode"为"DC"）。调节输入信号幅度，使功率放大器输出为最大不失真电压。记录电压表和电流表读数，填入表 4.3.6，根据测量结果计算最大不失真输出功率、电源供给功率和效率，并与理论值进行比较。

表 4.3.6　测量功放性能

	U_{omax}/V	I_{DC}/mA	P_{om}/W	P_{DC}/W	效率 η
理论公式					
理论值					
测量值					

4. 实训报告要求

1）实训报告需包括项目名称、训练时间、目的、内容及实训电路。

2）整理测量记录，分析测量结果。根据测量结果估算最大不失真输出功率 P_{om}、电源供给功率 P_{DC}，效率 η。

3）根据观测结果，总结信号大小对交越失真的影响及克服交越失真的方法。

4）分析调节电位器影响功率放大器输出电压波形的原因。

任务 5　仪器放大器仿真实训

1. 实训目标

1）熟悉仪器放大器电路及其应用，了解集成运算放大器应用中应注意的问题。

2）了解非电量的测量原理、测量方法和测量电路。

2. 实训电路

信号检测与仪器放大器实训电路如图 4.3.5 所示。

图 4.3.5　信号检测与仪器放大器实训电路

3. 内容与方法

自然界的物理信号多为非电量，为了应用电子技术对它们进行处理，需要采用相应的器件将其转换为电信号，这种将非电量转换为电量的器件称为传感器，例如，将压力信号转换为电信号的器件称为压力传感器，它常用压力应变电阻实现。由于传感器的输出信号通常很微弱，在精密测量和控制系统中需要采用高精度、高性能的放大器对其进行放大。

图 4.3.5 中三个高性能集成运算放大器构成的电路就是一种高精度的放大器，常称为仪器放大器或数据放大器。它具有很高的共模抑制比、极高的输入电阻、很低的输出电阻和很大的增益，其增益可调范围也很大。图 4.3.5 中激励信号源 u_e、桥路电阻 $R_3 \sim R_6$ 和 RP_1 构成压力传感器的信号检测电路，RP_1 为压力应变电阻，其电阻值随所承受的压力而变，通常正比于压力。由图 4.3.5 可推导得出，当电阻值 RP_1 很小时，信号检测电路的输出信号，也即仪器放大器的输入信号为

$$u_a - u_b \approx \frac{R_{RP1}}{9600} u_a$$

仪器放大器的电压放大倍数为

$$A_{uf} = \frac{u_o}{u_a - u_b} = -\frac{R_f}{R_1}\left(1 + \frac{2R}{R_2 + R_{RP2}}\right) = -100\left(1 + \frac{2000}{100 + R_{RP2}}\right)$$

因此输出电压 u_o 为

$$u_o = -\frac{R_{RP1}}{96}\left(1 + \frac{2000}{100 + R_{RP2}}\right)u_e$$

可见，仪器放大器的输出电压正比于电阻值 R_{RP1}，随压力而变。根据以上分析可知，当 $R_{RP1} = 1\Omega$，u_e 幅度为 10V 时，$u_a - u_b$ 仅为 1.04mV，即仪器放大器的输入信号很小，但仪器放大器放大倍数很高，当 $R_{RP2} = 500\Omega$ 时放大倍数为 433，因此经放大后可得较大的输

出。减小 RP$_2$ 的阻值则可提高仪器放大器的放大倍数，增大输出幅度。本实训的内容与方法如下：

1）启动 EWB，输入图 4.3.5 所示电路（u_e 设置为 10V，100Hz，占空比为 10%，运算放大器选用 OP07），仔细检查，确保电路无误后，及时保存。

2）设置示波器和波形颜色。

3）测量输出电压 u_o 和压力应变电阻 RP$_1$ 的关系。运行电路，改变 RP$_1$ 阻值，利用示波器 expand 窗口的可移动指针读取输出脉冲电压 u_o 的幅度 U_{om}，记入表 4.3.7 中，并与理论值进行比较。

表 4.3.7　信号检测放大电路输出电压与压力应变电阻的关系

压力应变电阻 RP$_1$		输出电压幅度 U_{om}/V	
百分比（%）	电阻值/Ω	测　量　值	理　论　值
0			
20			
40			
60			
80			
82			
85			
88			
90			
95			
100			

4）调节信号检测放大电路的放大倍数。

① 观察调节电位器电阻值 R_{RP2} 对输出电压的影响。

② 欲在电阻值 R_{RP1} = 10Ω 时使 U_{om} = 9V，应将电阻值 R_{RP2} 调至多少？

5）观察比较仪器放大器的误差。将运算放大器改换为普通运算放大器（LM741），再进行仿真分析，观察比较输出电压的变化。

4. 实训报告要求

1）实训报告需包括项目名称、训练时间、目的、内容及实训电路。

2）整理测量记录，分析测量结果。

3）根据表 4.3.7 画出 U_{om} 与 R_{RP1} 的关系曲线，并分析：

① u_o 较小时，u_o 与 R_{RP1} 的关系怎样？计算其比例系数。

② 输出信号的最大幅度为多少？为什么输出信号大小受限制？输出最大不失真电压时所对应的 R_{RP1m} 值为多少？欲增大 R_{RP1m} 值，应如何调节电位器 RP$_2$ 的值？

任务 6　小信号交流放大电路仿真实训

1. 实训目标

1）学习 EWB 中波特图仪的使用方法。

2）熟悉小信号交流放大电路幅频特性的测量调整方法。掌握放大电路的电压传输特性。

3）熟悉放大电路的输出饱和电压、负载能力和工作速度等实用问题，加深对信号失真问题的理解，学习避免信号失真的实用知识。

4）加深理解集成运算放大器交流放大电路的结构和工作原理。

2. 实训电路

小信号交流放大电路实训电路如图4.3.6所示。

图4.3.6 小信号交流放大电路实训电路

3. 内容与方法

（1）创建实训电路 启动 EWB，根据图4.3.6输入并保存电路。

（2）测试准备 打开信号发生器面板，将其设置为 0.1V（幅度）、1kHz 的正弦波；打开示波器面板将参数设置为合适值。运行电路，观察 u_s、u_o 的波形、相位关系和放大倍数等，以保证下一步测量在放大电路正常工作、输出不失真的条件下进行。

（3）观测分析幅频特性

1）双击打开波特图仪面板，设置参数。参考值为：特性测量选择"Magnitude"；Vertical 坐标类型选择"Log"，其坐标范围选择起点 I 为"0dB"、终点 F 为"30dB"；Horizontal 坐标类型选择"Log"，其坐标范围选择起点 I 为"1kHz"、终点 F 为"1MHz"。

2）测量幅频特性。运行电路，记录波特图仪所显示的幅频特性，幅频特性曲线平坦区域的纵坐标读数即为中频电压增益 A_{umf}。增益比 A_{umf} 小 3dB 时对应的横坐标读数，小的即为下限频率 f_L，大的即为上限频率 f_H。利用波特图仪的读数指针读取数据，将测量结果记入表4.3.8测试项目1中。

3）观测耦合电容的电容值 C_1、C_3 对频率特性的影响。按表4.3.8测试项目2的要求进行测量，注意观察 C_1、C_3 大小对 f_L 的影响。

4）观测集成运算放大器对频率特性的影响。按表4.3.8测试项目3的要求进行测量，观察集成运算放大器对 f_H 的影响。

5）观测 R_f 对频率特性的影响。按表4.3.8测试项目4的要求进行测量，观察改变 R_f 对增益的影响以及减小增益对 f_H 的影响。

（4）测量传输特性及饱和电压 将电路参数恢复为图4.3.6所示，按表4.3.9要求输入

表 4.3.8　分析集成运算放大器交流放大电路的幅频特性

测试项目	测试条件（$U_{sm}=0.1V$，$R_L=10k\Omega$）				A_{umf}/dB		f_L/Hz	f_H/Hz
	运放模型	$C_1/\mu F$	$C_3/\mu F$	$R_f/k\Omega$	测量值	理论值	测量值	测量值
1	741	1	1	100				
2	741	0.1	1	100				
		1	0.1					
		0.1	0.1					
3	OP07	1	1	100				
4	741	1	1	50				

1kHz 正弦波，用示波器 expand 窗口的可移动指针读取输出电压 u_o 的幅度 U_{om}，记入表 4.3.9。

表 4.3.9　测量集成运算放大器交流放大电路的传输特性

输入电压幅度 U_{sm}/V	0.00	0.30	0.60	0.80	0.90	0.95	1.00	1.30
输出电压幅度 U_{om}/V								

（5）观察负载能力　将电位器的电阻值 R_{L2} 从原来的 100% 减小为 10%，观察 u_o 波形有无变化。再将 R_{L2} 减小为 1% 和 0%，观察并记录 u_o 波形形状、大小的变化。

（6）观察集成运算放大器放大不同频率信号时频率对转换速率 S_R 的影响　将电路参数恢复为图 4.3.6 所示，分别输入 1kHz 和 50kHz 的幅度为 0.5V 的正弦波，观察并记录 u_o 波形形状、大小的变化。

4. 实训报告要求

1）实训报告需包括项目名称、训练时间、目的、内容及实训电路。

2）整理测量记录，分析测量结果。

3）画出图 4.3.6 所示电路的幅频特性，并计算通频带宽度。

4）根据表 4.3.8 分析总结下列问题：

① 改变耦合电容主要影响幅频特性的哪个参数？欲增大带宽应如何调节耦合电容的电容值 C_1？

② f_H 主要受哪个元器件影响？

③ 欲增大 A_{umf} 应如何调节电路参数？

5）根据表 4.3.9 和输入、输出信号的相位关系画出图 4.3.6 所示电路的电压传输特性，并求输出饱和电压。

6）根据观测结果，分析总结集成运算放大器的负载能力以及负载过大时的现象。

7）根据观测结果，总结集成运算放大器转换速率 S_R 跟不上大信号变化速率时的现象。

8）分析总结集成运算放大器交流放大电路实际应用中应注意的问题。

任务 7　一阶有源低通滤波电路仿真实训

1. 实训目标

1）掌握滤波电路频率特性的测量方法和主要参数的调整方法。

2）了解频率特性对信号传输的影响；了解滤波电路的应用。

3）巩固有源滤波电路的理论知识，加深理解滤波电路的作用。

2. 实训电路

一阶有源低通滤波电路实训电路如图4.3.7所示。

图4.3.7　一阶有源低通滤波电路实训电路

3. 内容与方法

（1）一阶有源低通滤波电路

1）创建实训电路。启动 EWB，输入并保存图4.3.7所示电路。

2）测试准备。输入 1V（幅度）、1kHz 的正弦波，运行电路，用示波器观察 u_s、u_o 的波形，以确保电路正常工作。

3）观测和调整频率特性。

① 观察幅频特性。按表4.3.10要求用波特图仪测量幅频特性，观察电位器电阻值 R_{RP2} 和电容值 C 大小对截止频率 f_H 的影响，观察电位器电阻值 R_{RP1} 大小对低频增益 A_{uf} 的影响。

表4.3.10　测量分析一阶有源低通滤波电路的幅频特性

测试条件（$U_{sm} = 1V$）			A_{uf}/dB		f_H/kHz	
$R_{RP2}/k\Omega$	C/nF	$R_{RP1}/k\Omega$	测量值	理论值	测量值	理论值
9.1	2.2	100				
5	2.2	100				
9.1	2.2	100				
9.1	2.2	50				

② 观察相频特性。用波特图仪观察相频特性，参数设置参考值为：特性测量选择"Phase"；Vertical 坐标类型选择"Lin"，其坐标范围选择起点 I 为"0°"、终点 F 为"－90°"；Horizontal 坐标类型选择"Log"，其坐标范围选择起点 I 为"0.1Hz"、终点 F 为"10MHz"。

4）观察低通滤波电路对信号传输的影响。输入幅度为 1V 的正弦波，观察比较信号频率分别为 1kHz 和 10kHz 时输出电压 u_o 波形形状、大小的变化。将参数恢复为图 4.3.7 所示，进行观察比较，然后将输入波形改成方波，再进行观察比较，并定性记录波形。

5）设计滤波电路。设计一低频增益 A_{uf} 为 10dB、截止频率 f_H 为 1kHz 的低通滤波电路。

（2）100Hz 陷波电路

1）创建实训电路。输入并保存图 4.3.8 所示的 100Hz 陷波电路。

图 4.3.8　100Hz 陷波电路

2）用波特图仪测量幅频特性。

① 测量并记录通带增益和陷波频率。

② 观察改变电阻值 R 或电容值 C 大小对截止频率的影响。

③ 观察电阻值 R_f 的大小对通带增益的影响。

3）观察干扰波形和陷波效果。

① 图 4.3.8 中干扰信号 u_d 为 0.2V、100Hz 的正弦波，有用信号 u_s 为 1V、10Hz 的正弦波，电路的输入信号 u_i 由这两者叠加而成，因此有用信号上的干扰为高频干扰。用示波器观察这种高频干扰波形的特点，并定性记录波形。然后运行电路，用示波器比较 u_i 和 u_o 波形，观察陷波电路的滤波效果。

② 将有用信号 u_s 改为 1kHz，这时 u_i 波形为低频干扰波形，用示波器观察其波形特点，并定性记录波形。然后运行电路，观察陷波效果。

4）设计陷波电路。设计一个 50Hz 陷波电路。

4. 实训报告要求

1）实训报告需包括项目名称、训练时间、目的、内容及实训电路。

2）整理测量记录，分析测量结果。

3）画出图 4.3.7 所示一阶有源低通滤波电路的幅频特性，总结幅频特性参数的调节方法。

4）画出图 4.3.7 所示电路输入 10kHz 方波时的输入、输出波形，并观测输出波形的失真。

5）画出图 4.3.8 所示 100Hz 陷波电路的幅频特性，总结其幅频特性参数的调节方法。

6）分别定性画出有高频干扰和低频干扰的波形。

7）画出所设计的低频增益 A_{uf} 为 10dB，截止频率 f_H 为 1kHz 的低通滤波电路。

8）画出所设计的 50Hz 陷波电路。

任务8　*LC* 正弦波振荡电路仿真实训

1. 实训目标
1）熟悉电容三点式振荡电路及其工作原理。
2）了解考毕兹振荡电路和克拉泼振荡电路的工作特点。
3）掌握振荡频率的测量和调整方法。

2. 实训电路
电容三点式振荡电路实训电路如图4.3.9所示

图4.3.9　电容三点式振荡电路实训电路

3. 内容与方法
（1）创建实训电路　启动 EWB，根据图4.3.9输入并保存电路。

（2）观测考毕兹电路

1）检查振荡电路能否正常工作。运行电路，观察发射极电压 u_e 和输出电压 u_o 的波形，u_e 应为正半周导通的正弦波，u_o 则为基本不失真的正弦波。

2）测量直流工作点。按一下键"A"断开正反馈环路，使电路停振，根据表4.3.11要求测量直流工作点，并与理论值比较。然后再按一下键"A"接通正反馈环路，使电路振荡，观察电压表读数的变化，并测量此时的直流工作点。

表4.3.11　测量考毕兹电路的直流工作点

测试条件	U_{BQ}/V		U_{EQ}/V		U_{CQ}/V		U_{BEQ}/V		U_{CEQ}/V		I_{CQ}/mA	
	测量值	理论值	测量值	理论值	测量值	理论值	测量值	理论值	测量值	理论值	测量值	理论值
停振												
振荡												

3）测量输出电压幅度和振荡频率。运行电路，等待振荡输出波形稳定后，利用示波器 expand 窗口的两根可移动指针测量输出电压幅度 U_{om} 和振荡频率 f_0，将测量结果记入表4.3.12第一项。

4）观测回路电容对振荡电路工作的影响。按表4.3.12要求，观测回路总电容和C_1、C_2的分压比对振荡与否、振荡波形、振荡频率和输出电压幅度的影响。

表4.3.12　回路电容对考毕兹电路的影响

回 路 电 容				f_0/kHz		U_{om}/V
C_1/pF	C_2/pF	分压比n $[\,n=C_2/(C_1+C_2)$ 计算值$]$	回路总电容C/pF $[\,C=C_1C_2/(C_1+C_2)$ 计算值$]$	测量值	理论值	测量值
200	200					
	100					
	50					
	20					
100	200					
50						

5）观测负反馈电阻的电阻值R_{e1}对振荡电路工作的影响。调节电阻值R_{e1}，观察对振荡与否、振荡波形和输出大小的影响，记录$R_{e1}=200\Omega$时的波形，并加以分析。

6）观测负载电阻值R_L对振荡电路工作的影响。调节电阻值R_L，观察对振荡与否、振荡波形和输出电压幅度的影响。

（3）观测克拉泼电路

1）断开结点P、Q之间的连线，则图4.3.9构成克拉泼电路。运行电路，观察比较振荡波形、幅度和频率的变化。

2）观测回路电容对振荡电路工作的影响。按表4.3.13要求，观测回路电容的电容值C_1、C_2和C_3对克拉泼振荡电路输出频率和电压幅度的影响，并与考毕兹电路相比较。

表4.3.13　回路电容对克拉泼振荡电路输出频率和电压幅度的影响

回 路 电 容					f_0/kHz		U_{om}/V
C_1/pF	C_2/pF	C_3/pF	分压比n $[\,n=C_2/(C_1+C_2)$ 计算值$]$	回路总电容 C/pF （计算值）	测量值	理论值	测量值
200	200	20					
		10					
200	100	10					
100	200						

4. 实训报告要求

1）实训报告需包括项目名称、训练时间、目的、内容及实训电路。

2）整理测量记录和分析结果。

3）分析总结。

① 如何确定和调节振荡频率？

② 电容分压比对输出电压幅度的影响。

③ 负反馈电阻的电阻值 R_{e1} 对振荡电路工作的影响。

④ 负载电阻值 R_L 对振荡电路工作的影响。

任务9 电路分析

1. 实训目标

以晶体管放大电路的分析为例，练习用 EWB 进行直流工作点和交流频率分析。

2. 实训电路

显示结点标志的共发射极放大电路实训电路如图 4.3.10 所示。

图 4.3.10 显示结点标志的共发射极放大电路实训电路

3. 内容与方法

（1）创建电路

1）启动 EWB。

2）根据图 4.3.10 创建并保存电路。

3）使电路显示结点标志。单击菜单"Circuit"中的"Schematic Options"，出现对话框，选定"Show Notes"。EWB 将自动分配结点编号，并将结点标志显示在电路图上。

（2）直流工作点分析　分析直流工作点时，仿真软件会自动将电路中的交流源置零、电容开路、电感短路。分析结果为所有结点的直流电压值（单位为 V）和电源支路的直流电流值（单位为 A），据此可求出其他直流工作量，如静态工作点参数等。

分析方法为：单击菜单"Analysis"中"DC Operating Point"，EWB 将执行直流仿真分析。分析结果将自动显示在"Analysis Graphs"窗口中。

（3）交流频率分析　交流频率分析即分析电路的频率特性，分析时仿真软件会自动将电路中的直流源置零、输入信号设置为正弦波。分析结果为在仿真者所设定的输入信号作用下所选结点电压的频率特性。

分析步骤如下：

1）在电路中确定输入信号的幅度和相位。（图4.3.10中已确定为10mV、0Deg）

2）单击菜单"Analysis"中"AC frequency"，进入"AC frequency Analysis"对话框。

3）设置交流频率分析参数。参考表4.3.14可确定"Analysis"框中各选项。

4）选定分析结点。在"Nodes in circuit"框中选中欲分析的结点（14），然后单击"Add"。

5）执行仿真分析。单击"Simulate"，则幅频特性和相频特性波形出现在"Analysis Graphs"窗口。

表4.3.14　交流频率分析参数设置对话框

交流频率分析参数	含义和设置要求
Start Frequency	扫描起始频率，默认设置为1Hz
End Frequency	扫描终止频率，默认设置为1GHz
Sweep Type	扫描形式：十进制/线性/倍频程，默认设置为十进制
Number of Points	显示点数，默认设置为100
Vertical Scale	纵轴刻度：线性/对数/分贝，默认设置为对数
Nodes for Analysis	被分析的结点，为编号（ID）结点，而不是标志（Label）结点

（4）分析结果的保存与查看　完成分析后，可单击"Analysis Graphs"窗口工具栏的"存储"按钮，确定存储路径和文件名后，单击"确定"，从而保存分析结果。欲查看分析结果，可单击EWB主窗口工具栏的"分析图"按钮打开"Analysis Graphs"窗口，单击"Analysis Graphs"窗口工具栏的"打开文件"按钮，根据路径和文件名找到相应文件将其打开。

（5）分析比较　将晶体管换成理想模型，再进行上述分析，比较分析结果。

（6）电容的影响　分别改变电容值C_1、C_2和C_e，分析比较相应的频率特性。

4. 实训报告要求

1）实训报告需包括项目名称、训练时间、目的、内容及所分析的电路。

2）整理说明直流分析结果，并根据直流分析结果计算晶体管静态工作点（I_{BQ}、I_{CQ}、U_{CEQ}）。

3）画出分析所得的图4.3.10所示电路的幅频特性波形，并据此求出中频增益和上、下限频率。

4）总结：

① 晶体管选用理想模型时的分析结果与选用实际模型时相比有何主要差别？

② 电容值C_1、C_2和C_e对幅频特性有何主要影响？

附　　录

附录 A　技能抽查——电子产品开发试题

【注意事项】

1）考核时间为 120 min。

2）请仔细阅读各种题目的回答要求，在规定的位置填写您的答案。

3）考生在指定的考核场地内进行独立制作与调试，不得以任何方式与他人交流。

4）考核结束时，提交实物作品与设计报告，并进行实物演示、功能验证。

试题 1　串联稳压电源的设计与制作（一）

一、任务

在给定图 A.1 所示部分电路的基础上，在图中方框处设计电路，构成串联稳压电源给某一负载供电。

图　A.1

二、要求

1）设计符合如下功能指标要求的电路，并编写设计报告。

① 输入电源：AC（单相），220V ±10%，50Hz ±5%。

② 输出电压：DC 9 ~ 15V，连续可调。

③ 输出电流：DC 0 ~ 800mA。

④ 负载效应：≤5%。

⑤ 输出纹波噪声电压：≤10mV（有效值）。

2）按设计电路和工艺要求制作、调试样机。

3）操作规范，体现职业素养。

三、说明

1）设计元器件将提供实时备选元器件。

2）设计报告基本要素齐全。

3）按设计电路领取元器件，按工艺要求安装、调试电路。

4）在必要情况下，为达到功能指标可以改变原有电路的元器件参数。

5）提供 EWB/Multisim 等通用仿真软件，提供常用办公软件、元器件手册、元器件清单。

6）符合 6S 操作规程。

四、设计报告

表 A.1　设计报告

功能分析 （包括设计原理）	
原理框图	
完整电路图	
设计结果	

试题 2　串联稳压电源的设计与制作（二）

一、任务

在给定图 A.2 所示部分电路的基础上，补充设计方框部分电路，并调试制作串联稳压电源给某一负载供电。

图　A.2

二、要求

1）设计符合如下功能指标要求的电路，并编写设计报告。

① 输入电源：AC（单相），220V±10%，50Hz±5%。

② 输出电压：DC 9～15V，连续可调。

③ 输出电流：DC 0～800mA。

④ 负载效应：≤5%。

⑤ 输出纹波噪声电压：≤10mV（有效值）。

2）按设计电路和工艺要求制作、调试样机。

3）操作规范，体现职业素养。

三、说明

1）设计元器件将提供实时备选元器件。

2）设计报告基本要素齐全。

3）按设计电路领取元器件，按工艺要求安装、调试电路。

4）在必要情况下，为达到功能指标可以改变原有电路的元器件参数。

5）提供 EWB/Multisim 等通用仿真软件，提供常用办公软件、元器件手册、元器件清单。

6）符合 6S 操作规程。

四、设计报告

表 A.2　设计报告

功能分析 （包括设计原理）	
原理框图	
完整电路图	
设计结果	

试题 3　正弦波发生器的设计与制作（二）

一、任务

在给定图 A.3 所示电路的基础上，在图中方框处补充完成电路设计，并构成一个正弦波发生器。

图 A.3

二、要求

1）设计符合如下功能指标要求的电路，并编写设计报告。

① 输入电源：直流正负电源，±15V。

② 输出信号：正弦波，1kHz±10%，幅值连续可调。

2）按设计电路和工艺要求制作、调试样机。

3）操作规范，体现职业素养。

三、说明

1）设计器件将提供实时备选元器件。

2）设计报告基本要素齐全。

3）按设计电路领取元器件，按工艺要求安装、调试电路。

4）在必要情况下，为达到功能指标可以改变原有电路的元器件参数。

5）提供 EWB/Multisim 等通用仿真软件，提供常用办公软件、元器件手册、元器件清单。

6）符合 6S 操作规程。

四、设计报告

表 A.3　设计报告

功能分析 （包括设计原理）	
原理框图	
完整电路图	
设计结果	

试题 4 音频放大器的设计与制作

一、任务

在给定图 A.4 所示部分电路的基础上，在图中方框处设计电路并制作一个简易测频仪。

图 A.4

二、要求

1) 设计符合如下功能指标要求的电路，并编写设计报告。

① 输入电源：U_{CC} 直流 +12V。

② 电压放大倍数：$A_u \geqslant 20$。

③ 输入电阻：$R_i \geqslant 5k\Omega$。

④ 输出电阻：$R_o \leqslant 1\Omega$。

⑤ 最大输出幅值：$U_{om} = 4V$。

⑥ 频率特性：$f_L \leqslant 50Hz$，$f_H \geqslant 20kHz$。

2) 按设计电路和工艺要求制作、调试样机。

3) 操作规范，体现职业素养。

三、说明

1) 设计器件将提供实时备选元器件。

2) 设计报告基本要素齐全。

3) 按设计电路领取元器件，按工艺要求安装、调试电路。

4) 在必要情况下，为达到功能指标可以改变原有电路的元器件参数。

5) 提供 EWB/Multisim 等通用仿真软件，提供常用办公软件、元器件手册（NE5532 \ CC4011 \ 74LS00 \ CD40110 \ ELS - 505HWB）、元器件清单。

6）符合6S操作规程。

四、设计报告

表 A.4　设计报告

功能分析 （包括设计原理）	
原理框图	
完整电路图	
设计结果	

试题5　三角波发生器的设计与制作

一、任务

在给定图 A.5 所示部分电路的基础上，在图中方框处设计电路并制作一个三角波发生器。

图　A.5

二、要求

1）设计符合如下功能指标要求的电路，并编写设计报告。

① 输入电源：直流 ±12V。

② 频率 f_0：1kHz ±10%。

③ 峰峰值 U_{P-P}：4V ±10%。

2）按设计电路和工艺要求制作、调试样机。

3）操作规范，体现职业素养。

三、说明

1）设计器件将提供实时备选元器件。

2）设计报告基本要素齐全。

3）按设计电路领取元器件，按工艺要求安装、调试电路。

4）在必要情况下，为达到功能指标可以改变原有电路的元器件参数。

5）提供 EWB/Multisim 等通用仿真软件，提供常用办公软件、元器件手册（LM358 \ CC4002 \ 74LS00 \ CD40110 \ ELS－505HWB）、元器件清单。

6）符合 6S 操作规程。

四、设计报告

表 A.5　设计报告

功能分析 （包括设计原理）	
原理框图	
完整电路图	
设计结果	

试题6　基于单片机的八路广告灯的设计与制作

一、任务

在给定图 A.6 所示部分电路的基础上，设计方框内电路并制作一个基于单片机的八路广告灯。

图　A.6

二、要求

1）设计符合如下功能指标要求的电路，并编写设计报告。

① 输入电源：DC5V。

② 在电路正常工作后能使广告灯按所设计的程序运行。

③ 广告灯亮度最大，且系统安全稳定。

④ 系统上电和手动两种复位。

2）按设计电路和工艺要求制作、调试样机。

3）操作规范，体现职业素养。

三、说明

1）设计元器件将提供实时备选器件。

2）设计报告基本要素齐全。

3）按设计电路领取元器件，按工艺要求安装、调试电路。

4）在必要情况下，为达到功能指标可以改变原有电路的元器件参数。

5）提供 EWB/Multisim 等通用仿真软件，提供常用办公软件、元器件手册、元器件清单。

6）符合 6S 操作规程。

7）提供测试机器码，CPU 已下载测试程序。

四、设计报告

表 A.6　设计报告

功能分析 （包括设计原理）	
原理框图	
完整电路图	
设计结果	

试题 7　声光控制开关的设计与制作

一、任务

在给定图 A.7 所示电路的基础上，在图中方框处补充完成电路设计，并构成一个声光控制开关。

图　A.7

二、要求

1）设计符合如下功能指标要求的电路，并编写设计报告。

① 输入电源：交流电源，220V/50Hz。

② 在周围光线很弱，且声音较大时，灯泡 L1 发光。

③ 灯泡 L1 每次亮的时间不少于 30s，不超过 60s。

2）按设计电路和工艺要求制作、调试样机。

3）操作规范，体现职业素养。

三、说明

1）设计元器件将提供实时备选器件。

2）设计报告基本要素齐全。

3）按设计电路领取元器件，按工艺要求安装、调试电路。

4）在必要情况下，为达到功能指标可以改变原有电路的元器件参数。

5）提供 EWB/Multisim 等通用仿真软件，提供常用办公软件、元器件手册、元器件清单。

6）符合 6S 操作规程。

四、设计报告

表 A.7　设计报告

功能分析 （包括设计原理）	
原理框图	
完整电路图	
设计结果	

试题 8　简易广告彩灯电路的设计与制作

一、任务

在给定图 A.8 所示部分电路的基础上，在图中方框处补充完成电路设计，并制作一个简易广告彩灯电路。

图 A.8

二、要求

1）设计符合如下功能指标要求的电路，并编写设计报告。

① 输入电源：$U_{CC} = DC\ 5V$。

② 产品上电，振荡电路工作，$VD_1 \sim VD_5$ 与 $VD_6 \sim VD_{10}$ 轮流发光，调节电位器可以调节 LED 闪烁频率。

2）按设计电路和工艺要求制作、调试样机。

3）操作规范，体现职业素养。

三、说明

1）设计器件将提供实时备选元器件。

2）设计报告基本要素齐全。

3）按设计电路领取元器件，按工艺要求安装、调试电路。

4）在必要情况下，为达到功能指标可以改变原有电路的元器件参数。

5）提供 EWB/Multisim 等通用仿真软件，提供常用办公软件、元器件手册（74LS373、NE555、CD4012、CD4511、ULS-5101AS）、元器件清单。

6）符合 6S 操作规程。

四、设计报告

表 A.8   设计报告

功能分析 （包括设计原理）	
原理框图	
完整电路图	
设计结果	

试题 9   声光停电报警器的设计与制作

一、任务

在给定图 A.9 所示部分电路的基础上，在图中方框处补充完成电路设计，并制作一个声光停电报警器。

图   A.9

二、要求

1）设计符合如下功能指标要求的电路，并编写设计报告。

① 输入电源：U_{CC} = DC 3 V。

② 开关 S_1 合上，电路开始工作，当 220V 交流电源正常时，电路指示正常，LED1 亮；当 220V 交流电断开时，停电报警电路开始工作，LED2 闪烁，扬声器发声。

③ 添加空白部分电路，并正确接线，完成②中的功能。

2）按设计电路和工艺要求制作、调试样机。

3）操作规范，体现职业素养。

三、说明

1）设计元器件将提供实时备选元器件。

2）设计报告基本要素齐全。

3）按设计电路领取元器件，按工艺要求安装、调试电路。

4）在必要情况下，为达到功能指标可以改变原有电路的元器件参数。

5）提供 EWB/Multisim 等通用仿真软件，提供常用办公软件、元器件手册（4N25 \ μ741 \ MCT6）、元器件清单。

6）符合 6S 操作规程。

四、设计报告

表 A.9 设计报告

功能分析 （包括设计原理）	
原理框图	
完整电路图	
设计结果	

试题 10 简易信号发生器的设计与制作

一、任务

在给定图 A.10 所示部分电路的基础上，在图中方框处补充完成电路设计，并制作一个信号发生器电路。

图 A.10

二、要求

1）设计符合如下功能指标要求的电路，并编写设计报告。

① 输入电源：$U_{CC} = DC\ 5V$。

② 产品上电，分别输出三种不同波形，2 脚输出正弦波，调节电阻值 R_{RP4}，正弦波幅度连续可调。

2）按设计电路和工艺要求制作、调试样机。

3）操作规范，体现职业素养。

三、说明

1）设计元器件将提供实时备选元器件。

2）设计报告基本要素齐全。

3）按设计电路领取元器件，按工艺要求安装、调试电路。

4）在必要情况下，为达到功能指标可以改变原有电路的元器件参数。

5）提供 EWB/Multisim 等通用仿真软件，提供常用办公软件、元器件手册（μ741 \ NE5532 \ lm324 \ IC80382）、元器件清单。

6）符合 6S 操作规程。

四、设计报告

表 A.10   设计报告

功能分析 （包括设计原理）	
原理框图	
完整电路图	
设计结果	

试题 11   场效应晶体管功率放大电路的设计与制作

一、任务

在给定图 A.11 所示部分电路的基础上，在图中方框处补充完成电路设计，并制作一个场效应晶体管功率放大电路。

图   A.11

二、要求

1）设计符合如下功能指标要求的电路。并编写设计报告。

① 输入电源：U_{CC} = DC 12V。

② 添加空白部分电路，并正确接线，使之成为甲乙类功率放大电路。

2）按设计电路和工艺要求制作、调试样机。

3）操作规范，体现职业素养。

三、说明

1）设计元器件将提供实时备选元器件。

2）设计报告基本要素齐全。

3）按设计电路领取元器件，按工艺要求安装、调试电路。

4）在必要情况下，为达到功能指标可以改变原有电路的元器件参数。

5）提供 EWB/Multisim 等通用仿真软件，提供常用办公软件、元器件手册（μ741 \ NE5532 \ lm324 \ IC80382）、元器件清单。

6）符合 6S 操作规程。

四、设计报告

表 A. 11　设计报告

功能分析 （包括设计原理）	
原理框图	
完整电路图	
设计结果	

附录 B　半导体分立器件型号命名方法（GB/T 249—1989）

1. 主题内容与适用范围

本标准规定了半导体分立器件型号的命名方法。

本标准适用于各种半导体分立器件。

2. 型号组成原则

半导体分立器件的型号五个组成部分的基本意义如下：

一些半导体分立器件的型号由第一部分～第五部分组成，另一些半导体分立器件的型号仅由第三部分～第五部分组成。

3. 型号组成部分的符号及其意义

3.1 由第一部分～第五部分组成的器件型号符号及其意义（见表 B.1）

表 B.1 由第一部分～第五部分组成的器件型号符号及其意义

第一部分		第二部分		第三部分		第四部分	第五部分
用阿拉伯数字表示器件的电极数目		有汉语拼音字母表示器件的材料和极性		用汉语拼音字母表示器件的类别		用阿拉伯数字表示序号	用汉语拼音字母表示规格号
符号	意义	符号	意义	符号	意义		
2	二极管	A	N 型，锗材料	P	小信号管		
		B	P 型，锗材料	V	混频检波管		
		C	N 型，硅材料	W	电压调整管和电压基准管		
		D	P 型，硅材料	C	变容管		
3	三极管	A	PNP 型，锗材料	Z	整流管		
		B	NPN 型，锗材料	L	整流堆		
		C	PNP 型，硅材料	S	隧道管		
		D	NPN 型，硅材料	K	开关管		
		E	化合物材料	X	低频小功率晶体管 $(f_a < 3\text{MHz}, P_c < 1\text{W})$		
				G	高频小功率晶体管 $(f_a \geqslant 3\text{MHz}, P_c < 1\text{W})$		
				D	低频大功率晶体管 $(f_a < 3\text{MHz}, P_c \geqslant 1\text{W})$		
				A	高频大功率晶体管 $(f_a \geqslant 3\text{MHz}、P_c \geqslant 1\text{W})$		
				T	闸流管		
				Y	体效应管		
				B	雪崩管		
				J	阶跃恢复管		

示例 B.1 锗 PNP 型高频小功率晶体管型号含义如下：

3.2 由第三部分～第五部分组成的器件型号的符号及其意义（见表 B.2）

表 B.2　由第三部分～第五部分组成的器件型号的符号及其意义

第三部分		第四部分	第五部分
用汉语拼音字母表示器件的类别		用阿拉伯数字表示序号	用汉语拼音字母表示规格号
符号	意义		
CS①	场效应晶体管		
BT	特殊晶体管		
FH	复合管		
PIN	PIN 管		
ZL	整流管阵列		
QL	硅桥式整流器		
SX	双向三极管		
DH	电流调整管		
SY	瞬态抑制二极管		
GS	光电子显示器		
GF	发光二极管		
GR	红外发射二极管		
GJ	激光二极管		
GD	光敏二极管		
GT	光敏晶体管		
GH	光耦合器		
GK	光开关管		
GL	摄像线阵器件		
GM	摄像面阵器件		

① 4CS 表示双绝缘栅场效应晶体管。

示例 B.2　场效应晶体管型号含义如下：

参 考 文 献

［1］邱丽芳．模拟电子技术［M］．北京：科学出版社，2008．

［2］胡宴如，耿苏燕．模拟电子技术基础［M］．北京：高等教育出版社，2010．

［3］王成安．模拟电子技术及应用［M］．北京：机械工业出版社，2009．

［4］章彬宏，吴青萍．模拟电子技术［M］．北京：北京理工大学出版社，2008．

［5］李秀玲．电子技术基础项目教程［M］．北京：机械工业出版社，2008．

［6］蒋然，熊华波．模拟电子技术［M］．北京：北京大学出版社，2010．

［7］童诗白，华成英．模拟电子技术基础［M］．北京：高等教育出版社，2009．

［8］胡宴如．模拟电子技术［M］．北京：高等教育出版社，2004．

［9］陈仲林．模拟电子技术基础［M］．北京：人民邮电出版社，2006．

［10］耿苏燕．模拟电子技术基础学习指导与习题解答．北京：高等教育出版社，2011．

［11］康华光．电子技术基础（模拟部分）［M］．北京：高等教育出版社，1999．

［12］电子工程手册编委会集成电路手册分编委会．标准集成电路数据手册运算放大器［M］．北京：电子工业出版社，1999．

［13］谢沅清，解月珍．电子电路基础［M］．北京：人民邮电出版社，1999．

［14］李雅轩．模拟电子技术［M］．西安：西安电子科技大学出版社，2000．

［15］周雪．模拟电子技术［M］．西安：西安电子科技大学出版社，2002．

［16］刘京南，王成华．电子电路基础［M］．北京：电子工业出版社，2003．

［17］江晓安．模拟电子技术［M］．西安：西安电子科技大学出版社，2004．

［18］高吉祥．模拟电子技术［M］．北京：电子工业出版社，2004．